研究生教育“十二五”规划教材

环境工程

宁 平 主编

科学出版社
北京

内 容 简 介

环境工程是环境科学与工程专业研究生的主修课程之一，本书根据污染要素的分类，内容涵盖空气污染控制工程、水污染控制工程、固体废物污染控制及资源化工程三部分，各部分内容涉及环境污染问题的治理技术，现有环境问题的类型、特点和现状及各类环境污染治理技术的原理、方法和设备；同时体现污染治理技术的最新科研成果、工程应用实践与新理论、新技术，着力提高学生以实践能力、创新能力为核心的综合素质。本书内容全面、重点突出，以利于学生依据研究方向进行自主选择，达到充分调动学生学习积极性和主动性的目的。

本书可作为高等学校环境工程专业的本科生、研究生教材，也可供从事相关专业的科研工作者和教师参考使用。

图书在版编目(CIP)数据

环境工程/宁平主编．—北京：科学出版社，2016.3
研究生教育"十二五"规划教材
ISBN 978-7-03-047886-3

Ⅰ.①环… Ⅱ.①宁… Ⅲ.①环境工程-研究生-教材 Ⅳ.①X5

中国版本图书馆 CIP 数据核字(2016)第 058359 号

责任编辑：赵晓霞 / 责任校对：张小霞
责任印制：张　伟 / 封面设计：陈　敬

科学出版社出版
北京东黄城根北街 16 号
邮政编码：100717
http://www.sciencep.com

北京中石油彩色印刷有限责任公司 印刷

科学出版社发行　各地新华书店经销
*
2016 年 3 月第　一　版　开本：787×1092　1/16
2018 年 1 月第二次印刷　印张：16 1/2
字数：400 000

定价：65.00 元

(如有印装质量问题，我社负责调换)

《环境工程》编写委员会

主　编　宁　平

副主编　黄小凤　王向宇　瞿广飞

编　委（按姓名汉语拼音排序）

黄小凤　李　彬　李　凯　宁　平

瞿广飞　史建武　孙　鑫　王向宇

前　言

随着全球人口的增长和社会经济与科学技术的飞速发展，环境和环境问题已越来越引起人们的普遍关注。因此，环境工程技术对国家的经济和公众健康有着非常重要的意义。多年来，各国的科技工作者致力于环境污染控制技术的研究和实践，获得了许多防治污染和解决环境问题的成就，从而促进了环境工程技术的兴起和发展，同时也为环境工程的发展带来了更加广阔的前景。

环境工程是在人类同环境污染斗争的过程中逐渐形成并迅速发展的一门工程技术学科。多年来，尽管人类不断努力，但环境问题总体上仍未得到根本解决，还有诸多层出不穷的新污染和交叉污染问题，污染的控制不再是单纯的“末端治理”，而是转变为预防和治理相结合的“全过程控制”，这已成为世界各国人民的共识。

环境工程专业是培养具有可持续发展理念，具备废气污染控制、废水污染控制和固体废物处理与处置技术等方面知识，能解决当前环境污染所涉及的控制技术和装备问题，能从事环境工程技术研究和开发的高级工程技术人才的专业。同时为我国应用型的环境类人才培养提供示范作用。

本书共分为三部分，涵盖空气污染控制工程、水污染控制工程、固体废物污染控制及资源化工程；内容涉及环境问题的类型、特点及现状，各类环境污染治理技术的原理、方法和设备，最新科研成果、工程应用实践；紧密结合环境工程领域的发展动态及近年来的科研成果，尽可能反映近几年国内外环境工程技术开发研究和实际应用的新成果和新技术。

本书由昆明理工大学“研究生百门核心课程”专项资金资助出版，内容均由昆明理工大学的教师编撰，主编为宁平，全书共分为三篇，具体分工如下：第一篇由黄小凤、史建武编写，第二篇由王向宇、李彬编写，第三篇由瞿广飞、李凯、孙鑫编写，全书由宁平审核定稿。此外，博士生宋辛、何力为，硕士生李国标、陈丹莉、丁祥、刘寅、孙宝磊、米雪峰、刘贵、郭惠斌、刘烨、阮昊天、刘思健、张瑞元、王英伍、董国丽、王翠翠、张贵剑、何文豪参与了资料收集、编辑工作，在此一并致谢。

由于编者水平有限，书中难免存在疏漏之处，恳请广大读者批评指正。

编　者

2015 年 10 月

目　　录

第二篇 水污染控制工程

第三篇　固体废物污染控制及资源化工程

第一篇

空气污染控制工程

第 1 章　颗粒污染物控制

1.1　颗粒物的性质

大气颗粒物不是一种单一成分的污染物，而是由各种各样的人为源和自然源排放的大量成分复杂的化学物质所组成的混合物，并在粒径、形貌、化学组成、时空分布、来源、大气过程(包括干、湿沉降)及寿命等方面均具有很大的变化。大气颗粒物中的半挥发性组分，如水、硝酸铵和许多有机物在气态与颗粒态之间持续改变，同时其表面是大气物理化学反应的良好界面，因此颗粒物的化学组成在其大气历程中持续变化，并且颗粒表面的化学组成可能有别于其总体的化学组成。不同的单个颗粒可能包含化学性质截然不同的组分，并通常是由难溶的组分(如 BC、矿物尘和海盐)为核，外裹有机物、硫酸盐和硝酸盐等。大气颗粒物的基本性质与其来源、形成、在大气中的历程、大气能见度和气候变化等复杂影响密切相关。

1.1.1　粒径与粒径分布

大气颗粒物通常根据其大小和化学成分等加以表征。大气颗粒物的来源和形成过程、在大气中的迁移转化、输送和清除过程及其物理化学性质均与粒径有着直接的关系。大气颗粒物的来源和形成过程决定了其粒径大小，而粒径是影响大气颗粒物迁移转化、输送和清除过程及其物理化学性质的重要参数。

大气颗粒物的大小可以用半径或直径(粒径)来表示，意味着将其视作球体。实际大气中的颗粒物形状多为极不规则的，无法用几何半径或直径确切描述。对于不规则形状的颗粒物，通常采用当量直径或等效直径来表示。

对于大气颗粒物，目前普遍采用等效直径表示法，最常用的是空气动力学直径(D_a)。PM_x 表示空气动力学当量直径为 $x\mu m$ 的颗粒物。出于实际的需要，大气颗粒物通常采用简化的、颗粒群的统计特征加以表征，如某一粒径范围颗粒物的数量浓度和质量浓度。按粒径划分颗粒物的方法主要有三种：

(1) 按模态划分，基于颗粒物的形成机制及在大气中所观察到的模态结构。

(2) 按分割粒径划分，基于特定采样装置的 50%切割点(如 PM_{10}，$PM_{2.5}$)。

(3) 按吸入人体的剂量划分，基于颗粒物进入呼吸系统某些部位的能力，如 PM_{10} 也称为可吸入颗粒物(inhalable particles)，$PM_{2.5}$ 也称为可入肺颗粒物(respirable particles)，即能够进入人体肺泡的颗粒。粗颗粒物 $PM_{2.5\sim10}$ 是指空气动力学当量直径处于 2.5～10μm 的颗粒物。此外，还有超细颗粒物(ultrafine particles)$PM_{0.1}$ 及纳米颗粒物(nanoparticles)等。表 1-1 列出了 $PM_{2.5}$ 与粗颗粒物在形成方式、化学组成、来源以及其他性质上的差别。

表 1-1　大气颗粒物不同粒径部分的比较

	细颗粒物(<2.5μm)		粗颗粒物(2.5～10μm)
	超细颗粒物(<0.1μm)	积聚模态(0.1～2.5μm)	
来源	燃烧，高温过程，大气反应		大的固体/液滴的破碎

续表

	细颗粒物（$<2.5\mu m$）		粗颗粒物（$2.5\sim10\mu m$）
	超细颗粒物（$<0.1\mu m$）	积聚模态（$0.1\sim2.5\mu m$）	
形成方式	成核（有机物和硫酸蒸气），冷凝，凝并	冷凝，凝并，已有气体溶解并反应的云雾液滴的蒸发等	机械破坏（如碾压、研磨、表面磨损），海浪飞沫蒸发，尘土扬起，气体在颗粒物上的反应等
组成	SO_4^{2-}，EC，金属化合物，低挥发性有机物	SO_4^{2-}，NH_4^+，NO_3^-，H^+，EC，有机物，金属，颗粒物所含的水分等	地壳扬尘（如土壤尘或道路尘），煤、油和木材非控制燃烧的飞灰，硝酸盐，氧化物，地壳元素（Si、Al、Ti、Fe 等）的氧化物，$CaCO_3$，NaCl，海盐，花粉，孢子，动植物碎屑，轮胎和刹车片等的磨损碎屑等
典型的滞留时间	数分钟至数小时	数天至数周	数分钟至数小时
重要的去除机制	增长至积聚模态干湿沉降	干湿沉降	干湿沉降
典型的传输距离	<1km 至数十公里	数百至数千公里	<1km 至数十公里

1.1.2 形貌

大气颗粒物的形貌很复杂。液体颗粒的形状近乎球形，而固体颗粒的形貌则多不规则，有链状、似圆状、长条状、粗粒不规则状、球形、结晶体等。一些生物颗粒物具有规则的形态。不同来源和不同成分的颗粒物往往以外部混合或内部混合的形式结合在一起，譬如硫酸盐通常与生物质燃烧和化石燃料燃烧的 BC 和 OC、矿物尘、硝酸盐粒子等不同程度地内部混合或外部混合在一起。

1.1.3 化学组成

大气颗粒物是由许多不同的人为源和自然源排放的大量化学组成复杂的物质所构成的混合物，主要包括水溶性离子组分、含碳组分以及无机元素的化合物。这些物质中既有性质稳定的组分，也有半挥发性成分，包括硝酸铵、半挥发性有机物和水蒸气。大气颗粒物的含水量取决于其成分与相对湿度，当相对湿度超过 80％时颗粒物中的含水量急剧增加。颗粒物中许多无机组分（如水溶性组分 SO_4^{2-}、NO_3^-、NH_4^+ 和其他无机离子）以及部分有机物在大气中具有吸湿性，当相对湿度较高时会导致颗粒物的质量大幅度增加。

大气细颗粒物与粗颗粒物都是化学成分复杂的混合物，但其来源与形成机制除了小部分重叠之外截然不同，从而导致其化学组成有着很大的区别（表 1-1）。粗颗粒物的主要成分为无机物，与产生它的矿物、土壤、材料等的成分相近。$PM_{2.5}$ 则主要由硫酸盐、硝酸盐、铁盐、元素碳、重金属（如 Cr、Cu、Ni、Pb、Zn、Mn 等）、有机物（包括烷烃、烯烃、芳香烃、杂环化合物等）及微生物组成，其中可能含有数量可观的有毒、有害化学成分。与粗颗粒物相比，细颗粒物中许多有毒、有害化学成分（包括致癌、致突变和致畸形化合物）的富集度更高，同时由于其比表面积要大得多而更易成为其他污染物的运载体和反应界面。

1.1.4 光学特性

对于大气中光的削弱作用有两种不同的机理，即散射与吸收。悬浮在大气中的气溶胶颗粒通过散射和吸收而影响太阳辐射的传输，使其强度和传输方向发生改变。这种作用与颗粒物的粒径、成分及混合状态等性质有关。对气溶胶光散射的研究始于 19 世纪末 Tyndall 的实验研究和 Rayleigh 的理论分析。Mie 于 1908 年在 Maxwell 电磁辐射理论的基础上提出光散射理论。光散射理论尽管复杂，但对于球形、均匀的颗粒是精确的，这也为气溶胶特性（如颗粒物的粒径和浓度）的测量提供了一种准确、可靠的工具。近年来，大气能见度降低的问题受到越来越多的关注，对其受大气气溶胶影响的研究也相应从大气物理学拓展到大气化学层面，包括基于观测构建化学消光算法以解析其各化学物种对消光（能见度降低）的贡献。

1.2　颗粒物的主要来源

大气颗粒物的来源根据作用的主体不同分为自然源和人为源，见表 1-2。由机械力如破碎、研磨、爆破和开采等产生的粉尘以及沙尘可随风进入大气中；林木和农业废物不完全燃烧时排出烟；光化学反应所形成的烟雾则是大都市城区常见的人为排放所致。自然源大部分是大尺度的面源，因而自然源颗粒物（如随海浪飞沫产生的海盐颗粒和大风扬起的地面沙尘等）的分布较为均匀，且在较长的时间段内可以近似视为不变。人为源排放的颗粒物总量虽然不及自然源，但主要集中在地球上的小部分地区，即人口密集的工业区或城市，并且在这些地区人为源可能超过自然源。大气颗粒物来源贡献的大小随地理位置的不同和季节的变化而变化。自工业化革命以来，人为源颗粒物的大量排放已经显著增加，且全球气溶胶的平均含量，如由 SO_2、NO_x、VOCs 形成的二次颗粒物有较大幅度增加。

表 1-2　大气颗粒物化学组分的主要来源

成分	一次		二次	
	自然源	人为源	自然源	人为源
SO_4^{2-}	海浪沫	化石燃料燃烧	海洋与湿地排放的硫以及火山与森林火灾排放的 SO_2 和 H_2S 的氧化	化石燃料燃烧排放的 SO_2 氧化
NO_3^-	—	机动车排放与大型燃烧源	土壤、森林火灾和闪电产生的 NO_x 氧化	化石燃料燃烧和机动车排放的 NO_x 氧化
NH_4^+	—	机动车排放	野兽和未开垦土地释放的 NH_3	饲养动物、污水和施肥土地释放的 NH_3
OC	野火	露天燃烧，木材燃烧，烹调，机动车排放，轮胎磨损	植物释放的碳氢化合物氧化（如萜与腊），野火	机动车、露天燃烧和烧木材排放的碳氢化合物氧化
EC	野火	机动车排放，木材燃烧，烹调	—	—
矿物尘	风蚀，再扬起	无组织排放，铺砌与未铺砌道路，农业与林业	—	—
金属	火山活动	化石燃料燃烧，冶炼，刹车磨损	—	—
生物气溶胶	病菌、细菌	—	—	—

1.3 颗粒物的转化机制

大气颗粒物的产生方式包括以下三种：人为源或自然源直接以固态形式排出一次颗粒物；在高温状态下以气态形式排出，在烟羽的稀释和冷却过程中凝结成固态的一次可凝结颗粒物；呈气态的 SO_2、NO_x 和 VOCs 等前体物通过大气均相或非均相成核而形成二次细颗粒物。大气颗粒物的成核作用是通过物理过程和化学过程完成的，其中化学反应是推动力(唐孝炎等，2006)，气体为大气中的化学反应提供了分子物质或自由基，它们在互相碰撞中结成分子团(属均相成核，即某物种的蒸气在气体中达到一定过饱和度时，由蒸气分子凝结成为分子团的过程)。如果大气中已存在大小适宜的颗粒物，则气体分子或自由基就优先在颗粒物的表面成核(属非均相成核)。

$PM_{2.5}$中的一次颗粒物主要是 OC、EC 和矿物尘等；它们在源与受体之间经历的变化很小，其环境浓度在总体上与其排放成正比；其来源包括铺砌路面和未铺砌路面的无组织排放以及矿物质的加工和精炼过程等。而其他的来源如建筑、农田耕作、风蚀等的地表尘的贡献则相对较小。$PM_{2.5}$中的可凝结颗粒物主要由可在环境温度条件下通过凝结而形成气溶胶的 SVOCs 组成。$PM_{2.5}$中的二次颗粒物主要有硫酸盐、硝酸盐、铵盐和 SVOCs 等。二次硫酸盐颗粒物很稳定，而硝酸铵和由 SVOCs 生成的 SOA 因具有挥发性而在气、粒之间转化以维持化学平衡。

1.4 颗粒物的主要控制方法

颗粒物进入大气之后，在传输过程中由于积聚、凝结、碰并、化学反应和吸水等作用而发生变化，最终通过干沉降和湿沉降从大气中被消除。气体经过均相成核或非均相成核形成细颗粒物分散在大气中，通过其表面的多相气体反应及布朗凝聚和湍流凝聚等作用而长大。干沉降是指颗粒物在重力作用下或与地面其他物体碰撞后，发生沉降而去除。湿沉降是指颗粒物与云滴或雨滴结合后降落下来，分为雨除和冲刷两种不同的过程。然而，在实际的生产生活中，我们对一次颗粒物排放的控制主要是采用除尘器，对二次颗粒物则只能控制其前体物质，二次颗粒物的形成和变化规律是环境科学的重大研究课题之一。下面分别介绍几种常用除尘装置的工作原理、结构及性能以及除尘器的选择与发展。

1.4.1 机械除尘器

机械除尘器通常指利用质量力(重力、惯性力和离心力)的作用使颗粒物与气体分离的装置，常用的有重力沉降室、惯性除尘器、旋风除尘器。

1. 重力沉降室

重力沉降室是通过重力作用使尘粒从气流中沉降分离的除尘装置。气流进入重力沉降室后，流动截面积扩大，流速降低，较重颗粒在重力作用下缓慢向灰斗沉降。

考虑清灰的问题，一般隔板数在 3 以下。

重力沉降室的优点有结构简单、投资少、压力损失小(一般为 50～100Pa)、维修管理容易。缺点为体积大、效率低，仅作为高效除尘器的预除尘装置，除去较大和较重的粒子。

2. 惯性除尘器

1）机理

沉降室内设置各种形式的挡板，含尘气流冲击在挡板上，气流方向发生急剧转变，借助尘粒本身的惯性力作用，使其与气流分离。

2）惯性除尘器结构形式

冲击式——气流冲击挡板捕集较粗粒子。

反转式——改变气流方向捕集较细粒子。

3）惯性除尘器的应用

惯性除尘器一般应用在如下情况：①一般净化密度和粒径较大的金属或矿物性粉尘；②净化效率不高，一般只用于多级除尘中的一级除尘，捕集 10～20μm 的粗颗粒；③压力损失 100～1000Pa。

3. 旋风除尘器

旋风除尘器是利用旋转气流产生的离心力使尘粒从气流中分离的装置，用来分离粒径 5～10μm及以上的颗粒物，工业上已有 100 多年的使用历史。

普通旋风除尘器由进气管、筒体、锥体和排气管等组成。气流沿外壁由上而下旋转运动。

外涡旋：少量气体沿径向运动到中心区域，旋转气流在锥体底部转而向上沿轴心旋转。

内涡旋：气流运动包括切向、轴向和径向，对应有切向速度、轴向速度和径向速度。

优点：①结构简单、占地面积小；②投资少、操作维修方便；③可用于各种材料制造，能用于高温、高压及腐蚀性气体，并可回收干颗粒物。

缺点：①压力损失较大、动力消耗也较大；②效率在 80%左右，捕集<5μm 颗粒的效率不高，一般作预除尘用。

切向速度决定气流质点离心力大小，颗粒在离心力作用下逐渐移向外壁；到达外壁的尘粒在气流和重力共同作用下沿壁面落入灰斗；上涡旋气流从除尘器顶部向下高速旋转时，一部分气流带着细小的尘粒沿筒壁旋转向上，到达顶部后，再沿排出管外壁旋转向下，最后从排出管排出。

1.4.2　电除尘器

电除尘器是含尘气体在通过高压电场进行电离的过程中，使尘粒荷电，并在电场力的作用下使尘粒沉降在集尘极上，将尘粒从含尘气体中分离出来的一种除尘设备。

电除尘器的主要优点：①压力损失小，一般为 200～500Pa；②处理烟气量大，可达 10^5～10^6 m^3/h；③能耗低，为 0.2～0.4kWh/1000m^3；④对细粉尘有很高的捕集效率，可高于 99%；⑤可在高温或强腐蚀性气体下操作。缺点：①一次性投资高；②安装精度要求高；③对粉尘比电阻有一定要求。

电除尘器的工作原理：①悬浮粒子荷电——高压直流电晕；②带电粒子在电场内迁移和捕集——延续的电晕电场（单区电除尘器）或光滑的不放电的电极之间的纯静电场（双区电除尘器）；③捕集物从集尘表面上清除——振打除去接地电极上的粉尘层并使其落入灰斗。分为单区（延续的电晕电场）和双区（光滑的不放电的电极之间的纯静电场）电除尘器。

1.4.3 湿式除尘器

湿式除尘器是使含尘气体与液体(一般为水)密切接触,利用水滴和尘粒的惯性碰撞及其他作用捕集尘粒或使粒径增大的装置,可以有效去除直径为 0.1～20μm 的液态或固态粒子,也能脱除气态污染物,工程上使用的湿式除尘器形式很多,大体分为低能、高能两类。低能压力损失 0.2～1.5kPa,包括喷雾塔、旋风洗涤器等。一般耗水量(L/G)0.5～3.0L/m^3,对10μm 以上的净化效率可达 90%～95%,常用于焚烧炉、化肥制造、石灰窑的除尘;高能湿式除尘器压力损失为 2.5～9.0kPa,净化效率可达 95%以上,如文丘里洗涤器。

根据湿式除尘器的净化机理,大致分为:重力喷雾洗涤器、旋风洗涤器、自激喷雾洗涤器、板式洗涤器、填料洗涤器、文丘里洗涤器、机械诱导喷雾洗涤器。

湿式除尘器的优点主要有:①在耗用相同能耗时,除尘效率比干式机械除尘器高。高能耗湿式除尘器清除 0.1μm 以下粉尘粒子,仍有很高效率;②除尘效率可与静电除尘器和布袋除尘器相比,而且还可适用于它们不能胜任的条件,如能够处理高温、高湿气流,高比电阻粉尘及易燃易爆的含尘气体;③在去除粉尘粒子的同时,还可去除气体中的水蒸气及某些气态污染物。既起到除尘作用,又起到冷却、净化的作用。

湿式除尘器的缺点主要有:①排出的污水污泥需要处理,澄清的洗涤水应重复回用;②净化含有腐蚀性的气态污染物时,洗涤水具有一定程度的腐蚀性,因此要特别注意设备和管道腐蚀问题;③不适用于净化含有憎水性和水硬性粉尘的气体;④寒冷地区使用湿式除尘器时容易结冻,应采取防冻措施。

湿式除尘机理涉及各种机理中的一种或几种,主要是惯性碰撞、扩散效应、黏附、扩散漂移和热漂移、凝聚等作用。

1.4.4 过滤式除尘器

过滤式除尘器是使含尘气流通过过滤材料将粉尘分离捕集的装置。主要形式有:①空气过滤器,如滤纸或玻璃纤维;②颗粒层除尘器,如砂、砾、焦炭等颗粒物;③袋式除尘器,如纤维织物。

袋式除尘器除尘的机理为惯性碰撞、扩散、筛分。采用纤维织物作滤料的袋式除尘器,在工业尾气的除尘方面应用较广,除尘效率一般可达 99%以上,其效率高、性能稳定可靠、操作简单,因而获得越来越广泛的应用。

袋式除尘器除尘效率的影响因素:①粉尘负荷;②过滤速度。过滤速度是烟气实际体积流量与滤布面积之比,也称气布比。过滤速度是一个重要的技术经济指标,选用高的过滤速度,所需要的滤布面积小,除尘器体积、占地面积和一次投资等都会减小,但除尘器的压力损失却会加大。一般来讲,除尘效率随过滤速度增加而下降。过滤速度还与滤料种类和清灰方式有关。

袋式除尘器作为一种高效除尘器,被广泛用于各种工业部门的尾气除尘。它比电除尘器结构简单、投资省、运行稳定,可以回收高比电阻粉尘。与文丘里洗涤器相比,动力消耗小、回收的干粉尘便于综合利用。对于微细的干燥粉尘,采用袋式除尘器捕集是适宜的。

1.4.5 除尘器的选择与发展

1. 除尘器的合理选择

选择除尘器必须全面考虑除尘效率、压力损失、一次投资、维修管理等因素。同时要特别注意以下问题：①选用的除尘器必须满足排放标准规定的排放浓度。②粉尘的物理性质对除尘器性能具有较大的影响。③气体的含尘浓度。气体的含尘浓度较高时，在静电除尘器或袋式除尘器前应设置低阻力的初净化设备，以去除粗大尘粒。④气体温度和其他性质也是选择除尘设备时必须考虑的因素。高温、高湿气体不宜采用袋式除尘器。烟气中同时含有 SO_2、NO_x 等气态污染物时，可以考虑采用湿式除尘器，但是必须注意腐蚀问题。⑤选择除尘器时，必须同时考虑被捕集粉尘的处理问题。⑥其他因素，如设备的位置、可利用的空间、环境条件；设备的一次投资（设备、安装和工程等）以及操作和维修费用。

2. 除尘设备的发展

国内外除尘设备的发展，着重于以下几个方面：①除尘设备趋向高效率。②倾向于发展处理大烟气量的除尘设备。③着重研究提高现有高效除尘器的性能。④发展新型除尘设备：宽间距或脉冲高压电除尘器；环形喷吹袋式除尘器；顺气流喷吹袋式除尘器；带电水滴湿式洗涤器；带电袋式除尘器等。⑤重视除尘机理及理论方面的研究：建立能多参数、大范围调整的实验台，测试参数改进设计；探索新的除尘机理应用到除尘设备中；将计算机、电子技术应用到除尘器研究和设计中。

1.5 颗粒物治理工程案例

1. 除尘器改造案例

呼和浩特发电厂（简称“呼厂”）地处呼和浩特市西郊，该厂燃用煤煤质的特殊性造成了烟气比电阻偏高，使其 5、6 号机组静电除尘器虽经多次改造，烟尘排放浓度一直不能达到国家标准，给呼和浩特市带来了较为严重的污染。

设计要求：①处理风量：520 000m^3/h。②过滤面积：8000m^2。③过滤风速：1.08m/min。④采用三单台除尘器并联组合形式：每单台都具有独立定阻力自动控制功能和在线检修切换功能，在保证锅炉 75%负荷的前提下，可实现在线检修。⑤设计排放浓度＜40mg/m^3，保证排放浓度＜50mg/m^3。⑥设备平均运行阻力 1000Pa，最大运行阻力 1300Pa。⑦本体漏风率＜3%。⑧高温烟气自动旁路系统运行可靠，薄板柔性提升阀开关可靠，关闭严密，漏风率达到零。⑨除尘器进出口单板柔缘蝶形截止阀开关可靠，关闭严密，漏风率≪1%，检修时安全方便。⑩利用原气流分布板重组的粉尘预分离装置，预分离效果明显，气流分布均匀。⑪每单台除尘器设置的冷风阀，停机后置换除尘器内的湿烟气作用明显。⑫粉尘预涂装置使用方便，涂层均匀。⑬喷淋降温装置自动控制可靠，降温效果明显。⑭定阻力自动清灰控制，控制灵敏，运行可靠。⑮配套用高耗能设备的大量减少，使除尘器节能效果显著。FMFBD-8000 型分室定位反吹袋式除尘器，通过两个半月的连续运行和测试达到了设计要求。

2. 袋式除尘器与静电除尘器的对比

由表1-3分室定位反吹袋式除尘器与静电除尘器的对比可以看出：袋式除尘器设计排放浓度、实际排放浓度均比静电除尘器要低，袋式除尘器除尘总功耗比静电除尘器要少。

表1-3　分室定位反吹袋式除尘器与静电除尘器的对比

对比内容	呼厂50MW 5号炉 卧式四电场 静电除尘器	呼厂50MW 6号炉 分室定位反吹 袋式除尘器
处理风量/(m^3/h)	520 000	520 000
设备平均阻力/Pa	300	1000
设计排放浓度/(mg/m^3)	≤200	≤50
实际排放浓度/(mg/m^3)	≥350	10.4
能否在线检修	不能	非常方便
检修环境	含尘气体	净气室
设备阻力功耗/kW	51	170
清灰与其他功耗/kW	598	1
除尘器总功耗/kW	649	171
单位风量功耗/($kW/10^5m^3$)	12.48	3.29

3. 结果

应用国产化技术的6号机组电改袋式除尘器，各项关键技术指标均达到了较高水平：运行阻力800～1300Pa，清灰间隔时间2h以上，烟尘排放浓度10.4mg/m^3，除尘效率99.95%，节能减排效果显著。

在呼和浩特发电厂6号机组应用的分室定位反吹袋式除尘器技术是完全由我国自行研究、自行开发的技术路线独特、适应中国国情的一项重大发明，从技术到产品，全面实现了国产化，是世界上首创的分室定位离线反吹、静态清灰、外滤式高气布比袋式除尘器。这项技术在袋式除尘器的过滤、清灰、除尘器的保护、节能效果方面，均比居于世界主流技术的脉冲袋式除尘器技术有着较为明显的优势：滤袋保护更为优化，清灰系统大为简化，整机运行可靠性显著提高，运行费用大大降低，而且设备价格仅为国外产品的一半。该除尘器的成功运行，充分证明了该国产化技术替代国外技术的可行性。

思考题及习题

1-1　用一单层沉降室处理含尘气流，已知含尘气体流量 $Q=1.5m^3/s$，气体密度 $\rho_0=1.2kg/m^3$，气体黏度 $\mu=1.84\times10^{-5}kg/(m\cdot s)$，颗粒真密度 $\rho_p=2101.2kg/m^3$，沉降室宽度 $W=1.5m$，要求对粒径 $d_p=50\mu m$ 的尘粒应达到60%的捕集效率。试求沉降室的长度。

1-2　含尘粒直径为1.09μm的气体通过一重力沉降室，宽20cm，长50 cm，共8层，层间距0.124cm，气体流速是8.61L/min，并观测到其捕集效率为64.9%。则需要设置多少层才能得到80%的捕集效率?

1-3　袋式除尘器处理常温含石灰的气体量为1000m^3/h(标态)，初始含尘浓度为9g/m^3，捕集效率为

99%，清洁滤布的阻力损失为 120Pa，粉尘层的平均阻力系数为 4×10^9 m/kg，气体性质近似于空气，滤袋压力损失不超过 1600Pa，采用脉冲喷吹清灰。试确定：

(1) 过滤速度(m/min)；(2) 粉尘负荷(kg/m^2)；(3) 最大清灰周期(min)；(4) 滤袋面积(m^2)；(5) 滤袋的尺寸(直径 d 和长度 L)和滤袋条数 n。

1-4　简述旋风除尘器中颗粒物的分离过程及影响粉尘捕集效率的因素。

1-5　有一单一通道板式电除尘器，通道高 5m，长 6m，集尘板间距离为 300 mm，处理含尘气量为 $600m^3/h$，测得进出口含尘浓度分别为 $9.30g/m^3$ 和 $0.5208g/m^3$。参考以上参数重新设计一台电除尘器，处理气量为 $9000m^3/h$，要求除尘效率达到 99.7%，需多少通道数？

1-6　为什么说烟囱排放是废气控制系统的重要组成部分？

1-7　简述产生气液界面的方式，为什么文氏洗涤器可达到很高的捕集效率？

第 2 章　二氧化硫污染控制

早期的二氧化硫污染限于造成局地环境大气中二氧化硫浓度升高；近 100 年来，由二氧化硫等酸性气体导致的酸沉降成为举世关注的区域性环境问题；最近，人们开始关注由二氧化硫等气态污染物在大气中形成的次微细粒子，它不仅影响人体健康、大气能见度，甚至导致全球气候变化。控制二氧化硫的排放已经成为世界各国的共同行动。本章在介绍硫循环和硫排放的基础上，系统讨论控制二氧化硫排放的各种方法和技术，包括基本原理、操作工艺条件、设备选择、适用范围及经济特性。

2.1　大气中二氧化硫的危害

2.1.1　对人体健康的危害

SO_2 在空气中的浓度达到 0.3～1.0ppm① 时，人们就会闻到它的气味。包括人类在内的各种动物，对 SO_2 的反应都会表现为支气管收缩，这可从气管阻稍有增加判断出来。一般认为，空气中 SO_2 浓度在 0.5ppm 以上时，对人体健康已有某种潜在性影响，浓度为 1～3ppm 时多数人开始受到刺激，当增至 10×10^{-6} 时刺激加剧，个别人还会出现严重的支气管痉挛。与颗粒物和水分结合的硫氧化物是对人类健康影响非常严重的公害。

当大气中的 SO_2 氧化形成硫酸和硫酸烟雾时，即使其浓度只相当于 SO_2 的 1/10，其刺激和危害也将更加显著。据动物实验表明，硫酸烟雾引起的生理反应要比单一 SO_2 气体强 4～20 倍。

2.1.2　对植物的危害

大气中含 SO_2 过高时，首先对叶子的叶肉海绵状软组织部分危害较大，其次是对栅栏细胞部分。侵蚀开始时，叶子出现水浸透现象，干燥后，受影响的叶面部分呈漂白色或乳白色。如果 SO_2 的浓度为 0.3～0.5ppm，并持续几天后，就会对敏感性植物产生慢性损害。SO_2 直接进入气孔后，叶肉中的植物细胞使其转化为亚硫酸盐，再转化为硫酸盐。当过量的 SO_2 存在时，植物细胞就不能尽快地把亚硫酸盐转化成硫酸盐，并开始破坏细胞结构。菠菜、莴苣和其他叶状蔬菜对 SO_2 最为敏感，棉花和苜蓿也都很敏感。松针也受其影响，不论叶尖或是整片针叶都会变成褐色，并且很脆弱。

2.1.3　对器物和材料的影响

大气中的 SO_2、NO_x 及其生成的酸雾、酸滴等，能使金属表面产生严重的腐蚀，使纺织品、纸品、皮革制品等腐蚀破损，使金属涂料变质，降低其保护效果。造成金属腐蚀最为有害的污染物一般是 SO_2，已观察到城市大气中金属的腐蚀率是农村环境中腐蚀率的 1.5～5 倍。温度，尤其是相对湿度，皆显著影响腐蚀速率。铝对 SO_2 的腐蚀作用具有很好的抗拒力，但是，

---

① ppm 为非法定单位，$1ppm=10^{-6}$，余同。

在相对湿度高于70%时，其腐蚀率就会明显上升。据研究，铝在农村地区暴露达20年以上时，其抗张强度只减小1%或更少些。而在同样长的时间内，工业区大气中铝的抗张强度却减小了14%～17%。含硫物质或硫酸会侵蚀多种建筑材料，如石灰石、大理石、花岗岩、水泥砂浆等，这些建筑材料先形成较易溶解的硫酸盐，然后被雨水冲刷掉。尼龙织物，尤其是尼龙管道等，对大气污染物也很敏感，其老化显然是由 SO_2 或硫酸气溶胶造成的。

2.2　大气中二氧化硫的主要来源

SO_2 的天然来源主要是火山爆发、天然原始微生物活动等。人为活动是造成 SO_2 大量排放的主要原因。

所有有机燃料都含有一定量的硫。例如，木材的硫含量较低，约为0.1%或更低，大多数煤炭的硫含量在0.5%～3%，石油的硫含量在木材和煤炭之间。

硫在燃料中的化学形态因燃料而异。在天然气中，硫主要以 H_2S 的形式存在。在石油燃料以及油岩中，硫与碳氢化合物化学键合，以有机硫形式存在。在石油制品中，硫浓缩在高沸点组分中，因此原油可以提炼出低硫含量的汽油（含S 0.03%）和高硫含量的重油（含S 0.5%～1%），煤中很大一部分硫分是以细的黄铁矿（FeS_2）晶体的形式存在的，也有一部分硫以有机硫形式存在。在燃料燃烧时，无论是有机硫还是无机硫，大部分都转化为 SO_2，还有少量 SO_3。

如果 SO_2 排入大气，最终将沉降（干沉降和湿沉降），大部分落入海洋，随着长期的地质变化变成陆地物质的一部分，再经过漫长的地质变化，最终进入燃料和硫化物矿，并被人类采掘利用。本章将介绍控制 SO_2 排入大气的方法，其中一个重要方法是使用石灰石将 SO_2 捕集生成 $CaSO_4 \cdot 2H_2O$，并通过填埋处理使硫返回地壳。

SO_2 的另一个重要来源是含硫矿石的冶炼过程。例如，自然界中的铜矿石多以黄铜矿（$CuFeS_2$）形式存在，高温下用黄铜矿冶炼铜的反应为

$$CuFeS_2 + O_2 \longrightarrow Cu + FeO + SO_2$$

2.3　大气中二氧化硫的转化机制

2.3.1　二氧化硫的气相氧化

SO_2 的转化首先是 SO_2 氧化成 SO_3，随后 SO_3 被水吸收而生成硫酸，从而形成酸雨或硫酸烟雾。硫酸与大气中的 NH_4^+ 等阳离子结合生成硫酸盐气溶胶。

(1) SO_2 的直接光氧化。在低层大气中 SO_2 主要光化学反应过程是形成激发态 SO_2 分子，而不是直接解离。它吸收来自太阳的紫外光后进行两种电子允许跃迁，产生强弱吸收带，但不发生光解，在环境大气条件下，激发态的 SO_2 主要以三重态的形式存在。单重态不稳定，很快按上述方式转变为三重态。

(2) SO_2 被自由基氧化。在污染大气中，由于各类有机污染物的光解及化学反应可生成各种自由基，如 $HO\cdot$、$HO_2\cdot$、$RO\cdot$、$RO_2\cdot$ 和 $RC(O)O_2\cdot$ 等。这些自由基主要来源于大气中一次污染物 NO_x 的光解，以及光解产物与活性炭氢化合物相互作用的过程；也来自光化学反应产物的光解过程，如醛、亚硝酸和过氧化氢等的光解均可产生自由基。这些自由基大多数都有较强的氧化作用。在这样光化学反应十分活跃的大气中，SO_2 很容易被这些自由基氧化。

2.3.2　二氧化硫的液相氧化

大气中存在着少量的水和颗粒物质。SO_2 可溶于大气中的水，也可被大气中的颗粒物所

吸附,并溶解在颗粒物表面所吸附的水中。于是 SO_2 便可发生液相反应。

1) SO_2 的液相平衡

SO_2 被水吸收,溶液中硫离子的总量要超过由 Henry 定律所决定的 SO_2 溶解的量。而且可溶性四价硫的总浓度与 pH 有关。

2) O_3 对 SO_2 的氧化

在污染空气中 O_2 的含量比清洁空气中要高,这是由 NO_2 光解而致。O_3 可溶于大气的水中,将 SO_2 氧化。

3) H_2O_2 对 SO_2 的氧化

在 pH 为 0～8 范围均可发生氧化反应,通常氧化反应式可表示为

$$HSO_3^- + H_2O_2 \rightleftharpoons SO_2OOH^- + H_2O$$

$$SO_2OOH^- + H^+ \longrightarrow H_2SO_4$$

2.4　二氧化硫的主要控制方法

SO_2 的控制技术可分为燃烧前脱硫、燃烧中脱硫和燃烧后脱硫(也称为烟气脱硫)三种。由于烟气中的硫以 SO_2 形态存在,较易脱除。烟气脱硫(flue gas desulfurization,FGD)是目前应用最广泛、效率最高的脱硫技术,也是控制二氧化硫排放的主要手段。

2.4.1　燃烧前脱硫

煤燃烧前脱硫即“煤脱硫”是通过各种方法对煤进行净化,去除原煤中所含的硫分、灰分等杂质。原煤的脱硫方法有物理脱硫法、化学脱硫法、生物脱硫法、微波辐射脱硫法及煤炭转化等多种方法,目前各国主要采用重力分选法去除原煤中的无机硫,该法可使原煤中的硫含量降低 40%～90%。硫的脱除率取决于煤中黄铁矿的颗粒大小及无机硫的含量。

1. 物理脱硫

常规的物理选煤是十分成熟的工艺,也是减少 SO_2 排放的经济适用途径。其基本原理是,煤中硫化铁(FeS_2)的相对密度为 4.7～5.2,而煤的相对密度仅为 1.25,因此可以将煤破碎后,利用两者相对密度的不同,用洗选的方法去除煤中的硫化铁和部分其他矿物质。煤的物理脱硫方法只能从煤炭中分离出物理性质不同的物质,它不能分离以化学状态存在于煤中的硫,所以煤脱硫工艺及其脱硫率取决于硫在煤中的存在特点。

煤脱硫的物理方法有多种分类。按照矿物的不同密度可以分为重介质、跳汰、摇床、螺旋分选、水介质旋流器等;按矿物的表面特性主要有浮选、选择性絮凝、油聚团电选等;按矿物的磁性差别分选,主要是高梯度磁选。其中应用最广泛的是跳汰选煤,其次是重介质选煤和浮选。近期研究较多的技术是高梯度强磁法和微波辐射法选煤技术。

2. 化学脱硫

化学脱硫是在一定温度和压力下,采用强酸、强碱和强氧化剂,通过化学氧化、还原提取、热解等步骤来脱除煤中的黄铁矿。煤化学脱硫方法可分为物理化学脱硫和纯化学脱硫两类。物理化学脱硫即浮选,化学脱硫方法包括碱法脱硫、气体脱硫、氧化脱硫等。采用较多的化学脱硫方法是氧化法,可脱除大部分无机硫及相当多的有机硫。

3. 煤炭转化

煤炭转化主要是气化和液化，即对煤进行脱碳或加氢改变其原有的碳氢比，把煤转化成清洁的二次燃料。在煤炭转化过程中，煤中大部分硫将以 H_2S、CS_2 和 COS 等形式进入煤气。为了满足日趋严格的大气污染物排放标准并保护燃用或使用煤炭转化产物的设备，需要进行煤气脱硫，与烟气脱硫相比，煤气脱硫对象是气量小、含硫化合物浓度高的煤气，因而达到同样处理效果时，煤气脱硫更经济，且易于回收有价值的硫分。

2.4.2 燃烧中脱硫

煤燃烧中脱硫是在煤燃烧过程中加入石灰石粉或白云石粉进行脱硫，主要的技术有型煤燃烧固硫、循环流化床燃烧脱硫和炉内喷钙脱硫技术。

1. 型煤燃烧固硫

型煤燃烧固硫技术是将不同的原料煤经筛分后按照一定的比例配煤，粉碎后同经过预处理的黏结剂和固硫剂混合，经机械设备挤压成形及干燥，即可得到具有一定强度和形状的型煤。型煤主要分为民用型煤和工业型煤两种，型煤燃烧固硫可使 SO_2 排放量减少 40%～60%，可提高燃烧效率 20%～30%，节煤率达 15%。

1）型煤用黏结剂和固硫剂

型煤用黏结剂按化学状态可分为有机、无机及复合三大类。

型煤用固硫剂按化学状态可分为钙系、钠系及其他三大类。固硫剂选择的基本原则是：①来源广泛，价廉；②碱性较强，对 SO_2 具有较高的吸收能力；③热化学稳定性好；④固硫剂与 SO_2 反应生成硫酸盐的热稳定性好，在窑炉炉膛温度下不会发生热分解反应；⑤不产生臭味和刺激性有毒的二次污染物；⑥加入固硫剂的量一般不会影响工业炉窑对型煤发热量的要求。

2）型煤固硫效率的影响因素

影响型煤固硫效率的主要因素是钙硫比（Ca/S）。钙硫比是指固硫剂用量中钙的物质的量与原煤中所含硫的物质的量的比值，Ca/S 越大，固硫效果越好，但费用也高。在满足 SO_2 排放要求的情况下，Ca/S 应取低值，以减少固硫费用。原煤含硫量、固硫剂粒径对 Ca/S 的取值都有影响。

2. 流化床燃烧脱硫

煤的流化床燃烧是断层煤燃烧和悬浮燃烧后发展起来的煤燃烧方式。流化床可为固体燃料的燃烧创造良好的条件，当气流速度达到使升力和煤粒的重力相当的临界速度时，煤粒将开始浮动流化。维持料层内煤粒间的气流实际速度大于临界值而小于输送速度是建立流化状态的必备条件。按流态的不同可把流化床锅炉分为鼓泡流化床锅炉和循环流化床锅炉两类。

作为减少 SO_2 排放的有效途径，流化床燃烧特别适合于炉内脱硫。因为这种燃烧方式提供了理想的脱硫环境：①脱硫剂和 SO_2 能充分混合、接触；②燃烧温度适宜；③脱硫剂和 SO_2 在炉内停留时间长。

流化床燃烧脱硫广泛采用的脱硫剂是石灰石（$CaCO_3$）和白云石（$CaCO_3 \cdot MgCO_3$），它们大量存在于自然界，且易于采掘。

1）流化床燃烧脱硫的化学过程

当石灰石或白云石脱硫剂进入锅炉的灼热环境中后，其有效成分 $CaCO_3$ 遇热发生煅烧分解，煅烧时 CO_2 的析出会产生并扩大石灰石中的孔隙，从而形成多孔状、富孔隙的 CaO。CaO 与 SO_2 作用形成 $CaSO_4$，从而达到脱硫的目的。

2）流化床燃烧脱硫的主要影响因素

（1）钙硫比。钙硫比是表示脱硫剂用量的一个指标，在影响 SO_2 脱除性能的所有参数中，钙硫比影响最大。无论何种类型的流化床锅炉，钙硫比（c）与脱硫率 R 的关系可近似表示：

$$R=1-\exp(-mc)$$

式中：c——钙硫比，脱硫剂所含钙与煤中硫的物质的量比；

m——综合影响参数，是床高、流化速度、脱硫剂颗粒尺寸、脱硫剂种类、床温和运行压力等的函数。

（2）燃烧温度。根据研究结果，对于常压流化床锅炉有一最佳脱硫温度范围，为 800～850℃。出现这种现象与脱硫剂的孔隙状态有关。温度较低时，脱硫剂孔隙数量少，孔径小，反应几乎完全被限制在颗粒外表面。随着温度增加，煅烧反应速率增大，孔隙扩展速率增大，相应地，与 SO_2 反应的脱硫剂表面也增大，由此导致脱硫率增大。但是，当床层温度超过 $CaCO_3$ 煅烧平衡温度约 50℃以上时，烧结作用变得越来越严重，其结果是使煅烧获得的大量孔隙消失，从而造成脱硫活性降低。

（3）脱硫剂的颗粒尺寸和孔隙结构。脱硫剂颗粒形状、孔径分布不一，床内又存在颗粒磨损、爆裂和扬析等影响，使得脱硫率与颗粒尺寸的关系十分复杂。在一定范围内减小颗粒尺寸，脱硫率变化不明显。当颗粒尺寸小于发生扬析的临界粒径时，脱硫剂发生扬析，使颗粒停留时间减少，但小颗粒的比表面积较大，因而脱硫效率提高。综合考虑脱硫和流化床的正常运行，脱硫剂颗粒尺寸有一适宜范围，并非越小越好。

（4）脱硫剂种类。石灰石和白云石在含钙量、煅烧分解温度、孔隙尺寸分布、爆裂和磨损等特性方面互不相同。与石灰石相比，白云石的平衡孔径分布和低温燃烧性能好，但锅炉低压运行时，更易于爆裂成细粉末，在吸收更多的硫之前遭到扬析。此外，对于相同的钙硫比，白云石的用量比石灰石将大近两倍，相应地，脱硫剂处理量和废渣量也大得多。

3. 炉内喷钙脱硫

炉内喷钙脱硫是将干的脱硫剂直接喷到锅炉炉膛的气流中进行脱硫。该法工艺简单，脱硫费用低，但 Ca/S 比较高，脱硫率较低，当 Ca/S 在 2 以上时，脱硫率只有 30%～40%，适用于老锅炉改造。

1）喷钙脱硫原理

炉内喷钙技术是将磨细到 325 目左右的石灰石粉料用压缩空气法直接喷入锅炉炉膛后部，在高温下石灰石被燃烧成 CaO，烟气中的 SO_2 被煅烧出的 CaO 所吸收，当炉膛内有足量氧气存在时，在吸收的同时还会发生氧化反应。由于石灰石粉在炉膛内的停留时间很短，所以必须在较短时间内完成燃烧、吸收、氧化三个过程。

2）喷钙脱硫的影响因素

（1）固体脱硫剂的分解温度。当烟气中的 CO_2 浓度高时，$CaCO_3$ 的分解温度也相应提高。一般锅炉烟气中 CO_2 含量在 14%左右，此时 $CaCO_3$ 的分解温度为 765℃，低于此温度，

CaO 会吸收 CO_2 生成 $CaCO_3$。

煅烧产生的 CaO 与烟气中的 SO_2 和 O_2 反应生成 $CaSO_3$ 或 $CaSO_4$，但在大约 1035℃时向逆方向进行。

(2) 反应温度。烟气温度越低，CaO 与 SO_2 反应时 SO_2 平衡浓度越低，有利于脱硫反应的进行。当反应温度低于 650℃，气相中 SO_2 的平衡浓度才能低到满足烟气脱硫的要求。如烟气中氧的含量为 2.7%，温度在 1160℃左右时，CaO 与 SO_2 反应时 SO_2 的平衡浓度增加至 10^{-3}，对脱硫不利。但烟气温度低时反应速率慢，故实际反应是在较高温度下进行的。一般 CaO 的有效反应温度为 950～1100℃。

$Ca(OH)_2$ 与 SO_2 反应的温度范围更低，在烟气中含有 7.1% H_2O 的情况下，$Ca(OH)_2$ 在 360℃时即分解，超过此温度即转变为 CO_2，故高温下 $Ca(OH)_2$ 脱硫机理与 CaO 相同。

(3) 脱硫剂。研究表明，产地不同的石灰石对于"烧僵"的抵抗力变化范围很大。最易得到的石灰石在中等温度条件下多是生成多孔煅烧产物，较高温度下则生成密实的不易反应的石灰，在各自的最适宜温度下煅烧时，白云石通常比石灰石易得到多孔的煅烧物，但 $MgCO_3$ 的煅烧温度比 $CaCO_3$ 低，容易发生"烧僵"现象。

3) 炉内喷钙脱硫的特点

石灰石/石灰直接喷射法与其他脱硫方法相比，投资最少，除了需要储存、研磨和喷射装置外，不再需要其他设备。但该法也存在一些严重的缺点，如①脱硫效率较低；②锅炉内石灰和灰分的反应，可能产生污垢沉积在管束上，使系统阻力增大；③气流中未反应的石灰将使烟尘比电阻增高，导致电除尘器的除尘效率显著降低。

2.4.3　烟气脱硫

1. *石灰石/石灰湿法烟气脱硫*

在现有的烟气脱硫工艺中，湿式石灰石/石灰洗涤工艺技术最为成熟，运行最为可靠，应用也最为广泛。湿式石灰石/石灰洗涤工艺分为抛弃法和回收法两种，其主要区别是回收法中强制使 $CaSO_3$ 氧化成 $CaSO_4$。

1) 石灰石/石灰-石膏法

石灰石/石灰-石膏法是采用石灰石或石灰浆液脱除烟气中 SO_2 并副产石膏的脱硫方法。该法开发较早，工艺成熟，Ca/S 比较低，操作简便，吸收剂价廉易得，所得石膏副产品可作为轻质建筑材料。

(1) 基本原理。该脱硫过程以石灰石或石灰浆液为吸收剂吸收烟气中的 SO_2，主要分为吸收和氧化两个步骤。首先生成亚硫酸钙，然后亚硫酸钙再被氧化为硫酸钙。

吸收塔内由于氧化副反应生成溶解度很低的石膏，很容易在吸收塔内沉积下来造成结和堵塞。溶液 pH 越低，氧化副反应越容易进行。

(2) 工艺流程及设备。锅炉烟气经除尘、冷却后送入吸收塔，吸收塔内用配制好的石灰石或石灰浆液洗涤含 SO_2 烟气。洗涤净化的烟气经除雾和再热后排放。石灰浆液在吸收 SO_2 后，成为含有亚硫酸钙和亚硫酸氢钙的混合液，在母液槽中用硫酸将其混合液的 pH 调整为 4～4.5，用泵送入氧化塔，在氧化塔内 60～80℃下被 4.9×10^5 Pa 的压缩空气氧化，生成的石膏经增稠器使其沉积，上清液返回吸收循环系统，石膏浆经离心机分离得到石膏。

(3) 影响脱硫效率的主要因素有以下几方面。

a. 浆液的 pH。

浆液的 pH 是影响脱硫效率的一个重要因素。一方面，pH 高，SO_2 的吸收速度就快，但是系统设备结垢严重；pH 低，SO_2 的吸收速度就会下降，当 pH 小于 4 时，则几乎不能吸收 SO_2。另一方面，pH 的变化对 $CaSO_3$ 和 $CaSO_4$ 的溶解度有重要的影响。

b. 液气比。

液气比对吸收推动力、吸收设备的持液量有影响，增大液气比对吸收有利，但大液气比条件下维持操作的运行费用很高，实际操作中应根据设备的运行情况决定吸收塔的液气比。实验表明：浓气比在 5.3L/m^3 以上时，SO_2 脱除率平均为 87%；液气比小于 5.3L/m^3 时，平均为 78%。其他因素恒定而改变液体流量的实验表明，增大液气比对吸收更有利。

c. 石灰石的粒度。

石灰石颗粒的大小即比表面积的大小对脱硫率和石灰石的利用率均有影响。一般说来，粒度减小，脱硫率及石灰石利用率增高。为保证脱硫石膏的综合利用及减少废水排放量，用于脱硫的石灰石中 $CaCO_3$ 的含量宜高于 90%。石灰石粉的细度应根据石灰石的特性和脱硫系统与石灰石粉磨制系统综合优化确定。对于燃烧中低含硫量燃料煤质的锅炉，石灰石粉的细度应保证 250 目 90%过筛率。当燃烧中高硫量煤质时，石灰石粉的细度宜保证 325 目 90%过筛率。

d. 吸收温度。

吸收温度较低时，吸收液面上 SO_2 的平衡分压亦较低，有助于气、液相间传质，但温度过低时，H_2SO_3 和 $CaCO_3$ 或 $Ca(OH)_2$ 之间的反应速率降低。通常认为吸收温度不是一个独立可变的因素，它取决于进气的湿球温度。

e. 烟气流速。

烟气流速对脱硫效率的影响较为复杂。随气速的增大，气液相对运动速度增大，传质系数提高，脱硫效率就可能提高，同时还有利于降低设备投资。经实测，当气速在 2.44～3.66m/s 之间逐渐增大时，脱硫效率下降，但当气速在 3.66～24.57m/s 之间逐渐增大时，脱硫效率几乎与气速的变化无关。

f. 结垢。

石灰石/石灰-石膏法脱硫的主要缺点是设备容易结垢堵塞。为了防止结垢，特别是防止 $CaSO_4$ 的结垢，除使吸收塔满足持液量大、气液间相对速度高、有较大的气液接触面积、内部构件少及压力降小等条件外，还可采用控制吸收液过程过饱和及使用添加剂等方法。

2) 石灰石/石灰抛弃法

石灰石/石灰抛弃法与石灰石/石灰-石膏法的区别在于吸收过程产生的废渣(亚硫酸钙和一部分硫酸钙的混合物)不再回收利用。

(1) 基本原理。

烟气用含亚硫酸钙和硫酸钙的石灰石/石灰浆液洗涤，SO_2 与浆液中的碱性物质发生化学反应生成亚硫酸盐和硫酸盐，新鲜石灰石或石灰浆液不断加入脱硫液的循环回路。

除 pH 外，影响 SO_2 吸收效率的其他因素包括液气比、钙硫比、气流速度、浆液的固体含量、气体中 SO_2 的浓度及吸收塔结构等。

(2) 工艺流程及设备。

石灰石/石灰法烟气脱硫的流程见图 2-1，整个系统主要由 3 部分组成：脱硫剂制备系统、吸收塔和脱硫产物处理系统。

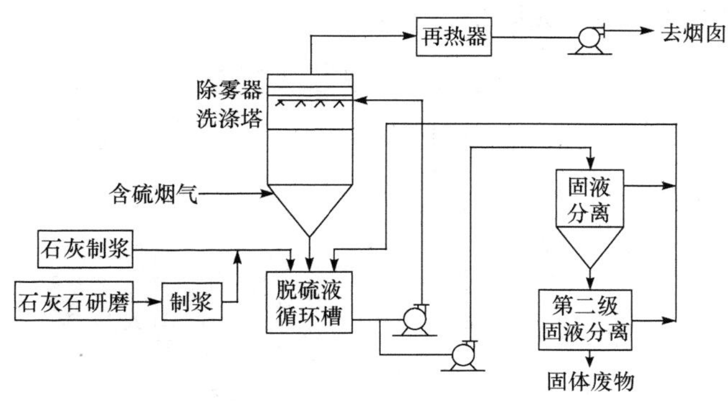

图 2-1　石灰石/石灰法烟气脱硫的流程

3）石灰-亚硫酸钙法

石灰-亚硫酸钙法用石灰乳吸收烟气中的 SO_2，副产半水亚硫酸钙，半水亚硫酸钙可用来制作钙塑材料。钙塑兼有木材和纸的性能，具有耐热、耐水、耐寒、防震、隔声等性能，可以代替木材，广泛应用于室内装修、天花板、墙壁板、壁纸、包装纸、制造家具以及用作建筑施工的模板等。

（1）基本原理。

采用 6%～7%的石灰乳吸收烟气中的 SO_2，会生成半水亚硫酸钙。吸收 SO_2 后的吸收液的 pH 应控制为 6.5～7，若 pH 在 7 以上，说明吸收液中的 $Ca(OH)_2$ 反应不完全，会造成半水亚硫酸钙的品位较低；若吸收液的 pH 低于 6.5，生成的半水亚硫酸钙会继续吸收 SO_2，生成 $Ca(HSO_3)_2$，同时一部分半水亚硫酸钙还会氧化为二水硫酸钙，其结果就不能得到半水亚硫酸钙。

（2）工艺流程。

含 SO_2 的烟气通过洗涤塔和过滤器除尘后进入亚硫酸钙生成塔。塔内 SO_2 用含 6%～7%的消石灰吸收，生成亚硫酸钙，由塔底出来的未反应完全的石灰乳再用泵送至塔顶进行循环吸收。当半水亚硫酸钙达到一定浓度时，放入亚硫酸钙储槽，再送入真空过滤机和干燥器中进行干燥。从生成塔出来的烟气还含有一定量的 SO_2，将其送入回收塔，用石灰乳继续循环吸收。当半水亚硫酸钙含量为 10%～12%时，即放入亚硫酸钙储槽。

2. 双碱法

双碱法烟气脱硫工艺是为了克服石灰石/石灰法容易结垢的缺点而发展起来的。由于在吸收和吸收液的处理中使用了不同类型的碱，所以称之为双碱法。双碱法的种类很多，这里主要介绍钠碱双碱法和碱性硫酸铝-石膏法。

1）钠碱双碱法

（1）工艺原理。

钠碱双碱法采用 Na_2CO_3 或 NaOH 溶液（第一碱）吸收烟气中的 SO_2，再用石灰石或石灰（第二碱）中和再生，可制得石膏，再生后的溶液继续循环使用。其工艺过程可分为吸收和再生两个工序。

中和再生后的溶液返回吸收系统循环使用，所得固体进一步氧化可制得石膏，也可以抛弃。

(2) 工艺流程。

钠碱双碱法典型的工艺流程如图 2-2 所示。

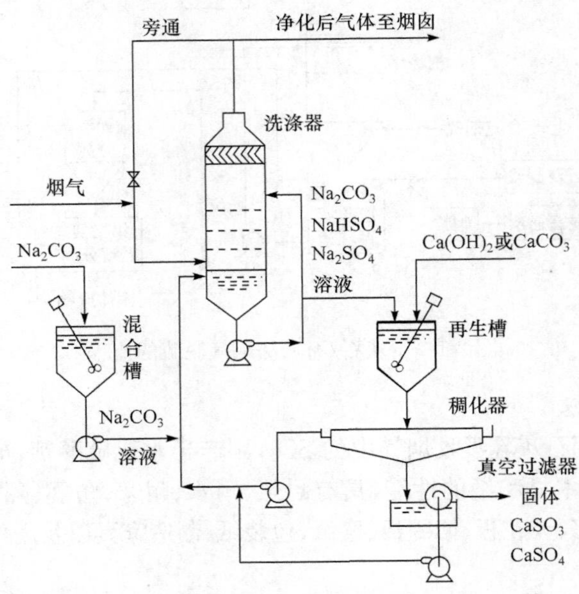

图 2-2 钠碱双碱法工艺流程

含 SO_2 烟气经除尘、降温后被送入吸收塔,塔内喷淋含 NaOH 或 Na_2CO_3 溶液进行洗涤净化,净化后的烟气排入大气,从塔底排出的吸收液被送至再生槽,加 $CaCO_3$ 或 $Ca(OH)_2$ 进行中和再生。再生后的吸收液经固液分离后,清液返回吸收系统;所得固体物质加入 H_2O 重新浆化后加入硫酸降低 pH,鼓入空气进行氧化可制得石膏。

2) 碱性硫酸铝-石膏法

碱性硫酸铝-石膏法使用碱性硫酸铝作为第一碱吸收 SO_2,吸收后的吸收液经氧化后用第二碱石灰石中和再生,再生出的碱性硫酸铝循环使用,同时又可副产石膏。此法由日本同和矿业公司开发,故又称同和法。

(1) 基本原理。

碱性硫酸铝溶液对 SO_2 具有良好的吸收能力。它的制备是将工业液矾(含 8% Al_2O_3)或粉末硫酸铝 $Al_2(SO_4)_3 \cdot (16\sim18)H_2O$ 溶于水,然后添加石灰或石灰石粉中和,沉淀出石膏,以除去一部分硫酸根,即得所需碱度的碱性硫酸铝。

该法的反应过程分为吸收、氧化和中和三个步骤。

(2) 工艺流程。

将含有 SO_2 的烟气在吸收塔内用第一碱对其洗涤,净化后的尾气经除沫后排空。吸收 SO_2 后的吸收液送入氧化塔,同时鼓入压缩空气,使 $Al_2(SO_3)_3$ 氧化,氧化后的吸收液大部分返回吸收塔循环,只引出部分溶液送至中和槽。将中和溶液引入除镁中和槽,加入 $CaCO_3$ 中和,然后送往沉淀槽中沉降,将含镁离子的溢流液弃去不用,以保持镁离子浓度在一定水平以下。将含有 Al_2O_3 沉淀的沉淀槽底流相继送入中和槽 1 和 2,用石灰粉将其中和到一定的碱度,然后送入增稠器,上清液返回吸收塔,底流分离得石膏产品。

氧化塔为空塔，塔底装有四个特殊设计的喷嘴，气液同时经喷嘴进入塔内，空气便分散成细小的气泡分布于溶液中，鼓入空气的压力为 0.3～0.4MPa。中和用的石灰石中常含有杂质，如镁等。积累在溶液中的镁将影响副产品石膏的质量，必须排出部分循环液，以控制溶液中镁的含量。为了减少铝的损失，需要回收排放液中的铝。

(3) 影响因素。

a. 吸收液中的铝含量。吸收液中铝含量越高，吸收效率也越高，但会影响到石膏中铝的损失。

b. 吸收液碱度。一般来说，吸收液浓度和碱度越高，温度越低，则吸收效果越好，但碱度在 50%以上时容易生成絮状物。为避免堵塞和减少铝的损失，宜采用低浓度和低碱度溶液作吸收液，吸收液碱度一般为 10%～40%，含 Al 15～20g/L。若烟气中 SO_2 浓度大时，可将碱度适当调高些。

c. 操作液气比。由于吸收液对 SO_2 有良好的吸收效果，即使液气比较小(一般为 2.5～5.0L/m^3)，也可获得较好的吸收效果。但当吸收温度较高、SO_2 浓度较大或 O_2 含量较低时，均需增大液气比值。

3. 氨法

湿式氨法脱硫工艺采用一定浓度的氨水作吸收剂，它是一种较为成熟的方法，较早地应用于工业中。其主要优点是吸收剂利用率和脱硫效率高，最终的脱硫副产物可用作农用肥。其缺点是氨易挥发，因而吸收剂的消耗量较大，另外氨的来源受地域以及生产行业的限制较大，但在氨有稳定来源、副产品有市场的地区，氨法仍具一定的吸引力。

根据吸收液再生方法不同，将氨法分为氨-酸法、氨-亚硫酸铵法及氨-硫酸铵法。

1) 氨-酸法

氨-酸法是治理低浓度 SO_2 的一种很有效的方法，它具有工艺成熟、方法可靠、操作方便、设备简单等优点。目前这种方法已广泛应用于硫酸生产的尾气治理。

(1) 基本原理。

氨-酸法主要分为二氧化硫的吸收和吸收液的综合利用两部分。

a. 吸收。把 SO_2 尾气和氨水同时通入吸收塔中，SO_2 即被吸收。

b. 吸收液综合利用。含有 $(NH_4)_2SO_3$ 和 NH_4HSO_3 的循环吸收液，当其 S/C[表示溶液中 $(NH_4)_2SO_3$ 和 NH_4HSO_3 的比例]达到 0.9(相对密度 1.17～1.18)时，即可自循环系统导出一部分，送入分解塔中用 93%～95%浓硫酸酸化分解，得到高浓度 SO_2 和硫酸铵溶液。

分解液中 NH_4HSO_3 含量越高，分解时 H_2SO_4 的消耗量越低。为了分解完全，硫酸用量应为理论量的 1.3～1.5 倍，为此需对多余的酸进行中和，中和剂仍用氨，反应产物硫酸铵作为氮肥产品。其反应式为

$$H_2SO_4 + 2NH_3 \longrightarrow (NH_4)_2SO_4$$

(2) 吸收液浓度的选择。

循环吸收液浓度的选择应满足两个要求：①保证较高的 SO_2 吸收率，使排空尾气中 SO_2 浓度符合排放标准；②制备出高浓度的 NH_4HSO_3 溶液，以便在分解、中和时耗用尽可能少的硫酸和氨，得到尽可能多的高浓度的 SO_2。

2) 氨-亚硫酸铵法

氨-亚硫酸铵法吸收 SO_2 后的吸收液不用酸分解，而是直接将吸收母液加工成亚硫酸铵

(简称亚铵),作为产品。亚铵可用于制浆造纸,造纸中排出的黑液又可作为肥料。

该法流程简单,可节约硫酸和减少氨的消耗,且氨的来源也较广泛,固体碳酸氢铵、气氨及氨水均可作为氨源,既可以生产液体亚铵,也可以制取固体亚铵。国内中小硫酸厂尾气处理多采用此流程。

(1) 工艺原理。

用碳酸氢铵溶液吸收烟气中的SO_2,主要反应式为

$$2NH_4HCO_3 + SO_2 \longrightarrow (NH_4)_2SO_3 + H_2O + 2CO_2\uparrow$$

$$(NH_4)_2SO_3 + SO_2 + H_2O \longrightarrow 2NH_4HSO_3$$

若烟气中含有氧,还会发生如下副反应:

$$(NH_4)_2SO_3 + \frac{1}{2}O_2 \longrightarrow (NH_4)_2SO_4$$

对于硫酸尾气,因尾气中含有少量SO_3,会发生如下副反应:

$$2(NH_4)_2SO_3 + SO_3 + H_2O \longrightarrow (NH_4)_2SO_4 + 2NH_4HSO_3$$

吸收SO_2后的吸收液主要含NH_4HSO_3,溶液呈酸性,经加固体碳酸氢铵中和,可析出亚铵晶体。

此反应为吸热反应,溶液温度不经冷却即可降到0℃左右。由于$(NH_4)_2SO_3$比NH_4HSO_3在水中的溶解度小,生成的$(NH_4)_2SO_3 \cdot H_2O$过饱和而从溶液中结晶析出,此悬浮液离心分离可制得固体亚铵。

(2) 氧化及其处理。

吸收液在吸收SO_2的过程中吸收了烟气中的O_2,使$(NH_4)_2SO_3$氧化成$(NH_4)_2SO_4$,氧化率随吸收塔形式与操作条件不同而异,一般可达5%～14%。当循环吸收液中$(NH_4)_2SO_4$含量积累到一定浓度时,如果不除去,不仅降低SO_2吸收率,而且$(NH_4)_2SO_4$会从溶液中结晶析出而堵塞设备。因此,必须尽量抑制吸收液氧化,通常可在溶液中加入阻氧剂,如对苯二胺、对苯二酚等。尽管加入了阻氧剂,但氧化仍无法避免,在生产中,吸收液中$(NH_4)_2SO_4$含量仍累积上升,因此,应将其从溶液中除去。

亚铵结晶$(NH_4)_2SO_3 \cdot H_2O$暴露在空气中也容易氧化。当亚铵结晶干燥时氧化率一般为0.3%～7%;潮湿时与空气长时间接触,氧化率可高达50%。在中和分离过程中,由于亚铵结晶氧化为硫铵,影响产品纯度,使产品质量降低。为降低中和及分离过程的氧化率,必须强化中和、离心操作,缩短中和操作时间,并将潮湿的亚铵干燥,制成无水亚硫酸铵。

3) 氨-硫酸铵法

氨法脱硫的前两种方法都要求尽量防止和抑制氧化副反应,避免吸收液中的$(NH_4)_2SO_3$氧化为$(NH_4)_2SO_4$。氨-硫酸铵法则是将氨吸收SO_2后的母液直接用空气氧化得到副产品$(NH_4)_2SO_4$化肥,该法和氨-酸法及氨-亚硫酸铵法相比是一种简便的方法,它不消耗酸,而且所需设备较少。其工艺原理为:在脱硫过程中,为了保证对SO_2的吸收能力,吸收液中应保持足够的亚硫酸盐浓度。因此,亚硫酸盐不可能在吸收塔内完全氧化,在吸收塔后必须设置专门的氧化塔,以保证亚硫酸盐的全部氧化。

在吸收液送入氧化塔之前,一般先将吸收液用NH_3进行中和,使吸收液中NH_4HSO_3全部转变为$(NH_4)_2SO_3$,以防止SO_2从溶液中逸出,氧化塔内用压缩空气将溶液氧化生成$(NH_4)_2SO_4$溶液。

4）新氨法（NADS）

传统氨法是将 NH_3 和 H_2O 加入到吸收塔的循环槽中使吸收液中的 NH_4HSO_3 转变为 $(NH_4)_2SO_3$，从而保证吸收塔有较高的脱硫率，而新氨法则是将 NH_3 和 H_2O 分别直接加入吸收塔中吸收净化烟气中的 SO_2。与传统氨法相比，新氨法在工艺上更灵活。此工艺由华东理工大学与四川内江发电厂合作开发，在该厂 25MW 机组上进行了工业实验。

(1) 反应原理。

吸收塔内 NH_3 和 H_2O 脱硫反应为

$$SO_2 + xNH_3 + H_2O \longrightarrow (NH_4)_x H_{2-x} SO_3$$

对脱硫液用不同酸 H_2SO_4、H_3PO_4 或 HNO_3 中和时，可副产相应酸的铵盐，即硫酸铵或磷酸二氢铵、硝酸铵，作为化肥使用，在酸中和脱硫液的同时可联产高浓度 SO_2 气体。

控制中和槽中空气的吹入量可得 8%～10%的 SO_2 气体，送入制酸装置生产 98%的浓硫酸。

(2) 工艺流程。

新氨法工艺流程如图 2-3 所示。

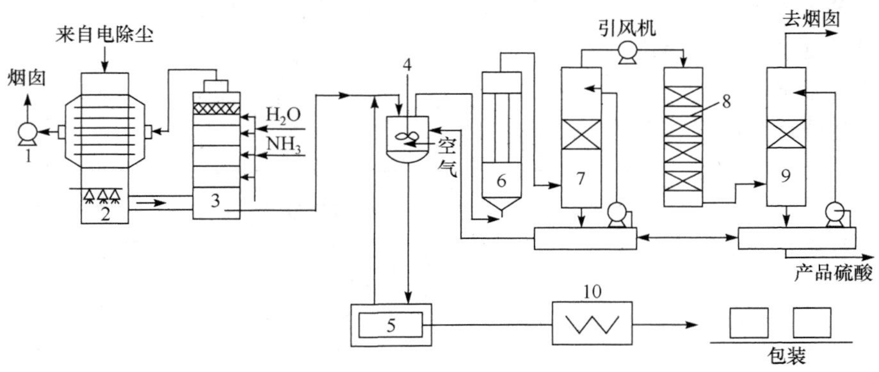

图 2-3　新氨法工艺流程简图

1. 引风机；2. 再热冷却器；3. 吸收塔；4. 中和釜；5. 硫铵分离器；6. 冷凝器；7. 干燥塔；8. SO_2 转化器；9. 吸收塔；10. 硫铵干燥器

来自电除尘器的温度为 140～160℃的含 SO_2 烟气经再热冷却器回收热量后，温度降为 100～120℃，再经水喷淋冷却到<80℃，进入吸收塔。塔内烟气中的 SO_2 被加入的 NH_3 和 H_2O 进行多级循环吸收，一般级数为 3～5 级。吸收塔的吸收温度为 50℃左右，SO_2 的吸收率大于 95%，烟气出口 NH_3 的浓度小于 20×10^{-6}。吸收后的烟气进入再热器，升温到 70℃以上由烟囱排放。

由吸收塔排出的含亚硫酸铵溶液送入中和反应釜，用该系统制酸装置生产的 98%硫酸中和，同时向中和釜鼓入空气，可得到硫铵溶液和浓度为 8%～10%的 SO_2 气体，硫铵溶液经过蒸发结晶、干燥可得硫铵化肥。SO_2 气体进入硫酸生产装置生产 98%的硫酸，70%～80%返回中和釜，20%～30%作为产品出售。

4. 钠碱法

钠碱法是采用碳酸钠或氢氧化钠碱液吸收烟气中 SO_2 后，不用石灰或石灰石再生，而是直接将吸收液处理成副产物或能再次使用的吸收液。钠碱和其他碱性吸收剂相比具有如下优点：①碱性强，因而吸收能力大；②吸收剂在洗涤吸收过程中不挥发；③钠碱的溶解度较高，因而吸收系统不存在结垢、堵塞问题。由于吸收液的再生方法不同，因而产生不同的脱硫方法，如亚硫酸钠循环法、亚硫酸钠法和钠盐-酸分解法等。

1）亚硫酸钠循环法

（1）工艺原理。

该法是利用 Na_2CO_3 或 NaOH 溶液作为开始吸收剂，在低温下吸收烟气中的 SO_2，同时生成 Na_2SO_3，Na_2SO_3 还可继续吸收 SO_2 而生成 $NaHSO_3$，将含 Na_3SO_3-$NaHSO_3$ 的吸收液进行加热再生，放出 SO_2。在加热再生过程中得到的亚硫酸钠结晶经固液分离并用水溶解后返回吸收系统。因此，工艺上分为吸收和再生两个工序。

a. 吸收。

该法采用的 Na_2CO_3 或 NaOH 只作开始的吸收剂，它们吸收 SO_2 后生成 Na_2SO_3，在循环过程中起吸收作用的主要是 Na_2SO_3 溶液。

b. 再生。

当循环吸收液中 $NaHSO_3$ 含量达到一定值（S/C＝9）时，吸收液就应进行再生。由于吸收液 $NaHSO_3$ 不稳定，受热即可分解，因而含 $NaHSO_3$ 的吸收液可在100℃下加热使其分解。

在 $NaHSO_3$ 分解过程中，可获得高浓度 SO_2 气体，并再生出 Na_2SO_3，将再生出的 Na_2SO_3 溶解后返回吸收系统继续使用。

（2）工艺流程。

亚硫酸钠循环法的工艺流程如图 2-4 所示。

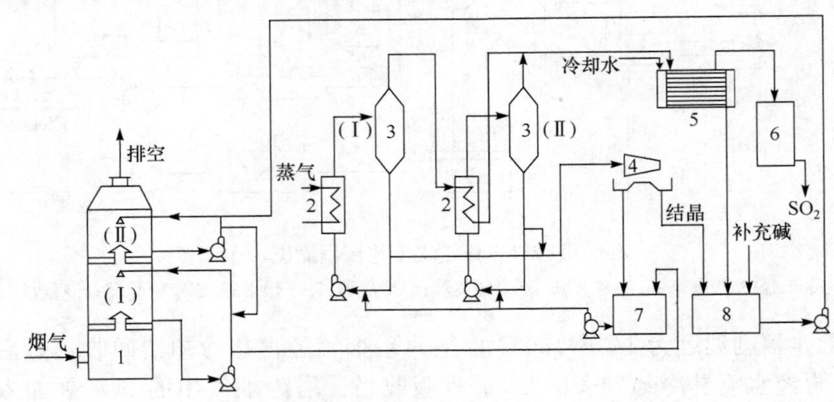

图 2-4　亚硫酸钠循环法工艺流程

1. 吸收塔；2. 热交换器；3. 蒸发器；4. 结晶分离器；5. 冷却器；6. 脱水器；7. 母液槽；8. 吸收液槽

a. 吸收。

经过除尘后的烟气从吸收塔下部进入，与塔顶喷淋而下的吸收液逆流相遇，进行传热、传质。吸收过程采用二塔二级吸收，烟气经过两个串联的吸收塔吸收后排空；吸收液在各塔内自身循环，并由Ⅱ塔向Ⅰ塔串液，Ⅰ塔循环吸收液中 $NaHSO_3$ 达到一定的浓度后送往脱吸工序进行再生，再生后的新鲜吸收液由Ⅱ塔补入吸收系统。

第Ⅰ吸收塔的主要作用是脱除烟气中大量的 SO_2，使吸收液中生成尽可能多的 $NaHSO_3$。由于此塔内吸收液面上 SO_2 分压较高，不能将烟气中 SO_2 脱除到较低浓度，还必须在第Ⅱ吸收塔内进一步脱除。第Ⅱ吸收塔主要是利用再生后的吸收液来吸收烟气中的 SO_2，由于再生后的吸收液面上具有很低的 SO_2 分压，吸收能力很强，可使烟气中 SO_2 脱除到符合排放标准。

b. 脱吸。

脱吸过程是在强制循环蒸发结晶系统中进行的。为防止结垢和提高热交换器的效率，采用轴流泵做大流量循环。为了有效利用热能，采用双效蒸发系统。

来自吸收系统的吸收液经换热器加热至 100～110℃后进入蒸发器，由第一蒸发器解吸出来的含有 SO_2 的湿蒸气送至第二蒸发器的换热器加热吸收液后，与由第二蒸发器解吸出来的含 SO_2 的湿蒸气混合，经冷凝器将水蒸气冷凝后，可得高浓度 SO_2 气体。此气体可用来制液体 SO_2、硫酸或硫磺。

经过蒸发器浓缩的含亚硫酸钠结晶的溶液送至离心机，将 Na_2SO_3 结晶分离出来，滤液返回蒸发结晶系统，Na_2SO_3 结晶用水溶解后送入第二吸收塔继续循环吸收 SO_2。

吸收系统采用的吸收塔为泡沫塔，脱吸系统的结晶蒸发器为外加热的强制循环蒸发器。

2) 亚硫酸钠法

亚硫酸钠法和亚硫酸钠循环法一样，都是采用 Na_2CO_3 或 NaOH 溶液作为吸收剂，所不同的仅是亚硫酸钠法的吸收液不循环使用，而是加工成产品——无水亚硫酸钠。无水亚硫酸钠是一种化工原料，广泛用作织物、化纤、造纸工业的漂白剂、照相显影材料及还原剂等。

(1) 工艺原理。

该法用 Na_2CO_3 或 NaOH 作吸收剂吸收烟气中的 SO_2，首先生成 SO_2 含量很高的 $NaHSO_3$ 溶液，然后再用 NaOH 中和即得到 Na_2SO_3。由于 Na_2SO_3 的溶解度较 $NaHSO_3$ 低，能从溶液中结晶出来，经固液分离后，可得副产品——亚硫酸钠。其工艺过程可分为吸收与中和、结晶两个工序。

a. 吸收。

在吸收过程中，由于 SO_2 的不断溶解，溶液中 H^+ 不断增加，使 pH 相应下降。前两个反应式的 pH 为 7，第三个反应式的 pH 为 4.4。为保证副产品 Na_2SO_3 的质量，出塔的吸收液 pH 应保持为 5.0～6.5，不致使烟气中 CO_2 被吸收下来生成 Na_2CO_3。

b. 中和、结晶。

中和、结晶的化学反应式为

$$NaHSO_3 + NaOH \longrightarrow Na_2SO_3 + H_2O$$

烟气含氧量和含尘量较高的情况下容易引起如下副反应：

$$2Na_2SO_3 + O_2 \longrightarrow 2Na_2SO_4$$

加入适量的阻氧剂，如对苯二胺等，可抑制副反应的进行。

(2) 工艺流程。

亚硫酸钠法的工艺流程，可分为以下四个工序。

a. 循环吸收。

将纯碱与水在化碱槽中配成 20～22Bé(波美度)的溶液。加入纯碱用量的十二万分之一的对苯二胺作为阻氧剂，再加入纯碱用量 5%左右的 24Bé 的烧碱液，以沉降铁离子及重金属离子。将配好的溶液送入吸收塔，使气液逆流接触，循环吸收至液体的 pH 达 5.6～6.0，即得到亚硫酸氢钠溶液，其浓度约为 24 Bé。

b. 中和。

除杂将亚硫酸氢钠溶液送至中和槽，用 24Bé 烧碱溶液中和至 pH≈7，以 4atm① (表压)的蒸气间接加热至沸腾，驱尽 CO_2，然后加入适量硫化钠溶液以除去铁和重金属离子，继续加烧

① atm 为非法定单位，$1atm = 1.01325 \times 10^5 Pa$，余同。

碱中和至 pH＝12，再加入少量活性炭脱色，过滤后即得无色亚硫酸钠清液，含量约为 21％。

c. 浓缩结晶。

将亚硫酸钠清液送入浓缩锅，并以蒸气加热，不断加进新鲜的亚硫酸钠清液以保持一定的液位，防止“锅巴”生成。加热浓缩至析出一定量的无水亚硫酸钠结晶，送入离心机甩干，其结晶含水 2％～3％，母液循环使用。

d. 干燥包装。

经电炉加热至 200～250℃的热空气，将甩干的亚硫酸钠结晶烘干，由旋风分离器分离后包装。

(3) 氧化问题。

亚硫酸钠的氧化为该法的主要问题，因为氧化所产生的硫酸钠直接影响副产品无水亚硫酸钠的质量。在溶液中加入阻氧剂(对苯二胺或对苯二酚)，可以阻止和减少氧化反应的发生，这是由于这类阻氧剂很容易氧化生成络合物而使亚硫酸钠不被氧化。

5. 活性炭吸附法

低浓度的 SO_2 除了可以用吸收法净化外，还可以用吸附法净化。活性炭是一种良好的吸附剂，活性炭吸附脱硫是利用活性炭的吸附性能来吸附净化烟气中 SO_2 的脱硫技术。当活性炭吸附饱和后，可采用水洗涤的方法使其再生，同时将获得浓度较低的硫酸，经提浓处理后可得 70％的硫酸，相应的净化方法称活性炭制酸法(由西德鲁奇公司开发)；若用水洗再生时获得的稀硫酸分解磷矿石粉，并加氨中和、氧化，可得磷铵复肥，其相应的净化方法称磷铵肥法(PAFP)。

1) 活性炭制酸法

(1) 基本原理。

当烟气中没有氧和水蒸气存在时，用活性炭吸附 SO_2 仅为物理吸附，吸附量较小；而当烟气中有氧和水蒸气存在时，在物理吸附过程中，还发生化学吸附。这是由于活性炭表面具有催化作用，使吸附的 SO_2 被烟气中的 O_2 氧化为 SO_3，SO_3 再和水蒸气反应生成硫酸，使其吸附量大为增加。

在有 O_2 和 H_2O 蒸气存在时，活性炭吸附 SO_2 的吸附过程可表示如下(＊表示吸附于活性炭表面的分子)：

$$SO_2+H_2O \longrightarrow H_2SO_3\text{(化学吸附)}$$

$$SO_2 \longrightarrow SO_2^*\text{(物理吸附)}$$

$$O_2 \longrightarrow O_2^*\text{(物理吸附)}$$

$$H_2O \longrightarrow H_2O^*\text{(物理吸附)}$$

$$2SO_2^*+O_2^* \longrightarrow 2SO_3^*\text{(化学吸附)}$$

$$H_2SO_4^*+nH_2O^* \longrightarrow H_2SO_4\cdot nH_2O^*\text{(化学吸附)}$$

吸附于活性炭表面上的硫酸浓度取决于烟气的温度及烟气中水分的含量。化学吸附的总反应式可以表示为

$$2SO_2+2H_2O+O_2 \longrightarrow 2H_2SO_4$$

活性炭经过 KI 或一些金属盐溶液浸渍处理后，其吸附能力可以大大提高，这些金属盐主要为铜、铁、镍、钴、锰、铬和铈等金属的盐。因为经过浸渍处理的活性炭均能很好地吸附 SO_2

并催化 SO_2 的氧化反应，因而可提高活性炭的吸附能力。活性炭吸附 SO_2 后，在其表面上形成的 H_2SO_4 存在于活性炭的微孔中，这将降低其吸附能力。因此需要将存在于微孔中的 H_2SO_4 取出，使活性炭再生。再生方法为洗涤再生。洗涤再生是用水洗涤吸附饱和的活性炭床层，使活性炭微孔内的酸液不断排出，从而恢复活性炭的吸附催化活性。由于脱硫时在活性炭微孔内形成的稀硫酸几乎全部以离子形态存在，而活性炭对这些离子态物质的吸引力比较弱，所以可通过水洗涤使被吸附物质因浓度差引起扩散，使活性炭得到再生。

洗涤再生较为简单、经济，但所得稀 H_2SO_4 浓度较低，可采用浸没燃烧器提浓，也可采用高温烟气浓缩。由于洗涤再生所得副产品为硫酸，因而活性炭吸附洗涤再生法也称为活性炭制酸法。

(2) 工艺流程。

活性炭制酸法工艺流程(活性炭床为固定床)如图 2-5 所示。

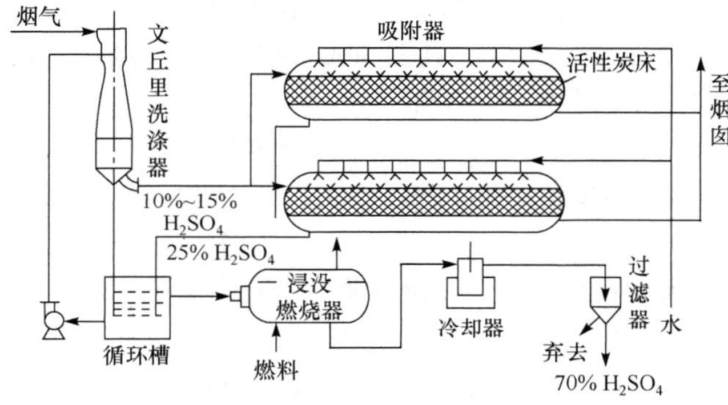

图 2-5　活性炭制酸法工艺

含 SO_2 烟气经除尘后送入文丘里洗涤器，用活性炭床水洗出的 10%～15%的稀 H_2SO_4 溶液洗涤。文丘里洗涤器的作用是使烟气降温、除尘，同时利用高温烟气的热量使稀硫酸浓缩为 25% H_2SO_4。经洗涤降温后的烟气送入吸附器进行吸附净化，吸附器可以并联也可以串联运行，净化后的烟气经烟囱排放。当吸附器内活性炭吸附饱和后，用水洗涤再生，用水量为活性炭质量的 4 倍，水洗时间为 10h，可得浓度为 10%～15%的硫酸，送入文丘里洗涤器洗涤高温烟气，从文丘里洗涤器排出的约 25%的 H_2SO_4 用浸没燃烧器浓缩为 70% H_2SO_4，再经过滤除去杂质后可得 70% H_2SO_4。

(3) 工艺特点。

活性炭制酸法具有很多优点，如工艺简单、操作容易、副反应少、无污水排出且不消耗氨、碱等化工原料。但由于活性炭的吸附容量有限，吸附剂要经常地进行再生，因而会造成许多麻烦；而且由于吸附时要保证烟气和活性炭有一定的接触时间，则气流速度不宜过大，这就要求吸附器具有较大的体积，因此吸附法不适宜用来处理大气量的烟气；另外吸附时要求活性炭一次装入，因而一次投资较大。

2) 磷铵肥法(PAFP)

磷铵肥法烟气脱硫是我国自行开发的烟气脱硫技术，并在四川豆坝电厂建成了一套处理气量为 $5000m^3/h$ 的中试装置，完成了 2000 小时的连续考核运行，达到了脱硫效率>95%、磷矿分解率>90%、副产复合肥料总有效养分($N+P_2O_5$)>35%的指标。该技术采用吸附和吸收操作，以天然磷矿石和氨为原料，利用烟气吸附脱硫中制取的稀硫酸分解磷矿石，再加入氨中和，进行二级吸收脱硫，再将脱硫液氧化制取磷铵复肥。

(1) 工艺原理。

该法的工艺过程主要由吸附、萃取、中和、吸收、氧化、浓缩干燥等工序组成，其各部分原理如下。

a. 吸附。在有氧气和水蒸气存在的条件下，SO_2 被活性炭吸附催化氧化成 SO_3，活性炭吸附容量接近饱和时，对活性炭进行水洗涤再生可得浓度为30%的稀硫酸。

b. 萃取。磷矿石制磷酸，将吸附脱硫得到的稀硫酸与磷矿粉发生反应，在特定的反应条件下，萃取过滤获得磷酸。

c. 中和。将萃取得到的磷酸溶液加入一定量的氨中和至 pH 达到 5.7～5.9，使得到的磷酸氢二铵的量正好满足脱硫要求。

d. 吸收。利用磷酸中和液，即含磷酸氢二铵的溶液进行二级吸收脱硫。

e. 氧化。脱硫后的溶液含有磷酸二氢铵和亚硫酸铵，必须进行氧化处理，使亚硫酸铵氧化为硫酸铵才能得到含磷铵复合肥料的溶液。

f. 浓缩干燥。氧化后的脱硫液通过蒸发浓缩、干燥即可制得固体肥料，肥料的主要成分是磷酸二氢铵（$NH_4H_2PO_4$）和硫酸铵[$(NH_4)_2SO_4$]，即磷铵复肥。

(2) 中试工艺流程。

磷铵肥法中试工艺流程可分为烟气脱硫和肥料制备两个系统。

a. 烟气脱硫系统。含 SO_2 的烟气经高效除尘器除尘后，通过风机送入烟气冷却装置，经文氏管喷水降温后，进入四塔并列的活性炭吸附脱硫塔（其中三塔运行，一塔洗涤再生，周期性切换，蒸气加热升温启动）进行吸附净化，控制一级脱硫率大于70%。经过一级脱硫后的烟气进入吸收塔，用磷酸氢二铵溶液洗涤净化，进行二级脱硫，二级脱硫后的烟气经除雾器除雾后排放。一级吸附脱硫时可制得30%的硫酸；二级脱硫的脱硫液含磷酸二氢铵和亚硫酸铵。

b. 肥料制备系统。将一级脱硫得到的稀硫酸送入萃取槽中分解磷矿粉，经过滤后可得稀磷酸，加氨中和后得到含磷酸氢二铵的溶液，作为二级吸收脱硫的吸收剂送入吸收塔。经吸收脱硫的脱硫液送入氧化塔氧化后，再经浓缩干燥可得到含磷铵和硫铵的复合肥料。

2.5 二氧化硫治理工程案例

2.5.1 南京下关电厂炉内脱硫系统

南京下关电厂是一个有90多年历史的老厂，位于南京市的西北端，距市中心仅7km。该厂设备陈旧、能耗大，环境污染严重。为此，1992年被国家列为“以大代小”首批电力技术改造项目，改造内容是将原有机组全部拆除，原地改建2×125MW国产燃煤超高压机组。根据国家有关大气质量标准及火电厂烟气排放标准，结合当地环保部门的要求，综合技术经济因素，脱硫工程引进芬兰IVO公司的LIFAC工艺，确定的主要工艺条件及技术指标如下：吸收剂石灰石粉 $CaCO_3$ 含量>92%；石灰石粉粒度80%为40μm（325目筛余20%）；在钙硫物质的量比（Ca/S）为2.5时系统总脱硫率≥75%。

该厂两套烟气脱硫系统分别于1998年6月和12月投入运行。主要工艺参数见表2-1。

表 2-1　下关电厂 LIFAC 工艺的主要工艺参数

项目名称	参数	项目名称	参数
处理烟气总量/(m^3/h)	864 348(含石灰石粉载气与助混气体)	每台活化器压缩空气耗量/(m^3/h)	5900
		每台活化器雾化水耗量/(t/h)	23
燃煤含硫量/%	0.92	每台再循环灰渣量/(t/h)	5.47
每台锅炉燃煤量/(t/h)	63.67	系统利用率/%	>95
SO_2 生成量/(t/h)	1.054	影响锅炉效率/%	<0.61
SO_2 排放量/(t/h)	0.264	一套系统平均电力负荷/kW	760
脱硫率/%	75（调整后参数>80%）	静电除尘器前粉尘浓度/(mg/m^3)	<72
		静电除尘器后粉尘浓度/(mg/m^3)	<200
钙硫比	2.5	静电除尘器前烟气温度/℃	>70
每台石灰石粉消耗量/(t/h)	4.92	活化器出口烟气温度/℃	>55
石灰石粉细量	80%≤40μm 325 目筛余 20%	活化器压力损失/Pa	<1300
		系统使用年限/a	20
石灰石粉 $CaCO_3$ 含量/%	>92	占地面积/m^3	1350
		年运行时间/h	5500

炉内喷钙脱硫工艺简单，脱硫费用低，但相应的脱硫效率也较低。为了提高脱硫率，由芬兰 IVO 公司开发的 LIFAC 工艺在炉后烟道上增设了一个独立的活化反应器，构成炉内喷钙尾部烟气增湿脱硫工艺。

该工艺分三步实现脱硫。

第一步，喷入炉膛上方的 $CaCO_3$ 在 900～1250℃的温度下受热分解生成 CaO。烟道中的 SO_2、O_2 和少量的 SO_3 与生成的 CaO 进一步反应。这一步的脱硫率为 25%～35%，投资占整个脱硫系统总投资的 10%左右。

第二步，炉后增湿活化及干灰再循环，即向安装于锅炉与电除尘器之间的活化反应器内喷入雾化水，进行增湿，烟气中未反应的 CaO 与水反应生成活性较高的 $Ca(OH)_2$。生成的 $Ca(OH)_2$与烟气中剩余的 SO_2 反应生成 $CaSO_3$，部分 $CaSO_3$ 被烟气中 O_2 氧化成 $CaSO_4$。

第三步，加湿灰浆再循环，即将电除尘器捕集的部分物料加水制成灰浆，喷入活化器增湿活化，可使系统总脱硫率提高到 85%。仅石灰浆再循环的投资占整个脱硫系统总投资的 5%。

2.5.2　案例分析

荷电干式吸收剂喷射脱硫(CDSI)系统自介绍到我国以来，已经在德州热电厂和杭州钢铁集团自备热电厂上安装了两套荷电干式喷射系统(charged dry sorbent injection，CDSI)装置。

杭州钢铁集团公司第二热电厂 1 号炉为 35t/h 次高压链条炉，其 CDSI 系统的主要设计参数见表 2-2。该系统于投入运行后，由浙江省环境监测中心对其进行了脱硫效率测试，测试结果见表 2-3。由于实际燃煤的含硫量([S]=0.94%和 0.43%)比设计煤种的含硫量低，烟气中 SO_2 的浓度较低，因此对脱硫率也有一定的影响，但排放浓度达到了国家标准。

表 2-2　杭州钢铁集团二热 CDSI 系统主要设计参数

设计煤种含硫量/%	除尘器类型	占地面积/m^2	系统总容量/kW
1.3	二电场静电除尘器	50	25

表 2-3　系统脱硫效果监测结果

监测项目	SO_2 原始排放浓度/(mg/m^3)	SO_2 实际排放浓度/(mg/m^3)	脱硫率/%
[S]=0.94%	1300	360.0	71.8
[S]=0.43%	757.1	237.1	68.7

荷电干式吸收剂喷射脱硫技术是美国阿兰柯环境资源公司开发的干法脱硫技术，投资少，占地面积小，工艺简单，但对干吸收剂粉末中 $Ca(OH)_2$ 的含量、粒度及含水率等要求较高，在 Ca/S 为 1.5 时，脱硫效率达 60%～70%。CDSI 适用于中小型锅炉的脱硫，该技术在美国安装了第一套工业应用装置，我国山东德州热电厂 75t/h 煤粉炉和其他中小锅炉上也有应用。

CDSI 系统工作原理：荷电干式吸收剂喷射系统包括吸收剂喷射单元、吸收剂给料系统(进料控制器、料斗装置)及检测器和计算机控制系统等，工艺流程见图 2-6。

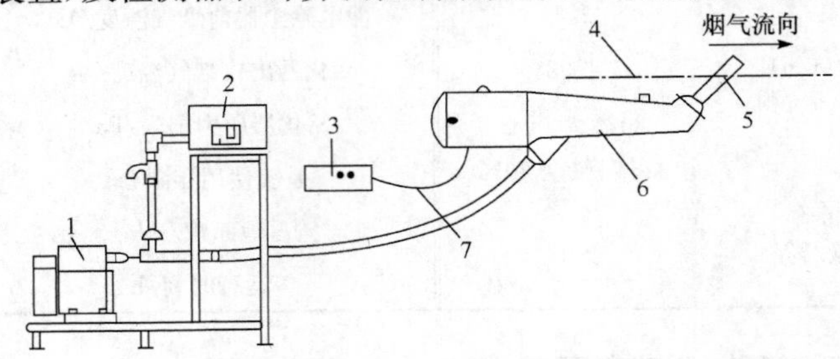

图 2-6　荷电干吸收剂喷射系统图(CDSI)

1. 反馈式鼓风机；2. 干粉给料机；3. 高压电源发生器；4. 烟气管道；5. 安装板；6. 喷枪主体；7. 高压包心电缆

吸收剂喷射系统包括吸收剂给料装置(料仓、料斗、反馈式鼓风机和干粉给料机等)、高压电源和喷枪主体等。当吸收剂粉末以高速流过喷枪主体产生的高压静电电晕区时，吸收剂粒子都带上负电荷。当荷电吸收剂粉末通过喷枪的喷管被喷射到烟气流中后，由于吸收剂粒子都带有同样的电荷，相互排斥，很快在烟气中扩散，形成均匀的悬浮状态，使每个粒子的表面都暴露在烟气中，增大了同 SO_2 反应的机会；而且，吸收剂粒子表面的电荷还大大提高了吸收剂的活性，降低了同 SO_2 反应所需的时间，一般在 2s 左右即可完成反应，从而有效地提高了 SO_2 的脱除效率。

思考题及习题

2-1　简述大气中 SO_2 氧化的几种途径。

2-2　论述 SO_2 液相氧化的重要性，并对各种催化氧化过程进行比较。

2-3　某新建电厂的设计用煤为：硫含量 3%，热值 26 535kJ/kg。为达到目前我国火电厂的排放标准，采用的 SO_2 排放控制措施至少要达到脱硫率为多少？

2-4　某电厂采用石灰石湿法进行烟气脱硫，脱硫率为 90%。电厂燃煤管硫为 3.6%，含灰为 7.7%。试计算：

(1) 如果按化学剂量比反应，脱除每千克 SO_2 需要多少千克 $CaCO_3$？

(2) 如果实际应用中 $CaCO_3$ 过量 30%，每燃烧 1t 煤需要消耗多少 $CaCO_3$？

(3) 脱硫污泥中含有 60%水分和 40% $CaSO_4 \cdot 2H_2O$，如果灰渣与脱硫污泥一起排放，每吨燃煤会排放多少污泥？

2-5　通常电厂每千瓦机组容量运行时的烟气排放量为 0.001 56m^3/s(180℃、101 325Pa)。石灰石烟气脱硫系统的压降约为 25.4cm 水柱。电厂所发电中有多大比例用于克服烟气脱硫系统的阻力损失？假定动力消耗＝烟气流量×压力降/风机效率，风机效率设为 0.8。

第3章　氮氧化物污染控制

3.1　大气中氮氧化物的危害

氮作为单个游离原子具有很高的反应活性。但在大气中大量存在的是化学性质稳定的氮分子。我们通常所说的氮氧化物主要包括：N_2O、NO、N_2O_3、NO_2、N_2O_4 和 N_2O_5 等。大气中 NO_x 主要是以 NO、NO_2 的形式存在，这些氮氧化物不仅直接危害人体的健康，同时对大气环境产生严重影响。

3.1.1　NO_x 对人体的危害

氮氧化物中对人体健康危害最大的是 NO_2，它主要破坏呼吸系统，可引起支气管炎和肺气肿。人在 100mg/L 的 NO_2 的大气中停留 1h 或在 400mg/L 的 NO_2 下停留 5min 就会死亡。吸入的 NO_2 通过呼吸道时，很少停留在上呼吸道，而是从下呼吸道侵入肺深部。NO_2 对呼吸器官的损害直接累及肺内末梢气道。当其浓度在 0.205～5.134mg/m^3 时就会危害人体的肺功能。N_2O_4 与 NO_2 均能与呼吸道黏膜的水分作用生成亚碱酸与硝酸，这些酸与呼吸道的碱性分泌物相结合生成亚硝酸盐及硝酸盐，对肺组织产生强烈的刺激和腐蚀作用，可增加毛细血管及肺泡壁的通透性，引起肺水肿。亚硝酸盐进入血液后还可引起血管扩张、血压下降，并可以和血红蛋白作用生成高铁血红蛋白，引起组织缺氧。

当 NO 浓度较大时对人体的毒性也很大，它可与血液中血红蛋白结合成亚硝酸基血红蛋白或高血红蛋白，从而降低血液的输氧能力，引起组织缺氧，甚至损害中枢神经系统，NO 对血红蛋白的亲和力是 CO 的 1400 倍，氧的 30 万倍；氮氧化物还可直接侵入呼吸道深部的细支气管和肺泡，诱发哮喘病。NO 和 NO_2 还能抑制植物的光合作用，引起植物受损。

NO_2 与 SO_2、飘尘、臭氧等复合作用，可造成复合污染。当吸入 0.103mg/m^3 的 NO_2、0.054mg/m^3 的臭氧和 0.286mg/m^3 的 SO_2 混合气体达 2h 时，对健康者支气管收缩剂的气道反应增强。

3.1.2　NO_x 对环境的危害

大气中的氮氧化物和挥发性有机物(VOC)主要是指除甲烷以外的挥发性有机物，文献中一般也记作 NMHC (non-methane hydrocarbons)，其达到一定浓度后，在太阳光照射下，经过一系列复杂的光化学氧化反应，可生成含有臭氧、PAN(过氧乙酰硝酸酯)、丙烯醛、甲醛等醛类、硝酸酯类化合物的“光化学烟雾”。光化学烟雾是一种具有强烈刺激性的淡蓝色烟雾，一般发生在大气相对湿度较低，气温为 24～32℃的夏季晴天，污染的高峰出现在中午或稍后。可能由于日光照射情况不同，光化学烟雾除显淡蓝色外，有时带紫色，有时带褐色。光化学烟雾能在空气中远距离传播，可使空气质量恶化，对人体健康和生态系统造成损害，刺激人的眼、鼻、气管和肺等器官，使人发生眼红流泪、气喘咳嗽、头晕恶心等症状。

光化学烟雾的形成过程是很复杂的，20 世纪 70 年代后期已初步弄清了它们的基本化学过程。其主要反应过程简化如下：

$$NMHC+OH+O_2 \longrightarrow RO_2$$

$$RO_2+NO+O_2 \longrightarrow NO_2+HO_2+CARB$$

$$HO_2+HO \longrightarrow OH+NO_2$$

$$2NO_2+h\nu+O_2 \longrightarrow 2NO+O_3$$

$$NMHC+4O_2+h\nu \longrightarrow CARB+2O_2$$

在上面的反应中，NO作为催化剂，在光的作用下NMHC被氧化，中间产物RO_2、HO_2、OH为自由基，其浓度取决于中间各竞争反应平衡。光化学产物的生成取决于NMHC，而不是NO_x。光化学烟雾对人类健康和植物的危害不是直接来源于NO_x、NMHC，而是来自它们的连锁反应所产生的二次污染物。在光化学污染的大气中，NO_x和OH自由基还发生下面的反应：

$$6SO_2+2HClO_3+6H_2O \longrightarrow 6H_2SO_4+2HCl$$

氮氧化物除了与挥发性有机物产生光化学烟雾之外，还会与大气中的水蒸气发生反应生成硝酸和亚硝酸，这是酸雨的成因之一。

3.2 氮氧化物的主要来源

大气中NO_x的来源主要有两方面。一方面是由自然界中的固氮菌、雷电等自然过程所产生，每年约生成5×10^8 t。另一方面是由人类活动所产生的，每年全球的产生量为5×10^7 t。据美国2011年统计，人类活动排放的NO_x约57.9%来自交通运输，约23.9%来自固定燃烧源，8.5%来自工业过程，约2.4%来自其他源（表3-1）。据统计，我国2013年氮氧化物排放量为2.2274×10^7 t，其中，工业氮氧化物排放量为1.5456×10^7 t、城镇生活氮氧化物排放量为4.07×10^5 t、机动车氮氧化物排放量为6.406×10^6 t。因此，固定燃烧源和机动车排放是NO_x的主要来源。

表3-1 2011年美国各类污染源排放的NO_x

类别	排放的NO_x量/kt
交通运输	8952
燃料燃烧	3699
工业过程	1308
溶剂利用	3
生物源	1021
火灾	396
其他	87
总量	15 465

3.3 大气中氮氧化物的转化机制

3.3.1 燃烧过程中氮氧化物的形成机理

人类活动产生的NO_x，主要来自各种炉窑、机动车和柴油机的排气，除此之外是硝酸生产、硝化过程等工业生产过程。而燃料燃烧产生的NO_x约占83%。

燃烧过程中形成的 NO_x 分为三类。第一类由燃料中固定氮生成的 NO_x，称为燃料型 NO_x。燃烧中形成的第二类 NO_x 由大气中的氮生成，主要产生于原子氧和氮之间的化学反应。这种 NO_x 只在高温下形成，所以通常称为热力型 NO_x。在低温火焰中由于含碳自由基的存在还会生成第三类 NO_x，通常称为瞬时型 NO_x。

1. 热力型 NO_x 形成

燃烧过程中生成 NO 的化学反应机理虽然相当复杂，一些细节仍存在争论，但对反应过程的理解自 20 世纪 60 年代中期以来已经取得显著进展。现在广泛采用的基本模式是泽利多维奇(Zeldovich)模型。其反应机理如下：

$$O_2 + M \longrightarrow 2O + M \tag{3-1}$$

$$O + N_2 \longrightarrow NO + N \tag{3-2}$$

$$N + O_2 \longrightarrow NO + O \tag{3-3}$$

虽然氧原子能够由氧分子分解产生，但分子氮比较稳定，并不能分解成氮原子。氮原子主要是由反应(3-2)产生。与氮原子比较，由 O_2 分解能够产生较多的氧原子，其原因在于这两种分解过程的平衡常数随温度的变化不同(表 3-2)。

表 3-2　温度对 O_2 和 N_2 热分解平衡常数的影响

温度/K	2000	2200	2400	2600	2800
$\lg K_p$(对于 $O_2 \rightleftharpoons 2O$)	−6.356	−5.142	−4.130	−3.272	−2.536
$\lg K_p$(对于 $N_2 \rightleftharpoons 2N$)	−18.092	−15.810	−13.908	−12.298	−10.914

应当指出 O_2 分解的平衡常数是非常小的，即使在火焰区温度下，氧原子浓度也非常低；N_2 分解的平衡常数更小，氮原子浓度实际上可以忽略。

分子氮被氧原子氧化的过程中需要较大的活化能，因此整个反应的反应速率取决于反应(3-2)的反应速率。热力型 NO_x 的常用反应常数如表 3-3 所示。

表 3-3　泽利多维奇模型常用反应常数 $k = AT^{\beta}\exp(-E/RT)$

反应	A/[cm³/(mol · s · K)]	β	E/(J/mol)
$O + N_2 \longrightarrow NO + N$	1.36×10^{14}	0	315 900
$N + O_2 \longrightarrow NO + O$	6.40×10^{9}	1.0	26 300

热力型 NO_x 的主要影响因素是温度和氧浓度。随温度和氧浓度的增加，热力型 NO_x 的浓度增加。因此，降低热力型 NO_x 的基本原理就是降低氧的浓度、降低火焰温度以及缩短高温区的停留时间等。在停留时间较短时，热力型 NO_x 随停留时间的增加而增加，但超过一定时间后，热力型 NO_x 不再受停留时间的影响。

2. 瞬时型 NO_x 的形成

瞬时型 NO_x 是碳氢类燃料在过量空气系数<1 的富燃料条件下，在火焰面内快速生成的 NO_x，其生成过程经过了空气中的 N_2 和碳氢类燃料分解的 HCN、NH、N 等中间产物等的一系列复杂的化学反应，且反应过程存在时间十分短暂，其总体生成过程如图 3-1 所示。

在燃烧的第一阶段，来自燃料的含碳自由基与氮气分子发生如下反应：

$$CH + N_2 = HCN + N$$

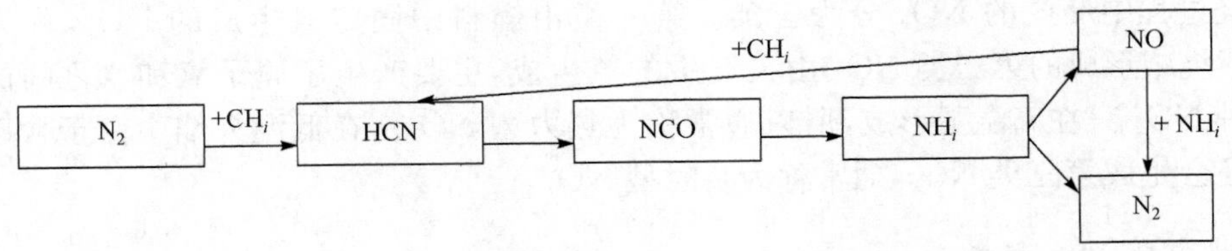

图 3-1 瞬时型 NO_x 的生成机理

反应生成的原子 N 通过反应(3-3)与 O_2 反应,增加了 NO 的生成量;部分 HCN 与 O_2 反应生成 NO,部分 HCN 与 NO 反应生成 N_2。目前还没有任何简化的模型可以预测这种机理生成 NO 的量,但是在低温火焰中生成 NO 的量明显高于根据泽利多维奇模型预测的结果。通常将这种机理形成的 NO 称为瞬时 NO_x。可以相信低温火焰中形成的 NO 多数为瞬时 NO。

泽利多维奇模型 NO_x 和瞬时型 NO_x 虽然都是由空气中的 N_2 经过系列化学反应而生成,但它们的生成机理不同,其影响因素也不同。瞬时型 NO_x 对温度的依赖性很低,而过量空气系数对瞬时型 NO_x 影响比较大。一些实验结果表明,化学计量比较小(过量空气系数较大)时快速型 NO_x 较少,而化学当量比达到 1.4 时瞬时型 NO_x 的量达到最大值,对于其他碳氢类燃料的燃烧具有相似的结果。

3. 燃料型 NO_x 的形成

近来研究表明,燃用含氮燃料的燃烧系统也排出大量 NO_x。燃料中氮的形态多为以 C—N 键存在的有机化合物,从理论上讲,氮气分子中 N≡N 的键能比有机化合物中 C—N 的键能大得多,因此氧倾向于首先破坏 C—N 键。

现在广泛接受的反应过程是:大部分燃料氮首先在火焰中转化为 HCN,然后转化为 NH 或 NH_2。NH_2 和 NH 能够与氧反应生成 NO 和 H_2O,或者它们与 NO 反应生成 N_2 和 H_2O。因此,在火焰中燃料氮转化为 NO 的比例依赖于火焰区内 NO 与 O_2 含量之比。一些实验结果表明,燃料中 20%～80%的氮转化为 NO_x。最近测得在含有 0.5%氮(杂)苯的煤油燃烧过程中,接近 100%的燃料氮转化为 NO_x。

所有实验数据都表明:燃料中的氮化物氧化成 NO 是快速的,反应所需时间与燃烧器中能量释放反应的时间差不多。燃烧区附近的 NO 实际浓度显著超过计算的量,其原因在于 NO 量减少到平衡浓度的下列反应都较缓慢:

$$O+NO \longrightarrow N+O_2$$

$$NO+NO \longrightarrow N_2O$$

在燃烧后区,贫燃料混合气中 NO 浓度减少得十分缓慢,NO 生成量较高;而富燃料混合气中 NO 浓度减少得比较快;NO 生成量相对也低,NO 的生成量仅与温度略有关系,因此它是一个低活化能步骤。

综合考虑燃烧过程中 NO 的三种形成机理,有人给出了如图 3-2 所示的简化的 NO 形成路径。实际上,燃烧过程中 NO 的形成包含了许多其他反应,许多因素影响 NO 的生成量,三种机理对形成 NO 的贡献率随燃烧条件而异。图 3-3 给出了煤燃烧过程三种机理对 NO 排放的相对贡献。

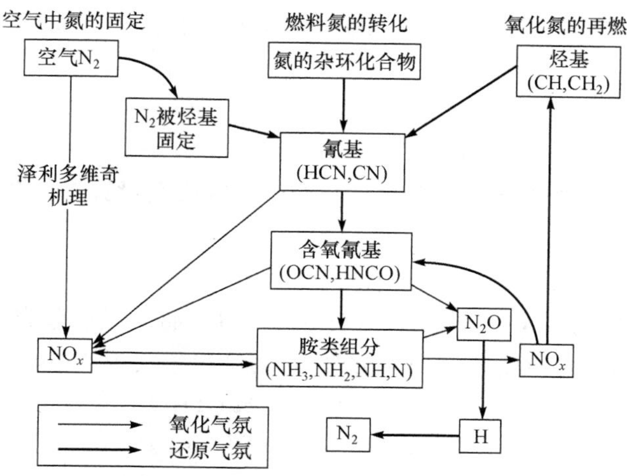

图 3-2　燃烧过程中氮氧化物的形成路径

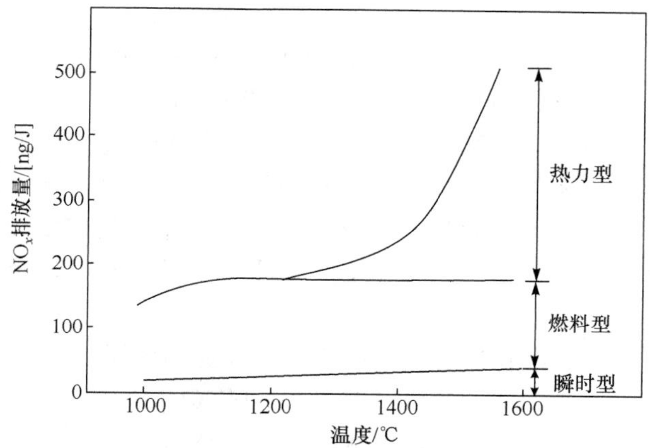

图 3-3　煤燃烧过程中三种 NO_x 形成机理对其生成总量的相对贡献

3.3.2　氮氧化物在大气中的转化机制

燃烧过程中产生的 NO_x 是大气中主要的污染物之一，在大气中会进行一系列的转化。NO_x 溶于水后可生成亚硝酸和硝酸。当氮氧化物与其他污染物共存时，在阳光照射下可发生光化学烟雾。氮氧化物在大气中的转化是大气污染化学的一个重要内容。

1. NO_x 和空气混合体系中的光化学反应

NO_x 在大气光化学过程中起着很重要的作用。NO_x 经光解而产生活泼的氧原子，氧原子与空气中的 O_2 结合生成 O_3。O_3 又可把 NO 氧化成 NO_2，因而 NO、NO_2 与 O_3 之间存在着的化学循环是大气光化学过程的基础。

当阳光照射到含有 NO 和 NO_2 的空气时，便有如下基本反应发生：

$$NO_2 + h\nu \xrightarrow{k_1} NO + O\cdot \tag{3-4}$$

$$O\cdot + O_2 + M \xrightarrow{k_2} O_3 + M \tag{3-5}$$

$$O_3 + NO \xrightarrow{k_3} NO_2 + O_2 \tag{3-6}$$

2. NO_x 的气相转化

1）NO 的氧化

NO 是燃烧过程中直接向大气排放的污染物。NO 可通过许多氧化过程氧化成 NO_2。例如，O_3 为氧化剂：

$$NO + O_3 \longrightarrow NO_2 + O_2$$

在 HO · 与烃反应时，HO · 可从烃中摘除一个 H · 而形成烷基自由基，该自由基与大气中的 O_2 结合生成 RO_2 · 。RO_2 · 具有氧化性，可将 NO 氧化成 NO_2：

$$RH + HO\cdot \longrightarrow R\cdot H_2O$$

$$R\cdot + O_2 \longrightarrow RO_2\cdot$$

$$NO + RO_2\cdot \longrightarrow NO_2 + RO\cdot$$

生成的 RO · 即可进一步与 O_2 反应，O_2 从 RO · 中靠近 O · 的次甲基中摘除两个 H · ，生成 HO_2 · 和相应的醛：

$$RO\cdot + O_2 \longrightarrow R'CHO + HO_2\cdot$$

$$HO_2\cdot + NO \longrightarrow HO\cdot NO_2$$

式中 R′比 R 少一个碳原子。在一个烃被 HO · 氧化的链循环中，往往有两个 NO 被氧化成 NO_2，同时 HO · 得到了复原。因而此反应甚为重要。这类反应速率很快，能与 O_3 氧化反应竞争。在光化学烟雾形成过程中，HO · 引发了烃类化合物的链式反应，使得 RO_2 · 、HO_2 · 数量大增，从而迅速地将 NO 氧化成 NO_2，这样就使得 O_3 得以积累，以致成为光化学烟雾的重要产物。

HO · 和 RO · 也可与 NO 直接反应生成亚硝酸或亚硝酸酯：

$$HO\cdot + NO \longrightarrow HNO_2$$

$$RO\cdot + NO \longrightarrow RONO$$

HNO_2 和 RONO 都极易发生光解。

2）NO_2 的转化

前面已经讲过，NO_2 的光解在大气污染化学中占有很重要的地位。它可以引发大气中生成 O_3 的反应。此外，NO_2 能与一系列自由基，如 HO · 、O · 、HO_2 · 、RO_2 · 和 RO · 等反应，也能与 O_3 和 NO_3 反应。其中比较重要的是与 HO · 、NO_3 以及 O_3 的反应。

NO_2 与 HO · 反应可生成 HNO_3：

$$NO_2 + HO\cdot \longrightarrow HNO_3$$

此反应是大气中气态 HNO_3 的主要来源，同时也对酸雨和酸雾的形成起着重要作用。白天大气中 HO · 浓度较夜间高，因而这一反应在白天会有效地进行。所产生的 HNO_3 与 HNO_2 不同，它在大气中光解得很慢，沉降是它在大气中的主要去除过程。

NO_2 也可与 O_3 反应：

$$NO_2 + O_3 \longrightarrow NO_3 + O_2$$

此反应在对流层中也是很重要的，尤其是在 NO_2 和 O_3 浓度都较高时，它是大气中 NO_3 的主要来源。NO_3 可与 NO_2 进一步反应：

$$NO_2 + NO_3 \xrightleftharpoons{M} N_2O_5$$

这是一个可逆反应，生成的 N_2O_5 又可分解为 NO_2 和 NO_3。当夜间 HO· 和 NO 浓度不高，而 O_3 有一定浓度时，NO_2 会被 O_3 氧化生成 NO_3，随后进一步发生如上反应而生成 N_2O_5。

3）过氧乙酰基硝酸酯（PAN）

PAN 是由乙酰基与空气中的 O_2 结合而形成过氧乙酰基，然后再与 NO_2 化合生成的化合物：

$$CH_3CO\cdot + O_2 \longrightarrow CH_3C(O)OO\cdot$$

$$CH_3C(O)OO\cdot + NO_2 \longrightarrow CH_3C(O)OONO_2$$

反应的主要引发者是由乙醛光解而产生的：

$$CH_3CHO + h\nu \longrightarrow CH_3CO\cdot + H\cdot$$

而大气中的乙醛主要来源于乙烷的氧化：

$$C_2H_6 + HO\cdot \longrightarrow C_2H_5\cdot + H_2O$$

$$C_2H_5(g) + O_2 \xrightarrow{M} C_2H_5O_2$$

$$C_2H_5O_2 + NO \longrightarrow C_2H_5O\cdot + NO_2$$

$$C_2H_5O\cdot + O_2 \longrightarrow CH_3CHO + HO_2$$

PAN 具有热不稳定性，遇热会分解而回到过氧乙酰基和 NO_2。因而 PAN 的分解和形成之间存在着平衡，其平衡常数随温度而变化。

如果把 PAN 中的乙基由其他烷基替代，就会形成相应的过氧烷基硝酸酯，如过氧丙酰基硝酸酯（PPN）、过氧苯酰基硝酸酯等。

3. NO_x 的液相转化

NO_x 是大气中的重要污染物，它们可溶于大气中的水，并构成一个液相平衡体系。在这一体系中 NO_x 有其特定的转化过程。

1）NO_x 的液相平衡

NO_x 在液相中的平衡比较复杂。NO 和 NO_2 在气、液两相间的关系为

$$NO(g) \rightleftharpoons NO(aq)$$

$$NO_2(g) \rightleftharpoons NO_2(aq)$$

溶于水中的 NO(aq) 和 NO_2(aq) 可通过如下方式进行反应：

$$2NO_2(aq) + H_2O \rightleftharpoons 2H^+ + NO_2^- + NO_3^-$$

$$NO(aq) + NO_2(aq) + H_2O \rightleftharpoons 2H^+ + 2NO_2^-$$

液相氮氧化物体系的平衡常数值列于表 3-4 中。

表 3-4　氮氧化物液相反应的平衡常数

反应	平衡常数（298K）
$NO(g) \rightleftharpoons NO(aq)$	$K_{H,NO}=1.90\times10^{-8}mol/(L\cdot Pa)$
$NO_2(g) \rightleftharpoons NO_2(aq)$	$K_{H,NO_2}=9.9\times10^{-8}mol/(L\cdot Pa)$
$2NO_2(aq) \rightleftharpoons N_2O_4(aq)$	$K_{n_1}=7\times10^4 L/mol$
$NO(aq)+NO_2(aq) \rightleftharpoons N_2O_3(aq)$	$K_{n_2}=3\times10^4 L/mol$
$HNO_3(aq) \rightleftharpoons H^+ + NO_3^-$	$K_{n_3}=15.4 L/mol$
$HNO_2(aq) \rightleftharpoons H^+ + NO_2^-$	$K_{n_4}=5.1\times10^{-4} L/mol$
$2NO_2(g)+H_2O \rightleftharpoons 2H^+ + NO_2^- + NO_3^-$	$K_1=2.4\times10^{-8}(mol/L)^4/Pa^2$
$NO(g)+NO_2(g)+H_2O \rightleftharpoons 2H^+ + 2NO_2^-$	$K_2=3.2\times10^{-11}(mol/L)^4/Pa^2$

2) NH_3 和 HNO_3 的液相平衡

(1) NH_3 的液相平衡：

$$NH_3(g)+H_2O \xrightleftharpoons{K_{H,NH_3}} NH_3 \cdot H_2O$$

式中：K_{H,NH_3}——NH_3 的 Henry 常数，6.12×10^{-4}mol/(L·Pa)。

$$NH_3 \cdot H_2O \xrightleftharpoons{K_b} OH^- + NH_4^+$$

$$K_b=\frac{[OH^-][NH_4^+]}{[NH_3 \cdot H_2O]}=1.75\times10^{-5}\text{mol/L}$$

(2) HNO_3 的液相平衡：

$$HNO_3(g)+H_2O \xrightleftharpoons{K_{H,HNO_3}} HNO_3 \cdot H_2O$$

式中：K_{H,HNO_3}——HNO_3 的 Henry 常数，2.07mol/(L·Pa)。

$$HNO_3 \cdot H_2O \xrightleftharpoons{K_{n_3}} H_3O^+ + NO_3^-$$（为简便，H_3O^+ 简写为 H^+）

$$K_{n_3}=\frac{[H^+][NO_3^-]}{[HNO_3 \cdot H_2O]}=15.4\text{mol/L}$$

3.4 氮氧化物的主要控制方法

控制 NO_x 排放的技术措施可以分为两大类：一是所谓的源头控制，其特征是通过各种技术手段，控制燃烧过程中 NO_x 的生成反应；另一类是所谓的尾部控制，其特征是把已经生成的 NO_x 通过某种手段还原为 N_2，从而降低 NO_x 的排放量。本节将从这两个方面来讨论主要的氮氧化物的控制技术。

3.4.1 低 NO_x 燃烧技术

从前面讨论的 NO_x 生成机理可知，影响燃烧过程中 NO_x 生成的主要因素是燃烧温度、烟气在高温区的停留时间、烟气中各种组分的浓度以及混合程度。从实践的观点看，控制燃烧过程中 NO_x 形成的因素包括：①空气-燃料比；②燃烧区的温度及其分布；③后燃烧区的冷却程度；④燃烧器的形状设计等。各种低 NO_x 燃烧技术就是在综合考虑了以上因素的基础上发展起来的。目前工业上采用的低 NO_x 技术包括低氧燃烧、烟气循环燃烧、分段燃烧、浓淡燃烧技术等。

1. 低氧燃烧技术

NO_x 排放量随着炉内空气量的增加而增加，为了降低 NO_x 的排放量，锅炉应在炉内空气量较低的工况下运行。即将燃烧过程尽可能在接近理论空气量的条件下进行，一般来说，这样可以降低 NO_x 排放 15%～20%。锅炉采用低空气过剩系数运行技术，不仅可以降低 NO_x，还减少了锅炉排烟热损失，提高锅炉热效率。低空气过剩系数运行抑制 NO_x 生成量的幅度与燃料种类、燃烧方式以及排渣方式有关。需要说明的是，由于采用低空气过剩系数会导致一氧化碳、碳氢化合物以及炭黑等污染物增多，飞灰中可燃物质也可能增加，从而使燃烧效率下降，故电站锅炉实际运行时的空气过剩系数不能作大幅度调整。因此，在确定低空气过剩系数燃烧时，必须同时满足锅炉和燃烧效率较高，而 NO 等有害物质最少的要求。

2. 降低助燃空气预热温度

在工业实际操作中，经常利用尾气的废热预热进入燃烧器的空气。虽然这样有助于节约能源和提高火焰温度，但也导致 NO_x 排放量增加。实验数据表明，当燃烧空气由 27℃预热至 315℃时，NO_x 的排放量将会增加 3 倍。降低助燃空气预热温度可降低火焰区的温度峰值，从而减少热力型的 NO_x 生成量。实践表明，这一措施不宜用于燃煤、燃油锅炉；对于燃气锅炉，则有明显降低 NO_x 排放的效果。

3. 烟气循环燃烧

烟气循环燃烧法将燃烧产生的部分烟气冷却后，再循环送回燃烧区，可起到降低氧浓度和燃烧区温度的作用，以达到减少 NO 生成量的目的。烟气循环燃烧法主要减少热力型 NO_x 的生成量，适合热力型 NO_x 排放所占份额较大的液态排渣炉、燃油和燃气锅炉，对燃料型 NO_x 和瞬时 NO_x 的减少作用甚微。对固态排渣锅炉而言，大约 80%的 NO 是由燃料氮生成的，这种方法的作用就非常有限。

NO_x 的降低率随着烟气再循环率的增加而增加，并且与燃烧种类和炉内燃烧温度有关，燃烧温度越高，烟气再循环率对 NO_x 降低率的影响越大。但是，在采用烟气再循环法时，烟气再循环的增加是有限的。当采用更高的再循环率时，由于循环烟气量的增加，燃烧会趋于不稳定，而且未完全燃烧热损失会增加。另外，采用烟气再循环时要加装再循环风机、烟道，还需要场地，从而增大了投资。同时，对原有设备进行改装时还会受到场地条件的限制。

4. 分段燃烧技术

这种技术最早由美国在 20 世纪 50 年代发展起来。上面的讨论表明较低的空气过剩系数有利于控制 NO_x 的形成，分段燃烧法控制 NO_x 就是利用这种原理。在分段燃烧装置中，燃料在接近理论空气量的条件下燃烧；通常空气总需要量（一般为理论空气量的 1.1～1.3 倍）的 85%～95%与燃料一起供到燃烧器，因为富燃料条件下的不完全燃烧，第一段燃烧的烟气温度较低，此时氧量不足，NO_x 生成量很小。在燃烧装置的尾端，通过第二次空气，使第一阶段剩余的不完全燃烧产物 CO 和 CH 完全燃尽。这时虽然氧过剩，但由于烟气温度仍然较低，动力学上限制了 NO_x 的形成。应当指出，在低空气过剩系数下，不利的燃料-空气分布可能出现，这将导致 CO 和粉尘排放量增加，使燃烧效率降低。

5. 再燃技术

再燃技术，即在炉膛的特定区域内注入再燃燃料（占燃料总量的 10%～30%），再燃燃料需要使用微细的煤粉，在每个区域都需要保证充分的停留时间，才能达到完全燃烧。

再燃区的化学计量数对 NO_x 减少程度有着显著影响。改变化学计量数受到以下因素的限制：①各区域对火焰稳定性的要求；②加入再燃燃料引起的 CO 和未燃碳增加；③再燃区水管发生腐蚀的潜在风险。

使用再燃会给系统带来很大的灵活性，让电厂有能力控制 NO_x 的排放浓度。如果仅使用燃尽风（over fire air，OFA）可以去除 25%的 NO_x，再加入再燃燃料可控制 60%的排放。管理者能够根据不同的排放限制进行调整。

从原理上来说，任何碳氢燃料都可作为再燃燃料使用。但天然气在再燃中使用得最广泛，主要原因是：①无硫、灰、氮；②易于混合，易于控制；③对锅炉的影响较小。煤炭也可用作再燃燃料。

6. 浓淡燃烧技术

NO_x 的生成与空燃比有关。当空燃比接近 1 时，NO_x 生成量最大。空燃比小于 1 时，由于氧浓度较低，燃烧过程缓慢，可抑制 NO_x 的生成。当空燃比大于 1.5 时，由于燃烧温度较低，也能抑制 NO_x 的生成。因此该类方法又称为非化学当量燃烧或者偏差燃烧。

通过燃料稀薄燃烧的燃烧器和燃料过浓燃烧的燃烧器互相配置交替使用，也可有效降低 NO_x 的生成。在燃烧器多层布置的电厂锅炉，通过调整各层燃烧器的燃料和空气分配，即可降低 NO_x 排放。实现浓淡燃烧技术有两种方法：一种是在总风量不变的条件下，调整上下燃烧器喷口的燃料与空气的比例，将气流中 0.3～0.5kg(煤粉)/kg(空气)的常规浓度提升至 0.6～1.0kg(煤粉)/kg(空气)，如 W 形火焰炉使用的旋风分离浓缩；另一种方法是使用浓淡燃烧型低氮燃烧器。

3.4.2 烟气脱硝技术

除通过改进燃烧技术控制 NO_x 排放外，有些情况还要对烟气进行处理，以降低 NO_x 的排放量，通常称为烟气脱硝。目前已开发了多项商业化的烟气脱硝技术，有些还在研究中。

烟气脱硝是一个棘手的难题。原因之一是由于要处理的烟气体积太大，原因之二在于 NO_x 的总量相对较大，如果用吸收或吸附过程脱硝，必须考虑废物最终处置的难度和费用。只有当有用组分能够回收，吸收剂或吸附剂能够循环使用时才可考虑选择烟气脱硝。

将 NO_x 催化还原或非催化还原为 N_2 的技术，相对于吸收和吸附过程有明显的优势。该技术需要加入帮助 NO_x 还原的添加剂，通常为市场上可获得的气态物质，不产生任何固态或液态的二次废物。对于火电厂烟气 NO_x 污染控制，目前有两类商业化的烟气脱硝技术，分别称为选择性催化还原(selective catalytic reduction，SCR)和选择性非催化还原(selective non-catalytic reduction，SNCR)。

1. 选择性催化还原法(SCR)脱硝

对于 SCR 过程，主要以氨作还原剂，通常催化剂安装在单独的反应器内，反应器位于省煤器之后，或者空气预热器之前。在低负荷时，需要绕过省煤器的烟气旁路系统，以保证 SCR 反应器入口的烟气温度。图 3-4 所示的系统通常称为高粉尘 SCR，当采用热端电除尘器时，可以安装低粉尘 SCR。所谓尾部 SCR，一般安装在烟气脱硫系统之后，这种安装方式需要额外燃料或其他方法加热烟气。出于经济考虑，目前多数电厂采用高粉尘 SCR。还原剂为 NH_3，在催化反应器的上游注入含 NO_x 的烟气。此处烟气温度为 290～400℃，是还原反应的最佳温度，在含有催化剂的反应器内 NO_x 被还原为 N_2 和水。

催化剂通常为陶瓷蜂窝状或板式，活性材料通常由贵金属、碱性金属氧化物和/或沸石等组成，如下所示，NO_x 被选择性地还原：

$$4NH_3+4NO+O_2 \longrightarrow 4N_2+6H_2O \tag{3-7}$$

$$8NH_3+6NO_2 \longrightarrow 7N_2+12H_2O \tag{3-8}$$

与氨有关的潜在氧化反应包括：

$$4NH_3+5O_2 \longrightarrow 4NO+6H_2O \tag{3-9}$$

$$4NH_3+3O_2 \longrightarrow 2N_2+6H_2O \tag{3-10}$$

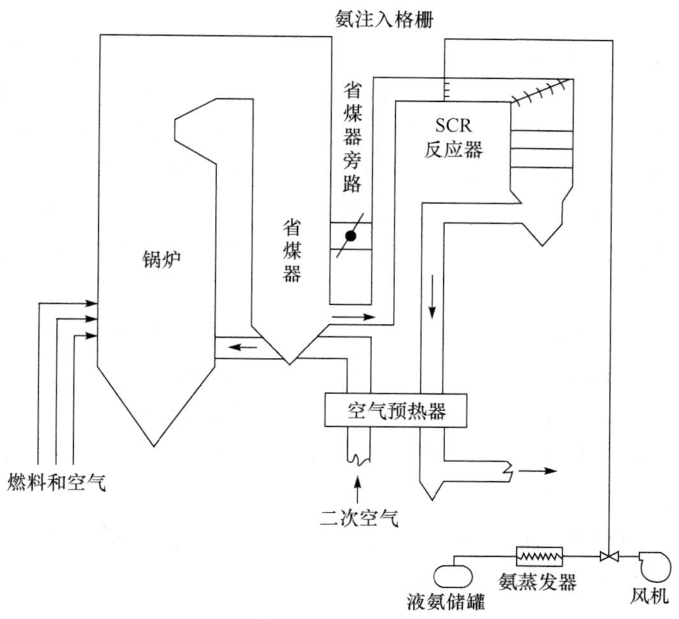

图 3-4　高粉尘 SCR 布置图

温度对还原效率有显著影响，提高温度能改进 NO_x 的还原，但当温度进一步提高，氧化反应变得越来越快，将导致 NO_x 的产生。

除了温度条件，SCR 还需要氨和烟气良好地混合、NH_3 与 NO_x 含量的比例约等于或略小于 1、氧气浓度大于 2%、催化剂具有良好的活性等条件。SCR 的效果还受到烟气速度、还原剂喷射等因素的影响。

2. 选择性非催化还原法（SNCR）脱硝

在选择性非催化还原法（SNCR）脱硝工艺中，尿素或氨基化合物注入烟气作为还原剂将 NO_x 还原为 N_2。因为需要较高的反应温度（930～1090℃），还原剂通常注进炉膛或者紧靠炉膛出口的烟道。主要的化学反应为

$$4NH_3+6NO \longrightarrow 5N_2+6H_2O$$

可能的竞争反应包括反应（3-9）和反应（3-10）。还原剂必须注入最佳温度区，以确保反应（3-8）占主导；如果温度超过 1100℃，反应（3-9）和反应（3-10）将变得重要；如果温度低于所希望的区间，残留氨量将会增加，导致前面讨论的问题发生。

基于尿素为还原剂的 SNCR 系统，尿素的水溶液在炉膛的上部注入，总反应可表示为

$$CO(NH_2)_2+2NO+0.5O_2 \longrightarrow 2N_2+CO_2+2H_2O$$

上述方程式表明，1mol 的尿素可以还原 2mol 的 NO，但实际运行时一般控制尿素的注入量与 NO 的物质的量比在 1.0 以上，多余的尿素假定降解为氮、氨和二氧化碳。

商业化的 SNCR 系统的还原剂应用率一般只有 20%～60%。这导致 SNCR 的还原剂使用量比 SCR 多得多（一般为 SCR 的 3～4 倍）。

SNCR 的一个优势是易于安装。一个典型的电厂 SNCR 系统可以在八周内完成安装。

3. 吸收法净化烟气中的 NO_x

吸收法是利用各种液相吸收剂吸收净化废气中的 NO_x，氮氧化物能够被水、氢氧化物和碳酸盐溶液、硫酸、有机溶液等吸收。当用碱溶液，如 NaOH 或 $Mg(OH)_2$ 吸收 NO_x 时，欲完全去除 NO_x，必须首先将一半以上的 NO 氧化为 NO_2，或者向气流中添加 NO_2。当 NO 与 NO_2 体积比等于 1 时，吸收效果最佳。电厂用碱溶液脱硫的过程已经证明，NO_x 可以被碱溶液吸收。在烟气进入洗涤器之前，烟气中的 NO 约有 10%被氧化为 NO_2，洗涤器大约可以去除总氮氧化物的 20%，即等物质的量的 NO 和 NO_2。碱溶液吸收 NO_x 的反应过程可以简单地表示为

$$2NO_2+2MOH \longrightarrow MNO_3+MNO_2+H_2O$$
$$NO+NO_2+2MOH \longrightarrow 2MNO_2+H_2O$$
$$2NO_2+Na_2CO_3 \longrightarrow NaNO_3+NaNO_2+CO_2$$
$$NO+NO_2+Na_2CO_3 \longrightarrow 2NaNO_2+CO_2$$

式中的 M 可为 K^+、Na^+、Ca^{2+}、Mg^{2+} 等阳离子。

用强硫酸吸收氮氧化物已广为人知，其生成物为对紫光谱敏感的 H_2SO_4、NO 和亚硝基硫酸 $NOHSO_4$，$NOHSO_4$ 在浓酸中是非常稳定的。反应式为

$$NO+NO_2+2H_2SO_4 \longrightarrow 2NOHSO_4+H_2O$$

烟气中的所有水分都会被酸吸收，吸收后的水将会使上述反应向左移动。为减少水的不良影响，系统可在较高温度下（>115℃）操作，以使溶液中水的蒸气压等于烟气中水的分压。此外，熔融碱类或碱性盐也可作吸收剂净化含 NO_x 的尾气。

除了用水、酸和碱吸收 NO_x 之外，还可以用氧化还原反应以及络合反应吸收 NO_x。

氧化吸收法是考虑到 NO 在液相吸收效率低的情况，先将 NO 氧化成 NO_2，然后用碱溶液吸收，或者在碱溶液中添加氧化剂，边氧化边吸收，氧化剂有气相氧化剂和液相氧化剂两种。

$$2NO+NaClO_2+2NaOH \longrightarrow NaNO_3+NaNO_2+NaCl+H_2O$$

还原吸收法是先用吸收液吸收 NO_2，然后通过液相还原反应转化成 N_2，或采用还原剂作为吸收剂，吸收与还原同时进行。常用的还原剂有尿素、亚硫酸盐、硫代物硫代硫酸盐等。以尿素和亚硫酸铵作还原剂为例，还原吸收反应为

$$NO+NO_2+CO(NH_2)_2 \longrightarrow 2N_2+CO_2+2H_2O$$
$$NO+NO_2+3(NH_4)_2SO_3 \longrightarrow 3(NH_4)_2SO_4+N_2$$

由于还原吸收是将 NO_x 还原为 N_2，因此为了有效地利用 NO_x，对于高浓度 NO_x 废气一般先采用碱液或稀硝酸吸收，然后再用还原法作为补充净化手段。

络合吸收法是一种利用液相络合物洗涤脱除气相 NO 的方法，对于处理主要含 NO 的燃煤烟气具有特别的意义。NO 生成的络合物在加热时又重新放出 NO，从而使 NO 富集回收。目前研究过的 NO 络合吸收剂有 $FeSO_4$、Fe(Ⅱ)-EDTA、$Fe(CyS)_2$ 等。以硫酸亚铁为例，$FeSO_4$ 与 NO 之间的吸收与解吸反应如下：

$$FeSO_4+NO \longrightarrow Fe(NO)SO_4$$

液相络合吸收法目前存在的主要问题是回收 NO_x 必须选用不使 Fe(Ⅱ)氧化的惰性气体将 NO_2 吹出；Fe(Ⅱ)总会不可避免地氧化为 Fe(Ⅲ)，用电解还原法和铁粉还原法再生 Fe(Ⅱ)均会使工艺流程复杂和经济费用增加。此外，络合反应的速度也有待进一步提高。

燃煤烟气中 NO 占 NO_x 浓度的 90%～95%，传统吸收法并不适用，目前，人们主要考虑

采用氧化吸收法和络合吸收法。不过，该类研究大多处于试验阶段。

4. 吸附法净化烟气中的 NO_x

吸附法既能比较彻底地消除 NO_x 的污染，又能将 NO_x 回收利用。常用的吸附剂为活性炭、分子筛、硅胶、含氨泥煤等。

过去已经广泛研究了利用活性炭吸附氮氧化物的可能性。与其他材料相比，活性炭具有吸附速率快和吸附容量大等优点，但是，再生是个大问题。由于大多数烟气中有氧存在，防止活性炭材料着火或爆炸是另一个困难。

氧化锰和碱化的氧化亚铁表现出了技术上的潜力，但吸附剂的磨损是主要的技术障碍，离实际应用尚有较大距离。

3.4.3　烟气同时脱硫脱硝技术

烟气同时脱硫脱硝技术目前大多处于研究和工业示范阶段，但由于其在一套系统中能同时实现脱硫和脱硝，特别是随着对 NO_x 控制标准的不断严格化，同时脱硫脱硝技术正受到各国的日益重视。烟气同时脱硫脱硝技术主要有三类，第一类是烟气脱硫和烟气脱硝的组合技术；第二类是利用吸附剂同时脱除 SO_x 和 NO_x；第三类是对现有的烟气脱硫（FGD）系统进行改造（如在脱硫液中投加脱硝剂等），增加脱硝功能。本节介绍几种主要的脱硫脱硝技术的原理和工艺。

1. 电子束辐射法

电子束辐射法脱硫是一种脱硫新工艺，经过 20 多年的研究开发，已从小试、中试和工业示范逐步走向工业化。其主要特点是：过程为干法，不产生废水废渣；能同时脱硫脱硝，可达到 90％以上的脱硫率和 80％以上的脱硝率；系统简单，操作方便，过程易于控制；对于不同含硫量的烟气和烟气量的变化有较好的适应性和负荷跟踪性；副产品为硫酸铵和硝酸铵混合物，可用作化肥。

图 3-5 为电子束法烟气脱硫的工艺流程。锅炉烟气经除尘后进入冷却塔，在塔中由喷雾

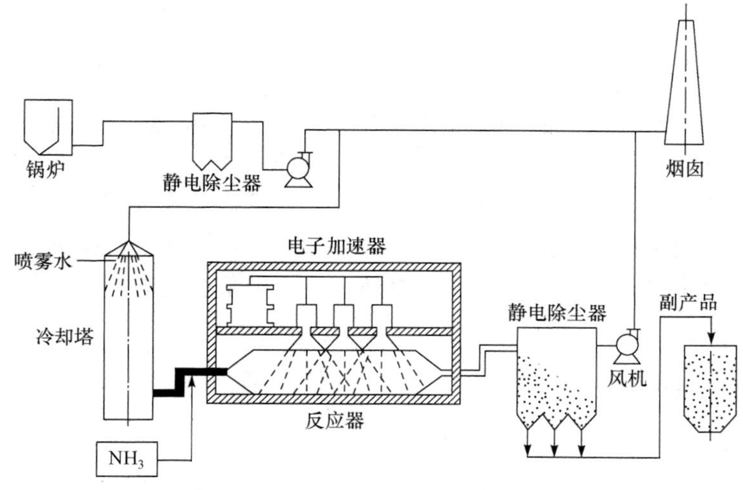

图 3-5　电子束烟气处理工艺流程示意图

水冷却到 65～70℃。在烟气进入反应器之前，按化学式计量数注入相应的氨气。在反应器内，烟气经受高能电子束照射，烟气中的 N_2、O_2 和水蒸气等发生辐射反应，生成大量的离子、自由基、原子、电子和各种激发态的原子、分子等活性物质，它们将烟气中的 SO_2 和 NO_x 氧化为 SO_3 和 NO_2。这些高价的硫氧化物和氮氧化物与水蒸气反应生成雾状的硫酸和硝酸，这些酸再与事先注入反应器的氨反应，生成硫酸铵和硝酸铵。最后用静电除尘器收集气溶胶状的硫酸铵和硝酸铵，净化后的烟气经烟囱排放。副产品经造粒处理后可作化肥销售。

脱硫系统的关键设备是电子束发生装置。电子束发生装置由发生电子束的直流高压电源、电子加速器及窗箔冷却装置组成。电子在高真空的加速管里通过高电压加速。加速后的电子通过保持高真空的扫描管透射过一次窗箔及二次窗箔（均为 30～50μm 的金属箔）照射烟气。窗箔冷却装置由窗箔间喷射空气进行冷却，控制因电子束透过的能量损失引起的窗箔温度的上升。

2. 湿法同时脱硫脱硝技术

1）氯酸氧化法

氯酸氧化法又称 Tri-NO_x-NO_x Sorb 法。脱硫脱硝采用氧化吸收塔和碱式吸收塔两段工艺。氧化吸收塔是采用氧化剂 $HClO_3$ 来氧化 NO 和 SO_2 及有毒金属，碱式吸收塔则作为后续工艺采用 Na_2S 及 NaOH 作为吸收剂，吸收残余的碱性气体。该工艺去除率达 95%以上。

氯酸是一种强酸，比硫酸酸性强，99%浓度为 35%的氯酸溶液可发生解离。氯酸是一种强氧化剂，氧化电位受液相 pH 控制。在酸性介质条件下，氯酸的氧化性比高氯酸（$HClO_4$）还要强。

与 SCR、SNCR 相比较，氯酸氧化法可以在 NO_x 入口浓度更大的范围内脱除 NO_x；同时，该工艺的操作温度低，可在常温下进行。但工艺产生酸性废液，存在运输及储存等问题；由于氯酸对设备的腐蚀性较强，设备须加防腐内衬，增加了投资。

2）WSA-SNO_x 法

WSA-SNO_x 法的原理是烟气先经过 SCR 反应器，在催化剂作用下 NO_x 被氨气还原成 N_2，随后烟气进入改质器，SO_2 催化氧化为 SO_3，在降膜冷凝中凝结水合为硫酸，进一步浓缩为可销售的浓硫酸（>90%）。该技术除消耗氨气外，不消耗其他化学药品，不产生废水、固体废物等二次污染，不产生采用石灰石脱硫所产生的 CO_2。

3）湿法 FGD 添加金属螯合剂

湿法脱硫可脱除 90%以上的 SO_2，但由于 NO 在水中溶解度很低，对 NO 几乎无脱除作用。一些金属螯合物，如 Fe(Ⅱ)-EDTA 等可与溶解的 NO_x 迅速发生反应，具有促进 NO_x 吸收的作用。美国 Dravo 石灰公司采用 6%氧化镁增强石灰作脱硫剂，并在脱硫液中添加 Fe(Ⅱ)-EDTA，进行了同时脱硫脱硝的中试研究，实现了 60%以上的脱硝率和约 99%的脱硫率。湿式 FGD 加金属螯合物工艺的缺点主要是在反应中螯合物有损失，其循环利用困难，造成运行费用很高。

3. 干法同时脱硫脱硝

1）NOXSO 法

NOXSO 系统中将烟气通过一个置于除尘器下游的流化床，在流化床内 SO_2 和 NO_x 为吸附剂所吸附，吸附剂是用碳酸钠泡制过的具有大表面积的球形粒状氧化铝，净化过的烟气再排入烟囱。

吸附剂饱和后用高温空气加热放出 NO_x，含有 NO_x 的高温空气再送入锅炉进行含氮烟气再循环。被吸附的硫在再生器内回收，硫化物在高温下与甲烷反应生成含有高浓度的 SO_2 和 H_2S 气体，所排出的气体在专门的装置中变成副产品——单质硫。该技术可脱除 97%的 SO_2 和 70%的 NO_x，目前尚在试验阶段。

2) SNRB 法

SNRB(SO_x-NO_x-RO_xBO_x)法把所有的 SO_2、NO_x 和颗粒处理都集中在一个设备内，即一个高温的集尘室中。其原理是在省煤器后喷入钙基吸着剂脱除 SO_2，在气体进布袋除尘器前喷入 NH_3，在布袋除尘器的滤袋中悬浮 SCR 催化剂以去除 NO_x，布袋除尘器位于省煤器和换热器之间以保证反应温度在 300～500℃。

SNRB 工艺由于将三种污染物的清除集中在一个设备上，从而减少了占地面积。该工艺是在脱硝之前已除去 SO_2 和颗粒物，因而减少了催化剂层的堵塞、磨损和中毒。其缺点是，需要采用特殊的耐高温陶瓷纤维编织的过滤袋，因而增加了成本。

3) CuO 同时脱硫脱硝工艺

CuO 作为活性组分用于同时脱除烟气中 SO_x 和 NO_x 已得到较深入的研究，其中以 CuO/Al_2O_3 和 CuO/SiO_2 为主。CuO 含量通常占 4%～6%，在 300～450℃的温度范围内，与烟气中的 SO_2 发生反应，形成的 $CuSO_4$ 及 CuO 可选择性催化还原 NO_x 有很高的活性。吸附饱和的 $CuSO_4$ 被送去再生。再生过程一般用 H_2 或 CH_4 气体对 $CuSO_4$ 进行还原，释放的 SO_2 可制酸，还原得到的金属铜或 Cu_2S 再用烟气或空气氧化，生成的 CuO 又重新用于吸附-还原过程。

3.5　氮氧化物治理工程案例

中国工程物理研究院自行设计和建造的我国第一套 1200Nm^3/h 电子束辐照烟气脱硫脱硝工业化实验装置建于四川绵阳科学城热电厂，在其 3000kW 热电联产锅炉水平主烟道上抽取部分烟气供实验装置处理用。实验装置的设计技术参数如表 3-5 所示。

表 3-5　电子束辐照烟气脱硫脱硝工业化实验装置的设计技术参数

项目	参数	项目	参数
烟气处理量/(m^3/h)	3000～12 000	烟气相对湿度/%	≤100
粉尘入口浓度/(g/m^3)	3×10^{-5}～10	NO 浓度(V/V)	$(2\sim8)\times10^{-4}$
粉尘出口浓度/(mg/m^3)	<150	NO 脱除率/%	≥50
NH_3 排放浓度(V/V)	$\leqslant5\times10^{-5}$	SO_2 浓度(V/V)	$(3\sim30)\times10^{-4}$
反应器入口烟气温度/℃	60～100	SO_2 脱除率/%	≥90

实验装置由烟气参数调节系统、加速器辐照处理系统、氨投加装置、副产物收集装置、监测控制系统五个主要部分组成。采用如图 3-6 所示的工艺流程，处理用烟气分别取自电厂水膜除尘器前和水膜除尘器后。烟气经冷却塔降温增湿后，送至反应器，喷入氨气，用电子束辐照处理。辐照后的烟气被输送至副产物收集器，回收烟气中的硫酸铵和硝酸铵。处理后的烟气经排风机从烟囱排入大气。

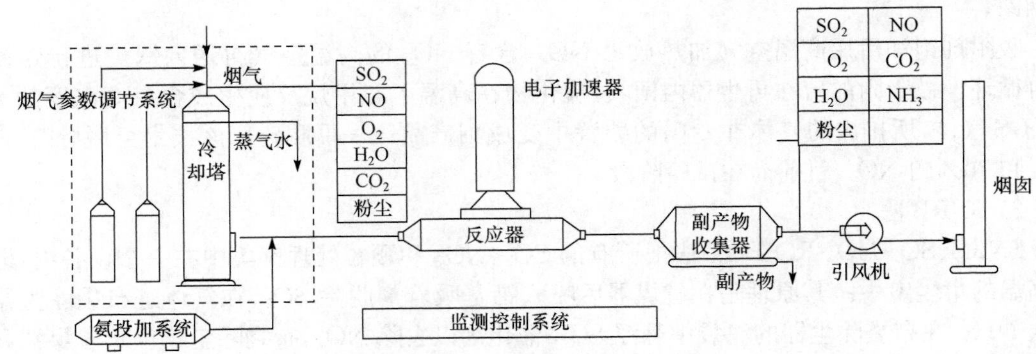

图 3-6 电子束辐照烟气脱硫脱硝工业化实验装置工艺流程

为满足实验工作的需要，采用向烟气中直接投加 SO_2 和 NO 气体的方案调节烟气中 SO_2 和 NO 浓度。在冷却塔前和副产物收集器后分别设置烟气参数控制装置，整个实验装置由设在总控制室的控制系统管理和操作。

对装置进行了 72h 连续运行实验，由绵阳市环境监测站对装置在不同工况条件下的有关性能指标进行测试，实验中产生的副产物由四川联合大学西区分析测试中心检测。结果表明，在 72h 连续运行实验中，装置能连续稳定地运行；装置对含高达 $3\times10^{-3}(V/V)SO_2$ 的烟气，脱除效率保持在 92%以上。NO_x 的脱除效率大于 75%，处理后烟气中氨浓度始终低于 $4\times10^{-5}(V/V)$；副产物中重金属含量低于 0.026%。副产物的含氮量受烟气含尘浓度和 SO_2 浓度的影响，对含 $152\times10^{-5}(V/V)$ 的 SO_2 和 152mg/m^3(标况)粉尘的烟气，经实验装置处理后，副产物中氮含量为 19.57%。至今，实验装置累计运行时间已超过 1000h。副产物收集用静电除尘器工作正常，未出现由于副产物黏附而不能运行的情况。

装置的成功投运表明，我国已基本掌握电子束辐照烟气脱硫脱硝工业化中试技术，在副产物收集技术和设备方面独具特色。不仅如此，采用中国工程物理研究院技术的京丰热电电子束辐照烟气脱硫脱硝高技术产业化示范工程已经开工。

思考题及习题

3-1 基于本章第二节给出的动力学方程，对于 $t=0.01$s、0.04s 和 0.1s，估算[NO]/[NO]$_e$ 的比值，假定 $M=70$，$C=0.5$。试问 $M=70$ 所对应的温度是多少，以 K 表示。

3-2 某座 1000MW 的火电站热效率为 38%，基于排放因子，计算下述三种情况 NO_x 的排放量(t/天)。

(1) 以热值为 25 662kJ/kg 的煤为燃料。

(2) 以热值为 42 000kJ/kg 的重油为燃料。

(3) 以热值为 37 380kJ/m^3 的天然气为燃料。

3-3 气体的初始组成(体积分数)为 CO_2:8.0%，H_2O:12%，N_2:75%，其余的 5%为 O_2。假如仅考虑 N_2 与 O_2 生成 NO 的反应，分别计算下列温度条件下 NO 的平衡浓度。

(1) 1200K；(2) 1500K；(3) 2000K。

3-4 叙述大气中 NO 转化为 NO_2 的各种途径。

3-5 大气中有哪些重要的含氮化合物？说明它们的天然来源和人为来源及对环境的污染。

3-6 燃料组成、燃烧条件等影响 SO_2 和 NO_x 的排放，先进的燃烧过程对减少 SO_2 和 NO_x 的排放都有显著效果，燃烧后烟气净化广泛用来减少两者的排放。试从多方面对比控制 SO_2 和 NO_x 排放的技术和策略。

第 4 章　挥发性有机污染物控制

4.1　大气中挥发性有机物的危害

挥发性有机物(volatile organic compounds,VOCs)是大气中普遍存在且组成复杂的有机化合物的总称,种类繁多且分布广泛,是除颗粒物外的第二大大气污染物,具有相对分子质量小、饱和蒸气压较高、沸点较低、Henry 常数较大、辛烷值较小等特征。按照世界卫生组织的定义:沸点在 50～250℃的化合物,室温下饱和蒸气压超过 133.32Pa,在常温下以蒸气形式存在于空气中的一类有机物。美国国家环境保护局(Environmental Protection Agency,EPA)将 VOCs 定义为:除一氧化碳、二氧化碳、碳酸、金属碳化物、金属碳酸盐和碳酸铵外,任何参加大气光化学反应的碳化合物。

4.1.1　挥发性有机物对人体的危害

VOCs 主要成分有烃类、卤代烃、氧烃和氮烃,它包括:苯系物、有机氯化物、氟利昂系列、有机酮、胺、醇、醚、酯、酸和石油烃化合物等。这类物质具有强挥发性与强亲脂性,具有迁移性、持久性和毒性,可通过呼吸道、消化道和皮肤进入人体产生危害,已知许多 VOCs 具有神经毒性、肾脏和肝脏毒性,甚至具有致癌作用,能损害血液成分和心血管系统,引起胃肠道紊乱,诱发免疫系统、内分泌系统及造血系统疾病,造成代谢缺陷。

4.1.2　挥发性有机物对大气环境的危害

城市光化学烟雾的根本原因是对流层挥发性有机物、氮氧化物和 OH 自由基的反应,大气中 VOCs 和 NO_x 在太阳中紫外线的照射下引发光化学反应,生成具有较强氧化性的二次污染物,如臭氧(O_3)、醛类(RCHO)、过氧乙酰硝酸酯(PAN)等物质,所产生的产物和反应物的混合物再进而形成光化学烟雾。

光化学烟雾具有很强的氧化性,可使橡胶开裂,对眼睛和呼吸道有很强的刺激性,损害人体肺功能和伤害农作物,并使大气能见度降低。1952 年在美国洛杉矶首次发生了光化学烟雾污染,后来在日本东京和墨西哥的墨西哥城等也发生了光化学烟雾,至今仍是欧洲、美国和日本等国家的主要环境问题。

4.2　挥发性有机物的主要来源

大气 VOCs 是包括 1000 余种物种的混合体,各种组分的浓度水平、化学活性差异非常大,这种差异的原因与不同城市大气中 VOCs 的来源相关。VOCs 的排放有天然源和人为源两种,天然源的全球排放量约 1200Mt(C),主要代表物为异戊二烯、α-蒎烯、β-蒎烯、甲基丁烯醇等,不仅大气反应活性强,而且约占全球大气总 VOCs 的 90%。异戊二烯占植物碳氢化合物总排放量的一半,是含量最大的天然源 VOCs,具有较强的光化学反应活性,能改变大气氧化性,在多植被、高覆盖率的地区大气边界层中起主导作用,甚至可以影响到城市地区的大气化学，是光化学反应臭氧生成的一个关键因素。天然源 VOCs 属植物生态功能性排放，基本为不可控源。

人为源 VOCs 主要源于人类生产生活中的不完全燃烧过程和涉及有机产品的挥发散逸过程，其化学组分极为丰富，目前，美国 CARB(California Air Resources Board)将其分为汽车尾气、汽油挥发、液体汽油、汽油蒸气、涂料溶剂、天然气、石油液化气、天然源共 9 类 23 种 VOCs 排放源。

4.3 挥发性有机物的转化机制

在大气中，VOCs 主要还是通过光解和与 OH 自由基、NO_3 自由基、O_3 的反应过程而发生化学转化。在卤素化学起重要作用的极地对流层，卤素(Cl 和 Br)原子和 VOC 化学反应过程也很重要。一般 VOCs 在对流层的降解转化主要是烷基 R·、过氧烷基 RO_2·和烷氧自由基 RO·参与的自由基反应过程。

大气中 O_3 的形成起源于 NO_2 的光解，但 NO、NO_2 和 O_3 之间的反应不会造成 O_3 的净增加或损失。VOCs 的存在导致 RO_2·和 HO_2·形成，使 NO 向 NO_2 转变，最终光解产生臭氧。因此对流层臭氧光化学净形成和净损耗依赖于 NO 浓度，并取决于 HO_2·及 RO_2·的反应速率常数。

各种挥发性有机物的化学过程中，有机过氧自由基 RO_2·和烷氧自由基 RO·的形成和反应是 VOCs 大气化学过程的核心。

RO_2·能与 NO、NO_2、HO_2·及自身反应。其中，$ROONO_2$ 可以快速热解且生成常温的反应物，因此 RO_2·和 NO_2 的反应在低对流层是不重要的。在整个对流层，RO_2·和 NO、NO_2、HO_2·的反应是主要部分，而在夜间与 NO_3 自由基的反应也很重要。

$$RO_2\cdot + NO_3\ \text{自由基} \longrightarrow RO\cdot + NO_2 + O_2$$

RO·是在对流层 VOCs 降解过程中形成的中间体，其反应通道决定了 VOCs 降解的最终产物和 NO 向 NO_2 转化的数量，从而影响臭氧的形成。在对流层 RO·能与 O_2 反应，或分解或异构化。

4.4 VOCs 的主要控制方法

4.4.1 冷凝法净化含 VOCs 废气

1. 冷凝原理

该法的基本原理是气态污染物在不同温度以及不同压力下具有不同的饱和蒸气压，当降低温度或加大压力时，某些污染物会凝结出来，从而达到净化和回收 VOCs 的目的。可以借助于不同的冷凝温度而达到分离不同污染物的目的。

由于废气中污染物含量往往很低，而空气或其他不凝性气体所占比重很大，故可认为当气体混合物中污染物的蒸气分压等于它在该温度下的饱和蒸气压时，废气中的污染物就开始凝结出来。

2. 工艺流程

采用冷凝法净化 VOCs，要获得高的效率，系统就需要较高的压力和较低的温度，故常将冷凝系统与压缩系统结合使用。在工程实际中，经常采用多级冷凝串联。为了回收较纯的VOCs，通常第一级的冷凝温度设为0℃，以去除从气相中冷凝的水。采用该法净化VOCs，运行费用较高，适用于高浓度和高沸点VOCs的回收，回收效率一般在80%～95%。

3. 直接冷凝法净化回收含癸二腈废气

尼龙生产中含癸二腈废气由反应釜进入储槽时，温度约为300℃，比癸二腈的沸点高出约100℃。具有一定压力的水进入引射式净化器后，喉管处的高速流动造成真空，将高温的含癸二腈废气吸入净化器，并与喷入的水强烈混合，形成雾状，直接冷凝与吸收。冷凝后的癸二腈在循环液储槽上方聚集，可回收用于尼龙生产，下层含腈水可循环使用。

直接冷凝法回收癸二腈的工艺操作指标见表4-1。

表4-1　直接冷凝法净化回收癸二腈工艺操作指标

工艺条件					气流中癸二腈含量		净化效率/%
气量/(m^3/h)	废气温度/℃	真空度/Pa	喷水量/(m^3/h)	喉口水流速/(mg/m^3)	净化前/(mg/m^3)	净化后/(mg/m^3)	
300～400	300	0.533×10^5	60	50～70	75	1.12	98.5

4. 吸收-冷凝法回收氯乙烷

氯乙烷是无色透明易挥发的液体，熔点−139℃，沸点12.2℃，0～4℃时的相对密度为0.9222。从氯油生产尾气中回收氯乙烷可采用加压冷凝或常压深度冷凝法。由于氯油生产尾气中含有5%以下的氯气、50%左右的氯化氢，还夹带了少量乙醇、三氯乙醛等，氯乙烷含量仅30%。因此，在冷凝前须先吸收净化，以除去氯化氧等污染物。

尾气首先进入降膜吸收塔，在该塔中用水将尾气中的氯化氢吸收制成20%的盐酸，然后进入中和装置，在中和装置中用15%的氢氧化钠溶液中和尾气中的酸性物质。而后尾气进入粗制品冷凝器1，用−5℃左右冷冻盐水冷凝氯乙烷气体中的水分(称为浅冷脱水)，在粗制品冷凝器2中再把氯乙烷冷凝下来得到粗氯乙烷。粗氯乙烷经过精馏塔精馏并经成品冷凝器冷凝得到精制氯乙烷液体，其中氯乙烷含量达98%以上。

4.4.2　吸收法净化含VOCs废气

吸收法是采用低挥发或不挥发溶剂对VOCs进行吸收，再利用有机分子和吸收剂物理性质的差异将二者分离的净化方法。吸收效果主要取决于吸收设备的结构特征和吸收剂性能。

1. 吸收过程

吸收过程可分为物理吸收和化学吸收。物理吸收的主要分离原理是气态污染物在吸收剂中的不同溶解能力，而化学吸收的主要分离原理是气态污染物与吸收剂中活性组分的选择性反应能力。

2. 吸收设备和吸收剂

(1) 吸收设备的选择。选择挥发性有机污染物的吸收设备应遵循以下原则：处理废气的能力大；操作费用低；气液相之间有较大的接触面积，气液湍动程度高，净化效率高；气液比值可在较大幅度内调节，压力损失小；结构简单、操作稳定，易于维修；投资省。

(2) 吸收剂的选择。吸收剂应具有如下特点：吸收剂必须对被去除的 VOCs 有较大的溶解性；如果需回收有用的 VOCs 组分，则回收组分不得和其他组分互溶；吸收剂的蒸气压必须相当低，如果净化过的气体被排放到大气，吸收剂的排放量必须降低到最低；洗涤塔在较高的温度或较低的压力下，被吸收的 VOCs 必须容易从吸收剂中分离出来，并且吸收剂的蒸气压必须足够低，不会污染被回收的 VOCs；吸收剂在吸收塔和气提塔的运行条件下必须具有较好的化学稳定性及无毒无害性；吸收剂相对分子质量要尽可能低（同时需考虑低吸收剂蒸气压的要求），以使吸收能力最大化。

4.4.3 吸附法净化含 VOCs 废气

吸附法是采用吸附剂吸附气体中的 VOCs，从而使污染物从气相中分离的方法。根据吸附剂表面与吸附质之间作用力的不同，吸附分为物理吸附和化学吸附。

1. 吸附剂

对吸附剂的基本要求：①具有较大的比表面积，工业上常用的吸附剂如活性炭、分子筛、硅胶等，其比表面积为 600～700m^2/g；②吸附剂对被吸附的吸附质要具有良好的选择性；③具有良好的再生性能，在工业上用吸附法分离或净化气体的经济性和技术可行性在很大程度上取决于吸附剂能否再生；④吸附容量要大，吸附剂的吸附容量与吸附剂的比表面积、孔径的大小、分子的极性大小及其官能团的性质有关；⑤具有良好的机械强度、热稳定性及化学稳定性；⑥吸附剂应当容易获得，价格便宜。

活性炭吸附法最适于处理 VOCs 浓度为 300～5000mg/m^3 的有机废气，主要用于吸附回收脂肪和芳香族烃类化合物、大部分含氯溶剂、常用醇类、部分酮类等，常见的有苯、甲苯、己烷、庚烷、甲基乙基酮、丙酮、四氯化碳、萘、乙酸乙酯等。

2. 多组分吸附

当废气中含有多种 VOCs 时，活性炭对各个组分的吸附是有差别的。一般来讲，活性炭的吸附能力与化合物的相对挥发度近似呈负相关性。有机液体的相对挥发度为乙醚的蒸发量与相同条件下该有机物蒸发量的比值。

含有多种 VOCs 的气体通过活性炭吸附层时，在开始阶段各组分平均地吸附于活性炭上，但随着沸点较高的组分在吸附层内保留量的增加，相对挥发度大的蒸气重新开始气化。因此，吸附到达穿透点后，排出的蒸气大部分由挥发性较强的物质组成。

3. 活性炭的吸附热

用活性炭吸附蒸气或气体时，通常放出相当数量的热量，导致活性炭及气流温度升高，使活性炭吸附能力下降。

工业上计算时，对于物理吸附常常取吸附热等于其凝缩热。但这种假定会引起较大的误差，因为物理吸附的吸附热等于凝缩热与润湿热之和，只有当前者相对后者很大时，才可忽略不计润湿热，而且这里的润湿热是某阶段的所谓微分润湿热，不是全部的所谓积分润湿热。即这里的润湿热是活性炭固体颗粒的局部表面为液体润湿时所放出的热，不是手册中通常给出的将固体完全浸入所放出的热，因此应当从手册中直接查取吸附热，而不要采用查取凝缩热和润湿热然后相加的方法。

4. 吸附剂再生

在吸附操作中，吸附剂的吸附能力逐渐趋于饱和，当吸附能力降到一定程度时，需将吸附物解吸出来。常用的再生方法有改变压力、改变温度、通气吹扫、置换脱附、溶剂萃取及化学转化等，下面介绍几种具体的再生方法。

1）强制放电再生

强制放电再生是指利用吸附剂自身的导电性和电阻控制能量强制其形成电弧，对被再生的吸附剂进行放电，从而达到再生的目的。

2）高频脉冲再生

和普通的高温再生法不同，高频脉冲法不需逐渐升温及预热，也不需要通入水蒸气或二氧化碳等气体，而是直接将吸附剂放入再生炉内，在电磁场的反复交替作用下，使吸附质在每个周期内正、反地改变运动方向，伴随分子间的迅速旋转产生分子间的内部摩擦，从而使电能转化为热能。

3）微波辐照再生

吸附剂再生中最常用的高温加热再生法需要效率高、加热快、能耗低的加热方式，微波加热技术由于其独特的加热方式及优异的加热性能，在吸附剂高温加热再生中的应用受到了研究者的重视。

5. 吸附工艺

通常采用两个吸附器，在一个吸附时另一个脱附再生，以保证过程的连续性，吸附后的气体直接排出系统。通常以水蒸气作为脱附剂，水蒸气将吸附的 VOCs 脱附并带出吸附器，通过冷凝和蒸馏将 VOCs 提纯回收。

吸附设备包括固定床吸附器、移动床吸附器、流化床吸附器和旋转床吸附器等。

6. 固定床活性炭吸附净化炼油厂表曝池恶臭污染

恶臭污染物是指一切刺激嗅觉器官引起人们不愉快及损害生活环境的气体物质，一般包括氨、三甲胺、硫化氢、甲硫醇、甲硫醚、二甲二硫、二硫化碳和苯乙烯等。一种恶臭物质的臭气强度随着浓度的增高而加强，据资料表明，恶臭给人的感觉量（即恶臭强度）与恶臭物质对人嗅觉的刺激量的对数成正比，两者之间关系即符合 Weber-Fechner 定律。

$$I=K\lg c+a \tag{4-1}$$

式中：I——人对嗅觉的感觉量，臭气强度；

K——常数，恶臭物质不同时值不同；

c——恶臭物浓度；

a——常数，恶臭物质不同时值不同。

式(4-1)说明，即使把恶臭物质去除 90%，人的嗅觉所感觉到的臭气浓度只减少了不到一半，这说明防治恶臭比防治其他大气污染物更困难。

4.4.4　燃烧法净化 VOCs 废气

将有害气体、蒸气、液体或烟尘通过燃烧转化为无害物质的过程称为燃烧法净化。该法适用于净化可燃的或在高温下可以分解的有机物。在燃烧过程中，有机物质剧烈氧化，放出大量的热，因此可以回收热量。对化工、喷漆、绝缘材料等行业的生产装置中所排出的有机废气广泛采用燃烧法净化，燃烧法还可以用来消除恶臭。

1. 直接燃烧法

直接燃烧法是把可燃的 VOCs 废气当作燃料来燃烧的一种方法。该法适合处理高浓度 VOCs 废气，燃烧温度控制在 1100℃以上，去除效率在 95%以上。多种可燃气体或多种溶剂蒸气混合于废气中时，只要浓度适宜，也可以直接燃烧。如果可燃组分的浓度高于燃烧上限，可以混入空气后燃烧；如果可燃组分的浓度低于燃烧下限，则可以加入一定数量的辅助燃料维持燃烧。因为该法所处理的污染物浓度较高(高于爆炸浓度下限)、热值大，所以从某种程度上讲，高浓度 VOCs 废气可作为有价值的燃料源而不作为空气污染控制问题来考虑。直接燃烧法的设备包括一般的燃烧炉、窑，或通过某种装置将废气导入锅炉作为燃料气进行燃烧，最常见的就是火炬燃烧。

2. 热力燃烧法

热力燃烧法为当废气中可燃物含量较低时，利用其作为助燃气或燃烧对象，依靠辅助燃料产生的热力将废气温度提高，从而在燃烧室中使废气中可燃有害组分氧化销毁的净化方法。

1) 工艺流程

热力燃烧过程分三步：燃烧辅助燃料提供预热能量；高温燃气与废气混合以达到反应温度，废气在反应温度下氧化；净化后的气体经热回收装置回收热能后排空。

2) 燃烧条件

在热力燃烧中，废气中有害的可燃组分经氧化生成 CO_2 和 H_2O，但不同组分燃烧氧化的条件不完全相同。对大部分物质来说，在温度为 740～820℃、停留时间为 0.1～0.3s 时即可反应完全；大多数烃类化合物在 590～820℃即可完全氧化，而 CO 和浓的炭烟粒子则需较高的温度和较长的停留时间。因此，在供氧充分的情况下，反应温度、停留时间、湍流混合构成了热力燃烧的必要条件。

3) 燃烧装置

进行热力燃烧的专用装置称为热力燃烧炉，其结构应保证获得 760℃以上的温度和 0.5s 左右的接触时间，这样才能保证对大多数烃类化合物及有机蒸气的燃烧净化。热力燃烧炉的主体结构包括两部分：燃烧器，其作用为使辅助燃料燃烧生成高温燃气；燃烧室，其作用为使高温燃气与旁通废气湍流混合达到反应温度，并使废气在其中的停留时间达到要求。按所使用的燃烧器的不同，热力燃烧炉分为配焰燃烧系统与离焰燃烧系统两大类。

配焰燃烧系统的热力燃烧炉使用配焰燃烧器。配焰炉中的火焰间距一般为 30cm，燃烧室的直径为 60～300cm。配焰燃烧器是将燃烧配布成许多小火焰，布点成线。废气被分成许多小股，分别围绕这些小火焰流过去，使废气与火焰充分接触，这样可以使废气与高温燃气在短距离内即可迅速达到完全的湍流混合，配焰方式的最大缺点是容易造成熄火。配焰燃烧器主要有火焰成线燃烧器、多烧嘴燃烧器、格栅燃烧器等多种形式。

离焰燃烧器系统的热力燃烧炉使用离焰燃烧器。在离焰炉中，辅助燃料在燃烧器中燃烧成火焰产生高温燃气，然后再在炉内与废气混合达到反应温度。燃烧与混合两个过程是分开进行的。虽然在大型离焰炉中可以设置 4 个以上的燃烧器，但对大部分废气而言，它们并不与火焰“接触”，仍是依靠高温燃气与废气的混合，这是离焰燃烧炉不易熄火的主要原因。离焰燃烧炉的长径比一般为 2～6，为促进废气与高温燃气的混合，一般应在炉内设置挡板。离焰炉的优点是可用废气助燃，也可用外来空气助燃，因此对于含氧量低于 16%的废气也适用；对燃料种类的适应性强，可用气体燃料，也可用油作燃料；可以根据需要调节火焰的大小。

3. 催化燃烧法

催化燃烧法是在系统中使用催化剂，使废气中的 VOCs 在较低温度下氧化分解的方法。该法的优点是催化燃烧为无火焰燃烧，安全性好，要求的燃烧温度低（大部分烃类和 CO 在 300～450℃即可完成反应），辅助燃料费用低，对可燃组分浓度和热值限制较少，二次污染物 NO_x 生成量少，燃烧设备的体积较小，VOCs 去除率高；缺点是催化剂价格较贵，且要求废气中不得含有导致催化剂失活的成分。

催化燃烧法适于净化金属印刷、绝缘材料、漆包线、炼焦、油漆、化工等多种废气以及恶臭气体，特别是在漆包线、绝缘材料、印刷等生产过程中排出的烘干废气，因废气温度和有机物浓度较高，对燃烧反应及热量回收有利，具有较好的经济效益，因此应用广泛，但不能用于处理含有机氯和有机硫的化合物，因为这些化合物燃烧后会造成二次污染并使催化剂中毒。而有些有机物的沸点高，相对分子质量很大，也不能用催化燃烧法来处理，因为燃烧产物会使催化剂表面发生堵塞。

1）催化剂的选择

用于催化燃烧的催化剂多为贵金属 Pt、Pd，这些催化剂活性好、寿命长、使用稳定。国内已研制使用的催化剂有：以 Al_2O_3 为载体的催化剂，此载体可做成蜂窝状或粒状等，然后将活性组分负载其上，现已使用的有蜂窝陶瓷钯催化剂、蜂窝陶瓷铂催化剂、蜂窝陶瓷非贵金属催化剂、γ-Al_2O_3 稀土催化剂等；以金属作为载体的催化剂，可用镍铬合金、镍铬镍铝合金、不锈钢等金属作为载体，已经应用的有镍铬丝蓬体球钯催化剂、铂钯/镍 60 铬 15 带状催化剂、不锈钢丝网钯催化剂以及金属蜂窝体的催化剂等。

2）工艺流程

催化燃烧法的工艺具有如下特点。

（1）进入催化燃烧装置的气体首先要经过预处理，除去粉尘、液滴及有害组分，避免催化床层的堵塞和催化剂中毒。

（2）进入催化床层的气体温度必须达到所用催化剂的起燃温度，催化反应才能进行。因此，对于低于起燃温度的进气，必须进行预热使其达到起燃温度。气体的预热方式可以采用电加热，也可以采用烟道气加热，目前应用较多的为电加热。

（3）催化燃烧反应放出大量的反应热，燃烧尾气温度较高，对这部分热量必须回收。

4. 蓄热式燃烧法

蓄热式燃烧法采用了热量回收系统，回收燃烧后的高温气体的热量用于预热进入系统的废气。蓄热式燃烧装置有管壳式热氧化器（recuperative thermal oxidizer，RcTO）和蓄热式热氧化器（regenerative thermal oxidizer，RTO）两种。RTO 用于低浓度、大流量 VOCs 废气的处理，热回收率达 95%以上；RcTO 用于低流量或中流量、较高浓度 VOCs 废气的处理，热回收率约 85%。用 RTO 或 RcTO 装置，VOCs 去除率都可达到 90%～99%，最高达 99%以上。

RTO 有两个陶瓷填充床热回收室，每个热回收室底部有两个自动控制阀门分别与进气总管和排气总管相连。当废气从右侧进入时，左侧热回收室用燃烧室尾气加热填充床来蓄存热量，在切换进气方向后再用此蓄存的热量来加热废气。按预先设定的时间间隔，两个热回收室切换蓄热和供热。

5. 蓄热式催化氧化法

蓄热式催化氧化法的设备是蓄热式催化氧化器（regenerative catalytic oxidizer，RCO），其结构与 RTO 相似，只是用催化剂床层代替燃烧室。如果蓄存的热量不足以使 VOCs 的温度提高到催化氧化反应所需的温度，可以由辅助加热器补充提供热量。RCO 系统兼有 RTO 系统的蓄热性能和催化系统的低温氧化的优点。

6. 燃烧动力学

VOCs 燃烧反应速率，即单位时间内浓度的减小值，可以表示为

$$r=\frac{\mathrm{d}c_{\mathrm{A}}}{\mathrm{d}t}=kc_{\mathrm{A}}^{n}c_{\mathrm{O_2}}^{m} \tag{4-2}$$

在大多数情况下，VOCs 的浓度很低，以至于在燃烧过程中氧气的浓度几乎不变，所以式(4-2)可简化为

$$r=\frac{\mathrm{d}c_{\mathrm{A}}}{\mathrm{d}t}=kc_{\mathrm{A}}^{n} \tag{4-3}$$

式中：r——燃烧速率；

k——燃烧动力学常数；

c_{A}——VOCs 浓度；

n——反应级数。

动力学常数与温度 T 之间的关系通常由阿伦尼乌斯方程表示：

$$k=A\exp\left(-\frac{E}{RT}\right) \tag{4-4}$$

式中：A——频率因子，实验常数，与反应分子的碰撞频率有关，$\mathrm{s^{-1}}$；

E——活化能，实验常数，与分子的键能有关，J/mol；

R——摩尔气体常量，8.314J/(mol·K)；

T——反应温度，K。

4.4.5 生物法净化含 VOCs 废气

生物法处理挥发性有机废气的工艺主要有生物洗涤法、生物滴滤法和生物过滤法三种。

1. 生物洗涤法

生物洗涤法是利用由微生物、营养物和水组成的微生物吸收液处理废气，适合于吸收可溶性气态污染物。

生物洗涤法中气、液相接触的方法除采用液相喷淋外，还可以采用气相鼓泡。一般地，若气相阻力较大时，可采用喷淋法；反之，液相阻力较大时则采用鼓泡法。由于生物洗涤法的循环洗涤液需采用活性污泥法来再生，所以在通常情况下，循环洗涤液主要是水，因此，该方法只适用于水溶性较好的 VOCs，如乙醇、乙醚等，而对于难溶的 VOCs，该方法则不适用。

2. 生物滴滤法

VOCs 气体由塔底进入，在流动过程中与生物膜接触而被净化，净化后的气体由塔顶排出。循环喷淋液从填料层上方进入滤床，流经生物膜表面后在滤塔底部沉淀，上清液加入 N、P、pH 调节剂等循环使用，沉淀物排出系统。

生物滴滤床填料通常采用粗碎石、塑料、陶瓷等无机材料，比表面积一般为 100～300m^2/m^3。

3. 生物过滤法

生物过滤法净化系统由增湿塔和生物过滤塔组成。挥发性有机气体在增湿塔增湿后进入过滤塔，与已经接种挂膜的生物滤料接触而被降解，最终生成 CO_2、H_2O 和微生物基质，净化气体由顶部排出。定期在塔顶喷淋营养液，为滤料上的微生物提供养分、水分和维持恒定的 pH。

此外，生物过滤工艺还有土壤法和堆肥法。土壤法中微生物生活的适宜条件是：温度 5～30℃，湿度 50%～70%，pH 7～8。土壤滤层材料一般的混合比例为：黏土 1.2%，有机质沃土 15.3%，细砂土约为 53.9%，粗砂 29.6%。滤层厚度为 0.5～1.0m，气流速度为 6～100$m^3/(m^2 \cdot h)$。

堆肥法以泥炭、堆肥、土壤、木屑等有机材料为滤料，经熟化后形成一种有利于气体通过的堆肥层，更适宜于微生物生长繁殖，因而堆肥生物滤床中的生物量比土壤床多，污染物的去除负荷及净化效率均比土壤床高，空床停留时间也较短，一般只需 30s(土壤法需 60s)，这样可大大减小占地面积。但堆肥易被生物降解，寿命有限，运行 1～5 年后必须更换。

4.4.6 净化 VOCs 方法的选择

含挥发性有机废气的控制可以采用冷凝、吸收、吸附、燃烧、生物、非平衡等离子体、微波催化氧化、膜基吸收等方法或者上述方法的组合。

在进行净化方案选择时，必须综合考虑各方面的因素，权衡利弊，选择一种技术上可行、经济上合理、符合生产要求及能达到排放标准的最佳方案。综合起来，应考虑以下几个方面。

(1) 污染物的性质。例如，利用某些挥发性有机污染物易溶于有机溶剂的特点以及与其他组分在溶解度上的差异，可采用物理吸收或化学吸收的方法来达到净化或提纯的目的。利用某些挥发性有机污染物能被某些吸附剂吸附的原理，可采用吸附方法来净化有机废气。利用某些挥发性有机污染物易氧化、燃烧的特点，可采用直接燃烧或催化燃烧的方法，而卤代烃的燃烧处理则需要考虑燃烧后氢卤酸的吸收净化措施。

(2) 污染物的浓度。含挥发性有机污染物的废气，往往由于浓度不同而采用不同的净化方案。例如，污染物浓度高时，可采用火炬直接燃烧(不能回收热能)或引入锅炉或工业炉直接燃烧(可回收热能)；而浓度低时，则需要补充一部分燃料，采用热力燃烧或催化燃烧。

(3) 生产条件。结合具体的生产条件来选择净化方法，有时可以简化净化工艺。例如，锦纶生产中，用粗环己酮、环己烷作吸收剂，回收氧化工序排出的尾气中的环己烷，由于粗环己酮、环己烷本身就是生产的中间产品，因而不必再生吸收液，直接令其返回生产流程即可。用氯乙烯生产过程中的三氯乙烯作吸收剂，吸收含氯乙烯的尾气，也具有同样的优点。

(4) 经济性。经济性是挥发性有机污染物治理的一个重要方面，包括设备投资和运转费，选择的方案应当尽量减少设备费和运转费。在方案实施过程中,应尽可能回收有价值的物质或热量,可以减少运转费,并获得一定的经济效益。

4.5 挥发性有机物治理工程案例

1. 废气排放

1) 废气排放状况

该工程案例生产产品为团状模塑料(bulk molding compound,BMC)和乙烯基酯树脂(vinyl ester resin,VE),主要生产原料包括苯乙烯和甲基丙烯酸甲酯等,年总用量2660t,年工作时间7920h。BMC生产废气排放系统共有5套,其中包括投料、计量、混合、落料、包装等工段(设备)的局部排风和车间排风,废气中主要成分为苯乙烯,总废气量128 300m^3/h。VE生产废气排放系统共有2套,其中包括投料、混合、反应、落料、包装等工段(设备)的局部排风,废气成分主要为苯乙烯、甲基丙烯酸甲酯等,总废气量8700m^3/h。

2) 废气排放控制治理

生产废气采用炭床分子过滤器进行排放控制,它是一种立式大容量型活性炭过滤器,分子过滤和微尘过滤以串联布置的方式排列,分子过滤由多个滤床以并联布置的方式排列,它的吸附介质装填量大,在大规模处理场合中具有较经济的优点,其气体流程阻力较小,长期运行成本较低,可节省能源,箱体全焊接密闭,气流无泄漏和短路,在排放限值极低场合中可以有效使用。

本工程案例研究中主要通过排风系统收集车间废气,通过活性炭床过滤器,由防爆风机引风至19m高空排放,处理流程如下:排风系统活性炭过滤器排风机屋顶排放炭床分子过滤器为负压式布置,排风机采用钢制防爆离心通风机,电机为防爆电机,风机运行频率根据废气排放风压自动调节。

2. 控制治理效果分析

1) 仪器与分析

为了检测炭床分子过滤器的运行效果,采用光离子化检测器检测VOCs总浓度,采用SUMMA罐采样和气相色谱与质谱联用仪分析VOCs组成。光离子化检测器为美国RAE公司生产的PGM-7600型VOC检测仪,内置UV灯(10.6eV),标定气体为异丁烯,苯乙烯换算系数0140,检测量程0~999ppmv(part per million by volume,按甲烷计),分辨率0.1ppmv,反应时间短于3s,实测取样间隔为2min。

SUMMA罐连续8h采集废气,采用美国Agilent公司生产的气相色谱质谱联用仪(GC/MS)分析,仪器型号为Agilent GC 6890+/MS5973,标气为PAMS和TO-15两种混合标准气,可检测VOCs组分107种,检测限0.2~1.75$\mu g/m^3$。

2) 检测结果

为了检测废气经炭床分子过滤器的处理效率,在BMC废气处理系统的进出口处,同时连续检测VOCs浓度,图4-1所示为一个时段的在线检测结果。VOCs进口浓度呈现波峰,变化范围为0~15.0ppmv,与生产作业间歇性相对应。炭床分子过滤器出口VOCs浓度为0~0.1ppmv,VOCs去除效率在99%以上。

VE 废气处理系统的炭床分子过滤器进出口处的 VOCs 在线检测结果如图 4-2 所示，进口浓度变化为 0.1～8.5ppmv，出口浓度为 0～0.3ppmv，VOCs 去除效率为 96%以上。

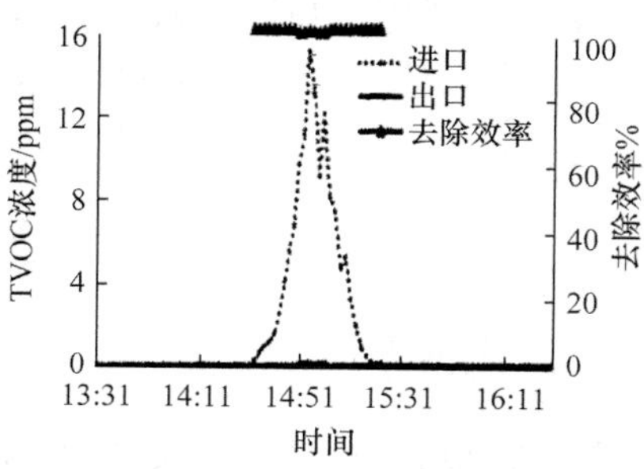

图 4-1 BMC 废气处理系统进出口 VOCs 连续检测浓度

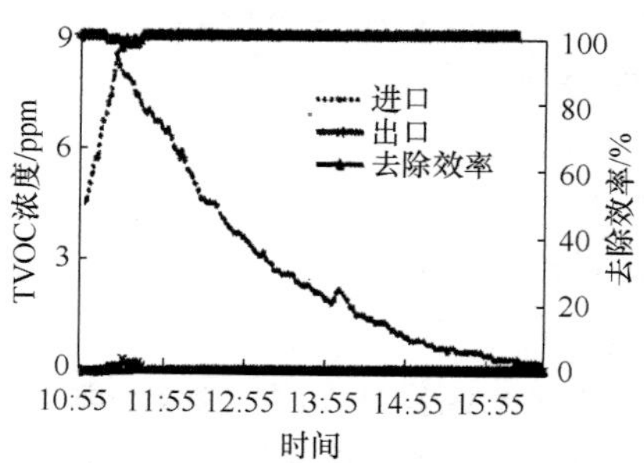

图 4-2 VE 过滤器进出口处 VOCs 在线检测结果

BMC 和 VE 生产废气用 SUMMA 罐 8h 采样，样品及时经气相色谱质谱联用仪分析。结果如图 4-3 所示，两种废气中含量最高的物种为苯乙烯，分别占总 VOCs 排放量的 77.2%和 67.5%，BMC 和 VE 废气处理系统的苯乙烯排放浓度分别为 553.3$\mu g/m^3$ 和 413.8$\mu g/m^3$，由引风机经 19m 高空排放，排风量分别为 12 830m^3/h 和 8700m^3/h，计算得 BMC 和 VE 废气处理系统中苯乙烯的排放量分别为 71.0g/h 和 3.6g/h，根据我国《恶臭污染物排放标准》GB 14554—1993，苯乙烯 15m 高空排放量限值为 6.5kg/h。因此，该工厂的苯乙烯经处理后属于达标排放，且排放量远低于国家限值。

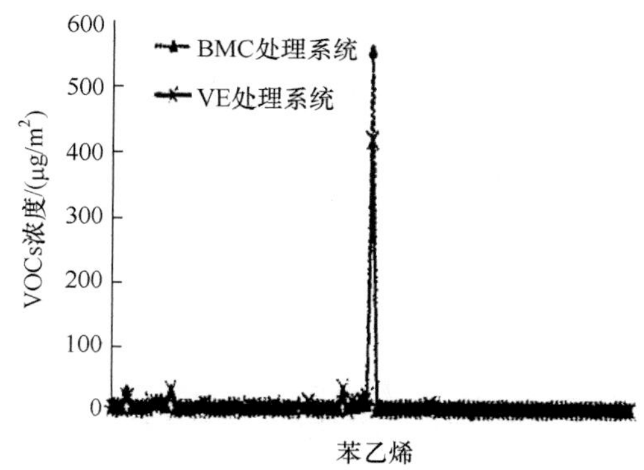

图 4-3 BMC 和 VE 废气气相色谱-质谱联用仪分析结果

3）检测分析与讨论

批次式作业是化工生产中较常见的形式，由此造成的废气浓度变化呈波峰性变化，这会对炭床分子过滤器的 VOCs 去除效率产生明显的影响。炭床厚度和炭床滤速设计时，应充分考虑高峰浓度的冲击，以确保去除效率持续有效。本工程案例中 VOCs 组分以苯乙烯为主，在选择吸附介质——颗粒活性炭时，应针对苯乙烯分子特性，选用或定制活性炭，以使吸附容量大，吸附周期长。苯乙烯单体分子在氧化气氛下具有易聚合特点，在采用颗粒活性炭吸附过滤时，需采用必要的措施，防止苯乙烯聚合体对活性炭吸附性能的影响。炭床中颗粒活性炭在使用一定周期后会吸附饱和。化工企业中较适合的方法是采用手持式 VOCs 检测仪定期检测尾气排放浓度，并记录检测数据成档。当发现排放浓度接近或超过设定值时，应及时更换或再生活性炭。

4）减排效果

将 BMC 和 VE 生产废气集中收集，经炭床分子过滤器处理实现较理想的效果，该案例 VOCs 散发率为 1.4kg/t，生产废气采用炭床分子过滤器处理后，VOCs 减排可达 98.8% 以上。

思考题及习题

4-1 简述挥发性有机物的定义及其排放源。

4-2 查阅有关资料，绘制 CO_2 蒸气压随温度变化曲线，结合 CO_2 物理变化特征对曲线进行分析说明。

4-3 估算室温(35℃)时，苯与甲苯的混合液体在密闭容器中同空气达到平衡时，气相中苯和甲苯的摩尔分数。已知混合液中苯和甲苯的摩尔分数分别为 40% 和 60%。

4-4 计算 20℃时，置于一金属平板上 1mm 厚的润滑油蒸发完毕所需要的时间。已知润滑油的密度为 $1g/cm^3$，摩尔质量为 400g/mol，蒸气压约为 10^{-4} Pa，蒸发速率为 $\left(0.5\,\frac{\mathrm{mol}}{\mathrm{m^2\cdot s}}\right)\frac{P}{P_0}$。

4-5 试述有哪些预防 VOCs 排放的措施。

4-6 利用溶剂吸收法处理甲苯废气。已知甲苯浓度为 5000ppm，气体在标准状态下的流量为 $20000m^3/min$，处理后甲苯浓度为 85ppm，试选择合适的吸收剂，计算吸收剂的用量、吸收塔的高度和塔径。

4-7 采用活性炭吸附法处理含苯废气。废气排放条件为 298K、1atm，废气量 $40000m^3/h$，废气中含有苯的体积分数为 3.5×10^{-3}，要求回收率为 99.5%。已知活性炭的吸附容量为 0.18kg(苯)/kg(活性炭)，活性炭的密度为 $580kg/m^3$，操作周期为吸附 4h，再生 3h，备用 1h。试计算活性炭的用量。

第 5 章　机动车污染物控制

目前，城市交通中心区域大气中 90%～95% CO、80%～90% NO_x 和 HC 以及大部分颗粒物均来源于机动车的排放，此外，它们还有引起二次污染的潜在可能，如光化学烟雾、雾霾等。机动车尾气排放的污染物主要包括燃料不完全燃烧的产物(一氧化碳、碳氢化合物和碳颗粒物等)、燃料添加剂的燃烧生成物(铅化合物微粒等)、高温燃烧时生成的氮氧化物以及燃料中少量硫的燃烧产物二氧化硫等，另外曲轴箱、化油器和油箱主要以挥发的形式排放未燃烧的烃类化合物。各主要污染物的相对排放量详见表 5-1。

表 5-1　汽车排放源污染物的相对排放量

排放源	相对排放量(占污染物总排放量的百分比/%)			
	CO	NO	HC	颗粒物
尾气管	98～99	98～99	55～65	98～99
曲轴箱	1～2	1～2	20～30	1～2
汽油箱、化油器	0	0	10～20	0

我国目前限定控制的机动车污染物包括一氧化碳(CO)、碳氢化合物(HC)、氮氧化物(NO_x)和颗粒物(PM)。

5.1　机动车主要污染物的成因

5.1.1　CO 的成因

CO 是燃料中碳不完全燃烧的产物，影响 CO 产生量的主要因素为空燃比、空气和燃料的混合程度、内壁的淬熄效应等，其中混合气的空燃比对 CO 的产生影响量最大。常规汽油机在部分负荷时，空气过剩系数略大于 1，在全负荷时小于 1，此时不完全燃烧或者混合不均，就会产生 CO；此外，高温燃烧条件下，CO_2 和 H_2O 也可能发生离解反应，生成部分 CO。

汽油是多种碳氢化合物的混合物，常用 C_xH_y 来表示(典型值为 $x=8, y=17$)，典型汽油完全燃烧时的化学方程式为

$$C_xH_y+(x+0.25y)O_2 \longrightarrow xCO_2+(0.5y)H_2O$$

假设供给每摩尔燃料的氧气量比完全燃烧所需氧气量少 $z$mol，则方程式为

$$C_xH_y+(x+0.25y-z)O_2 \longrightarrow (x-2z)CO_2+(0.5y)H_2O+(2z)CO$$

而空气中每供入 1mol 的 O_2，则会带入 3.76mol 的 N_2，因此燃烧产物总量为

$$n_{总}=3.67(x+0.25y-z)+(x-2z)+0.5y+2z$$

则 CO 的摩尔分数为

$$y_{CO}=\frac{2z}{n_{总}}=\frac{2z}{3.67(x+0.25y-z)+(x-2z)+0.5y+2z}$$

此式是粗略计算燃烧生成的 CO 量，而实际燃烧过程非常复杂，应同时考虑化学动力学对平衡的影响。

5.1.2 HC的成因

汽车排放的HC主要来源于燃油供给系统的挥发、燃烧室的泄漏。燃烧室中的HC是由于缸壁的淬熄效应、热力过程中的狭缝效应以及燃油和润滑油的不完全燃烧产生。

1. 不完全燃烧

汽油机中不完全燃烧的原因:怠速及高负荷工况时,处于空气过剩系数<1的过浓状态,加之怠速时残余废气系数较大,造成不完全燃烧;失火(因为某种原因造成发动机的某一个气缸或某几个气缸断续或连续的混合气燃烧不良或不能燃烧现象)也是汽油机HC排放的主要原因;另外,汽车在加速或减速时,会造成暂时的混合气过浓或过稀现象,也会产生不完全燃烧或失火。即使在空气过剩系数>1时,由于油气混合不均匀,也会因不完全燃烧而产生HC排放。

2. 火焰淬熄

由于冷态(或温度较低)的气缸内壁对火焰产生的热量或活性物质具有吸附作用,当火焰接近缸壁时将会发生淬熄现象。在气缸内壁上留下薄层未燃烧的混合气,成为排气中HC的主要来源之一,占排气管排放HC的30%~50%。

3. 狭缝效应

狭缝主要是指活塞、活塞环和气缸壁之间的狭小缝隙,火花塞中心电极空隙,火花塞的螺纹、喷油器周围的间隙等。由于狭缝里气体温度较低以及壁面的淬熄作用,火焰很难进入狭缝烧掉这些气体,当狭缝中气体压力高于气缸压力时,缝隙中的气体重新回到气缸,这些回流气体成为排气中未燃烧的HC的一部分。

4. 壁面油膜和积炭的吸附

在进气和压缩过程中,气缸壁面上的润滑油膜以及沉积活塞顶部、燃烧室壁面和进排气门上的多孔性积炭,会吸附未燃混合气及燃料蒸气,而在膨胀过程和排气过程时压力降低,部分HC脱附进入燃烧产物中,占排气管排放的HC的35%~50%。

未净化处理的汽油机尾气中HC的典型组成见表5-2。汽油中并不含甲烷、乙烷、乙炔、丙烯、甲醛及其他醛类,排气中的这部分成分主要为淬熄层的不完全燃烧产物。

表5-2 汽油机尾气排放的HC典型组成

污染物种类	体积分数/10^{-6}
甲烷	170
乙烷	160
乙炔	120
甲醛	100
甲苯	55
醛类(不包括甲醛)	53
二甲苯	50

续表

污染物种类	体积分数/10^{-6}
丙烯	49
丁烯	36
戊烯	35
苯	22

5.1.3　NO_x 的成因

机动车排气中的 NO_x 主要为 NO，另有少量的 NO_2，统称为 NO_x。一般汽油车排气中，$NO_2/NO_x=0.01\sim0.1$；柴油机排气中 $NO_2/NO_x=0.05\sim0.15$。NO_x 的产生机理可分为热力型 NO_x、燃料型 NO_x 和瞬时型 NO_x。

热力型 NO_x 主要是由火焰温度下空气中的氮气被氧化而成，当燃烧温度下降时，NO_x 的生成反应会停止，影响 NO_x 产生量的主要因素是温度、氧气浓度和停留时间；燃料型 NO_x 主要是含氮燃料如原油、煤、沥青、重质馏分油等在燃烧过程中生成的，燃烧过程氧含量越高，燃料中氮含量越高，生成的燃料型 NO_x 也越多；瞬时型 NO_x 的形成主要是燃烧生成的原子团与氮气发生反应所产生。对于机动车排放的尾气中，瞬时型 NO_x 只占很小的比例；而由于一般车用柴油的含氮率较低(表 5-3)，基本可以不考虑燃料型 NO_x，因而，机动车产生的 NO_x 中，热力型 NO_x 是主要的生成来源。

表 5-3　各种机动车燃料的含氮率

燃料种类	含氮率(质量分数)/%
中东系石油	0.09～0.22
C 重油	0.1～0.4
A 重油	0.05～0.1
柴油	0.002～0.03
煤油	0.0001～0.0005
煤炭	0.2～3.4

5.1.4　颗粒物及炭烟的成因

炭烟是由烃类燃料在高温缺氧条件下裂解而形成的。从空气过剩系数为 0.6 开始，随空气过剩系数减小，炭烟生成量增大；受温度的影响，炭烟生成量在 1600～1700K 出现最大值。压力对炭烟的生成影响较小。尽管在空气过剩系数>0.6 区域内不会产生炭烟，但 NO_x 的生成量会随空气过剩系数的增大而增多，大约在空气过剩系数等于 1.1 时达到峰值。

5.2　机动车污染物排放的影响因素

影响机动车污染物排放的因素有很多，包括外界空气温度、压力、湿度、使用的燃料、工况等，本节主要介绍空燃比对机动车污染物排放的影响。

1. 空燃比

燃料混合气中空气与燃料的质量比，称为空燃比，常以 A_F 表示。

$$A_F = \frac{\text{空气流量}}{\text{燃料流量}}$$

2. 理论空燃比

按照汽油燃烧的化学反应方程式，计算得出的可供汽油完全燃烧所需的最小空气量与燃料量之比称为理论空燃比，常以 A_{F0} 表示。

汽油主要是5～11个碳的烃类混合物，常以 C_8H_{18} 代表汽油混合物的平均组分，则其燃烧反应方程式可由下式表示：

$$C_8H_{18} + 12.5O_2 \longrightarrow 8CO_2 + 9H_2O$$

一般常取 $A_{F0} = 14.8$。

空燃比及理论空燃比的物理含义是燃料混合气的浓度。

3. 空气过剩系数

实际空气量与理论空气量之比称为空气过量系数，即实际空燃比与理论空燃比之比，常用 α 表示：

$$\alpha = \frac{A_F}{A_{F0}} = \frac{\text{实际空气量}}{\text{理论空气量}}$$

当 $\alpha = 1$ 时，混合气空气量为理论空气量；当 $\alpha > 1$ 时，混合气中空气过量，为稀混合气；当 $\alpha < 1$ 时，混合气中燃料过量，为浓混合气。

由于混合气中空气流量及燃料流量都是宏观计量的，而实际混合气中因气液相混合不均匀，或汽油气化、雾化时间不足，在不同局部与瞬间，混合气浓度并不相同。

4. 空燃比对发动机排气中有害物质含量的影响

空燃比对排气中有害物含量有明显影响(图5-1)。

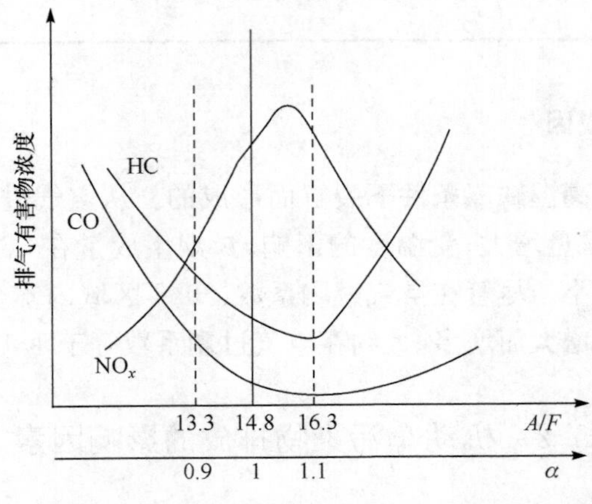

图5-1　空燃比对排气有害物含量的影响

从图 5-1 中可知，在 $\alpha=1$ 附近的区域内，有利于降低排气中有害物质的含量。若能保持适当的空气过量系数，即 $\alpha=1.1$ 附近，排气中 HC、CO、NO_x 的浓度最低。由此也可知，燃料混合气浓度（空燃比）对排气中有害物质的浓度有明显的影响，因此应保证燃料混合气合理的浓度。

5.3 机动车污染物的主要控制方法

机动车污染物的控制必须做到前处理净化、机内净化、机外净化以及车辆科学管理综合防控。图 5-2 是 K 型汽油喷射、三元催化剂及反馈系统布置示意图。

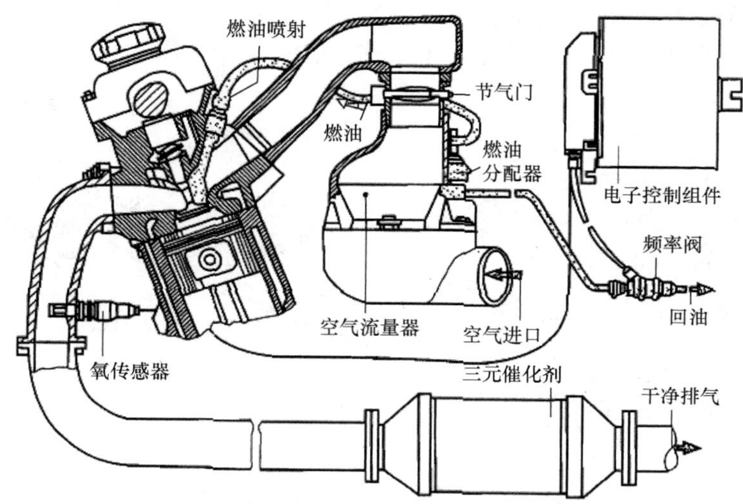

图 5-2 K 型汽油喷射、三元催化剂及反馈系统布置示意图

5.3.1 前处理净化技术

前处理净化技术是指对混合气在进入气缸前为控制排放对燃料和空气所采取的措施，实质是燃油处理技术。燃油处理技术主要是通过改善汽油品质或在汽油内加入添加剂，或者清洁能源液化石油气、压缩天然气以及醇类燃料的使用，使发动机燃烧更充分，减少污染物排放。世界各国对汽油中影响排放的组分开展深入研究，旨在通过提高汽油品质或者使用清洁能源以进一步降低汽油中的硫、苯、芳烃和烯烃含量，从而减少污染物的排放。

5.3.2 机内净化技术

除提高汽油品质外，采用电子新技术改善发动机燃烧性能也是减少污染物排放的重要途径，主要包括以下几方面。

1. 燃烧系统优化

燃烧系统优化技术包括燃烧室形状优化、改善气缸内气流运动、合理提高压缩比。

2. 闭环电子控制技术

闭环电子控制技术是通过电子控制系统精确控制空燃比和点火，是目前汽油发动机排放控制的主流技术。

3. 可变进排气正时系统

采用多气门技术，减少进气阻力，提高充量系数。采用气门连续可变正时控制和升程控制技术实现发动机随转速和工况的变化达到最佳的充气效率，这是使尾气排放达到欧洲标准的一种重要技术。

4. 废气再循环控制系统

废气再循环控制技术是一项广泛应用的技术，用来降低 NO_x 的排放。通过使一部分废气流回进气管来降低最高燃烧温度，抑制热力型 NO 的生成。另外也可以对油箱进行封闭处理，可有效减少废气的产生，如图 5-3 所示封闭式油箱系统。

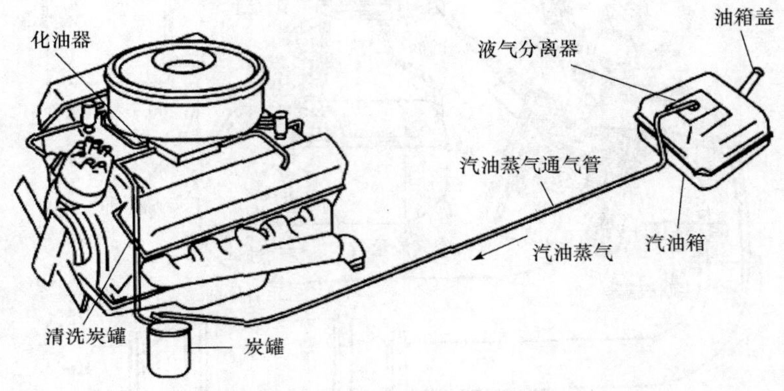

图 5-3　某汽车公司封闭式油箱系统

5. 稀薄燃烧技术

由于闭环电喷系统是以牺牲经济性为前提，稀薄燃烧技术是为了兼顾汽车排放经济性和排放标准而开发的，主要采用稀燃、速燃和层燃技术。采用稀薄混合气，可较全面地降低有害排放物和提高压缩比，既减少了污染物排放，又提高了汽车的经济性。

6. 汽油机直喷技术

汽油机直喷技术是将汽油直接喷到燃烧室内与空气混合、燃烧。汽油机直喷技术和稀薄燃烧技术是相结合的，直喷技术使均匀燃烧和分层燃烧成为现实，极大地提高混合气的混合程度，更精确地控制燃烧过程的空燃比，有效降低了未燃物的排放。汽油机直喷技术可增大发动机的压缩比，提高发动机的热效率，节约能源，缸内直喷是当前轿车的前沿技术。

5.3.3　机外净化技术

机外净化技术即汽车尾气净化技术，是指在发动机的排气系统中进一步削减污染物排放的技术。不同燃油类型的控制方法也有所不同。主要介绍汽油车和柴油车的尾气控制技术。

1. 汽油车控制技术

常见的汽油车排气后处理装置有空气喷射装置、热反应器、氧化型催化转化器、还原型催化转化器、三效催化转化器等。氧化型和还原型催化转化器分别用来净化排气中的 HC、CO 和 NO_x，对于汽油车尾气控制这些技术目前已经被三效催化净化技术所取代。

三效催化转化器是在 NO_x 还原催化转化器的基础上发展起来的，能同时对 CO、HC 和 NO_x 三种成分进行高效净化。但只有将空燃比精确控制在理论空燃比附近很窄的范围内（一般为 14.7±0.25），才能使三种污染物同时得到净化。为了满足在不同工况下均能严格控制空燃比的要求，通常采用以氧传感器为中心的空燃比反馈控制系统，这种系统只有在汽油喷射发动机上才能实现。最常见的氧传感器是 ZrO_2（氧化锆）传感器。

典型的汽车尾气催化转化器使用多孔蜂窝陶瓷载体，表面涂覆 Al_2O_3（增大比表面积），负载铂（Pt）、钯（Pd）、铑（Rh）等贵金属或其他催化剂。除陶瓷载体外，也有使用金属载体的。由于气体排气温度变化范围大，运行路况复杂，因此，对催化剂载体的机械稳定性和热稳定性要求都很高。

图 5-4 为三效催化转化器结构示意图。三效催化剂一般由贵金属、助催化剂（CeO_2 等稀土氧化物）和载体 γ-Al_2O_3 组成，虽然有关学者对稀土、过渡氧化物催化剂也进行了大量的研究开发，但实际应用非常有限。稀土氧化物本身在催化反应中没有活性，但它与过渡金属氧化物相结合能显著提高催化剂的活性。例如，CeO_2 具有很好的储氧能力，常作为缓冲空燃比变化的助催化剂。而对于催化剂而言，汽油中的铅（Pb）会使催化剂永久中毒，因此，应用此三效催化转化器的前提条件是必须使用无铅汽油。除铅以外，汽油中较高的硫含量也会降低催化转化器的效率，虽然这种效应一定程度上是可逆的，但随着全球性的汽车尾气排放法规的日益严格要求，进一步降低汽油中的硫含量已成为汽油清洁化的必然趋势。

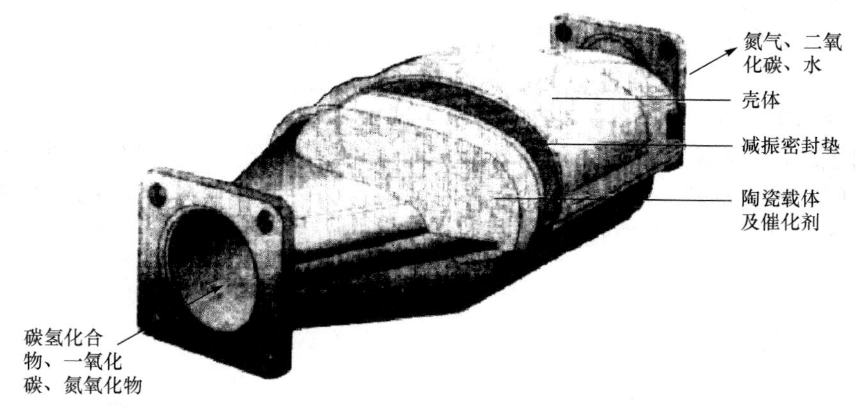

图 5-4　三效催化转化器结构示意图

2. 柴油车控制技术

柴油车尾气净化处理技术主要有催化转化法、过滤捕集技术和 HC 吸附技术。由于柴油机的排放污染物中含有大量微粒，这些微粒主要靠过滤器、收集器等装置来捕获，然后通过清扫或燃烧的办法去除，使颗粒捕集器再生后循环利用。

1）催化转化技术

柴油机中催化剂的净化率除了取决于催化剂本身的物理、化学性质外，还取决于催化剂的使用条件，尤其温度对催化反应器净化效率有决定性的作用。在柴油机使用条件下，影响催化剂的主要是排气温度，而排气温度又随负荷而变化。因此，负荷对催化剂的净化率起决定作用。负荷越大，CO、HC的净化率越高。催化反应器分为整体式和颗粒式，其结构见图5-5。

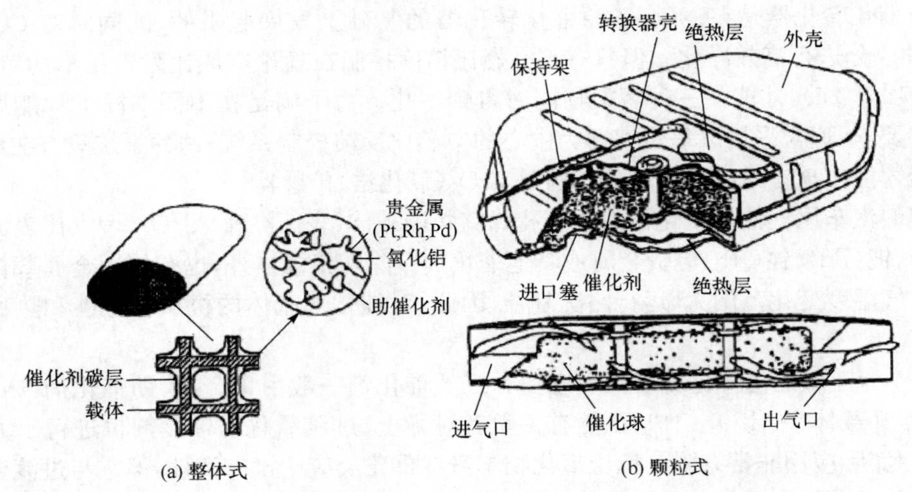

图5-5　催化器的构成

2）颗粒过滤器

颗粒过滤器是减少柴油机颗粒物排放的一种废气处理装置，即先用过滤器过滤废气中的颗粒物，然后通过对过滤器中的颗粒进行氧化来清洁过滤器（使颗粒发生氧化反应生成 CO_2 随排气一起排入大气），整体式过滤器过滤芯示意图见图5-6。颗粒过滤器的过滤效率一般为60％～90％。陶瓷介质孔径的大小、壁厚、壁孔的密度及过滤器的外形尺寸是影响过滤效率的主要因素。

3）HC吸附器

HC吸附器常作为催化转化器的预处理装置，常采用沸石为吸附剂（图5-7），利用沸石在低温时对HC的吸附量较大，而随着排气温度升高后，又能将HC释放出来，然后再利用后续的催化剂催化转化，可以解决催化转化器低温时效率低的问题。

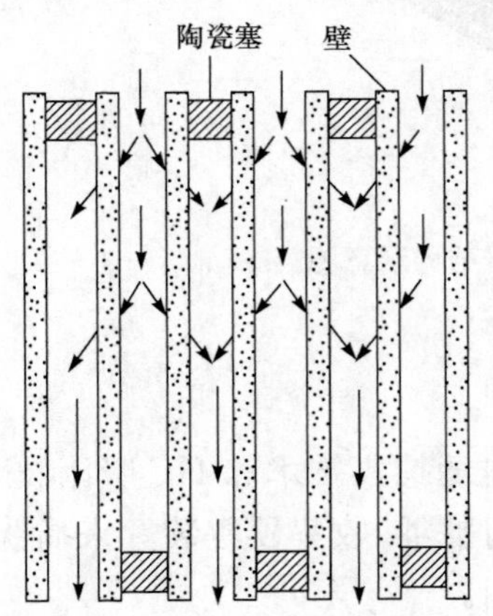

图5-6　整体式陶瓷蜂窝过滤器过滤芯示意图

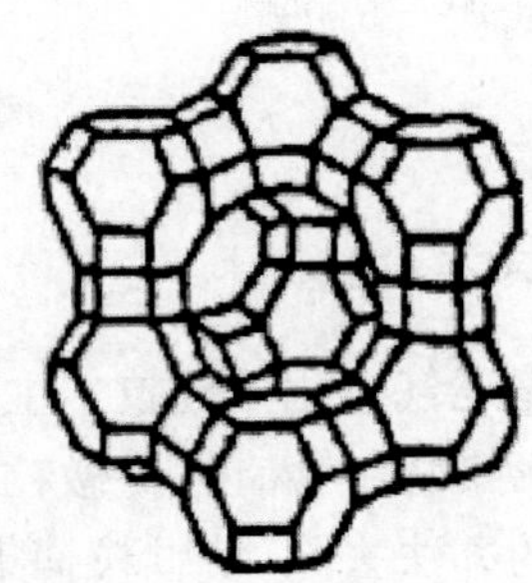

图5-7　X形沸石分子筛的晶体结构

5.4 机动车污染物治理方案

5.4.1 汽车尾气净化

近年来由于电子技术、催化技术的发展以及微机自动控制程序的应用，使空燃比能严格控制在 14.7±0.1 的精度，三元催化剂使三效催化反应器的设计、制造和应用成为现实。三效催化净化工艺示意流程图见图 5-8。

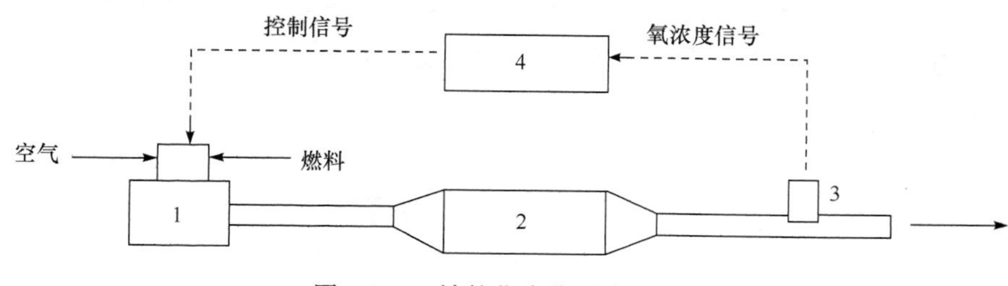

图 5-8 三效催化净化系统示意图

1. 发动机；2. 催化反应器；3. 氧感受器；4. 控制器

汽车发动机排出的废气经三效催化反应器的净化，排气中的 HC 和 CO 通过催化氧化反应可转变成无害的 CO_2 和 H_2O，而 NO_x 通过催化还原反应可转变为无害的 N_2，净化后的气体可直接排入环境。在排出口处装有氧感受器，可随时将排气中的氧浓度信号传给控制器，以供控制器调整空燃比。实验证实当空燃比严格控制在 14.7±0.1 范围时，HC、CO 和 NO_x 三者的转化率均大于 85%。当空燃比小于此值时，反应器处于还原气氛，NO_x 的转化率升高，而 HC 和 CO 的转化率则会下降；反之当空燃比大于此值时，反应器处于氧化气氛，HC 和 CO 的转化率会提高，而 NO_x 的转化率则会下降。因此该净化系统的关键部件是氧传感器。

5.4.2 柴油车尾气净化

柴油车的排气污染物主要是黑烟，尤其是在特殊工况下，当柴油车加速、爬坡、超载时冒黑烟现象更为严重。这是由发动机的燃烧室内燃料与空气混合不均匀，燃料在高温缺氧情况下发生裂解反应，形成大量高碳化合物所致。影响炭烟黑度的因素较多，而且柴油车排气中颗粒物、一氧化碳、烃类化合物、氮氧化合物等有害物对大气污染也很严重，因此可对机前、机内、机外分别采取防治措施。

1. 机前的预防

与汽油车的机前措施相同，首先考虑燃料的改进与替代，开发新的能源；其次可在燃料中添加含钡消烟剂，例如，加入碳酸钡可降低炭烟的浓度。在柴油中添加不同含量的钡盐，其消烟效果见图 5-9。

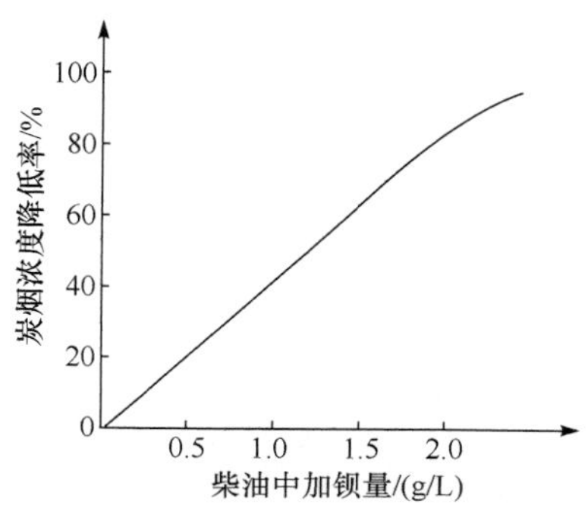

图 5-9 碳酸钡加入量对炭烟浓度的影响

2. 机内净化措施

(1) 改进进气系统。经验证明空燃比较高时，由于混合气中燃料的量较多，燃烧不完全会造成排气中炭烟黑度增加，可通过调节空燃比、增加空气量来减少炭烟黑度。

(2) 改变喷油时间。加大喷油提前角，即提早喷油的时间，可使更多的燃油在着火前喷入燃烧室，加快燃烧速度而使炭烟黑度降低。但是过早喷油会引起更大的燃烧噪声，并增加 NO_x 的排放，因此喷油时间应严格控制。

(3) 改进供油系统。改进喷嘴结构，提高喷油速度，缩短喷油的持续时间，也可以使烟黑度降低。

3. 机后处理

对发动机排放的黑烟主要采用过滤法进行后处理。过滤法是将排气通过水层，使水蒸发，经冷却达到过饱和状态，形成以炭尘为核心的水滴，该水滴被过滤后，排气得到净化，此方法可消除 90%的炭烟。过滤系统见图 5-10。

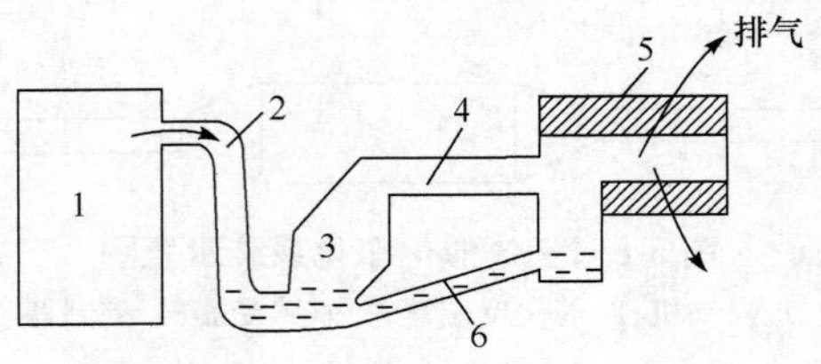

图 5-10 炭烟过滤装置

1. 柴油机；2. 排气管；3. 蒸发器；4. 冷却管；5. 过滤器；6. 冷凝水回流管

在蒸发器内，水中加入 0.3%的 NaOH 溶液可同时去除排气中的 SO_2 和甲醛等。尽管这种方法的除烟效果较好，但是其装置笨重(通常重达 100kg)，每天需加水和清洗过滤器。

思考题及习题

5-1 机动车主要排放哪四种污染物？各自有什么特性？

5-2 机动车污染物有哪些危害？

5-3 机动车排放的 CO、HC、NO_x、颗粒物这四种污染物分别如何产生？

5-4 机动车污染物的控制方法都有哪些？

5-5 机外净化技术有哪些？汽油车和柴油车的尾气处理有什么区别？

第 6 章　磷化氢废气资源化及污染控制

6.1　磷化氢的来源及危害

6.1.1　磷化氢废气的主要来源

除稻田、河流、海洋等自然地产生外，磷化氢(PH_3)废气的主要来源是人类的工农业生产活动，如黄磷和电石、次磷酸钠、工业半导体的生产等。黄磷生产对于我国的工农业发展具有重要的意义，而目前我国许多企业都通过电炉法来生产黄磷，在此过程中导致大量的尾气产生，其中含有高浓度的磷化氢废气，此外，硫化氢也较多，已经成为黄磷工业发展的瓶颈。同时，对电炉法过程中产生的泥磷，大多数企业均采取蒸馏法提取黄磷，可是此法中均有磷化氢废气释放，因此对工艺的安全操作影响较大。

电石作为我国重要的工业原料，有“有机合成工业之母”之美誉，2010 年我国电石产量总计达 1462.3 万 t，居世界首位。在电石制造中也会产生许多高浓度磷化氢混合废气。考虑电石废气存在多种多样及较为复杂的杂质，对电石废气进行处理和治理的难度较大，因此我国许多电石企业尚未有可靠的处理手段，而是通过燃烧的方法进行废气的处理。国内乙炔制造行业通常采取电石法生产，但是由于此方法中产生的乙炔气体浓度高，并且常常含 PH_3、H_2S 等有毒有害物质，进而大大影响乙炔的应用范围。在次磷酸钠制造过程中也会导致高浓度磷化氢废气的产生，如何在生产具有高价值的次磷酸钠的同时将磷化氢废气处理好是次磷酸钠工业的重中之重。而在国外，磷化氢污染的主要来源是半导体制造业，因为高浓度磷化氢废气在半导体、化合物半导体及液晶显示材料等制造过程中都有排出，不仅造成环境污染和危害人体健康，也大大地影响企业的经济利益。

6.1.2　磷化氢的危害

PH_3 的毒理学研究表明，哺乳动物吸入高浓度 PH_3，将立即出现疲乏、不安，继而躲闪、惊厥的症状，半小时后或更短的时间内即死亡。人间歇性地暴露于 PH_3 浓度≤0.4mg/m^3 环境中，数日后即出现头痛症状；当浓度达到 1.0～10.0mg/m^3 时，则出现眩晕、恶心及呕吐症状；当浓度高于 47mg/m^3，将导致腹泻、上腹部及胸骨疼痛，伴有心悸症状；高浓度 PH_3 条件下，人体中毒后出现肺水肿、脑周围小血管出血及肾脏损伤等病理反应，还往往并发尿毒症。PH_3 的毒理作用列于表 6-1。

表 6-1　PH_3 的毒理作用

PH_3 浓度/(mg/m^3)	中毒症状
＞2700	立即死亡
540～800	30～60 分钟死亡
140～270	1 小时后有生命危险
＞10	数小时后有严重影响
＞7	6 小时后有中毒状况

6.2 磷化氢废气治理技术

针对 PH_3 导致的环境污染问题，结合 PH_3 的性质及用途，对 PH_3 工业废气的处理，一种是将尾气直接燃烧生产稀磷酸产品，另一种是将废气回收生产黄磷产品。也有将其分为干法和湿法两类。

6.2.1 化学氧化法

化学氧化法是利用 PH_3 的强还原特性，通过强氧化剂的氧化作用对其进行净化处理，通常采用浓 H_2SO_4、$KMnO_4$、NaClO、H_2O_2、$Ca(ClO)_2$ 等作为氧化剂。

此外，也可用浓硫酸氧化吸收 PH_3 气体，使 PH_3 被浓硫酸氧化成磷酸，此法不足之处在于浓硫酸的强腐蚀性对设备的要求较高，此外废酸还需进一步处理。NaClO 氧化 PH_3 的反应速率非常快，程建忠等研究了次氯酸钠氧化吸收 PH_3 的最佳工艺条件，制得合格的次磷酸钠产品。

常用的化学氧化法处理磷化氢的原理及特征见表 6-2。

表 6-2 不同化学氧化法的原理和特征

吸收剂	工作原理	特征
H_2SO_4	$PH_3+4H_2SO_4 \longrightarrow H_3PO_4+4SO_2+4H_2O$ $SO_2+2NaOH \longrightarrow Na_2SO_3+H_2O$	反应过程放热，必须进行降温，控制反应温度在 30℃左右
NaClO	$ClO^-+H_3O^+ \longrightarrow HClO+H_2O$ $PH_3+HCl+O \longrightarrow [PH_3O]+H^++Cl^-$ $[PH_3O]+ClO^- \longrightarrow H_3PO_2+Cl^-$ 总反应为： $PH_3+2NaClO \longrightarrow H_3PO_2+2NaCl$	产品为高经济价值的次磷酸钠，污染少，但存在磷化氢吸收率不高等问题
$KMnO_4$	$PH_3+2KMnO_4 \longrightarrow K_2HPO_4+Mn_2O_3+H_2O$ $4PH_3+6KMnO_4 \longrightarrow 3Mn_2O_3+2K_2HPO_3+2KH_2PO_3+3H_2O$	连续操作性差，存在二次污染问题少
H_2O_2	在酸性或中性介质中主要化学反应如下： $2H_2O_2+PH_3 \longrightarrow H_3PO_2+2H_2O$ $3H_2O_2+PH_3 \longrightarrow H_3PO_3+3H_2O$ 在碱性介质中反应为： $2H_2O_2+PH_3+OH^- \longrightarrow H_2PO_2^-+3H_2O$ $3H_2O_2+PH_3+2OH^- \longrightarrow HPO_3^{2-}+5H_2O$	反应速率较慢，需投加催化剂；在酸性介质和碱性介质中反应生成的产物不同
$Ca(ClO)_2$	$2Ca(ClO)_2+PH_3 \longrightarrow H_3PO_4+2CaCl_2$ $Ca(ClO)_2+2H_2O \longrightarrow Ca(OH)_2+2HClO$ $2HClO \longrightarrow 2HCl+O_2$ $HClO+HCl \longrightarrow H_2O+Cl_2$ $Ca(ClO)_2+H_2O+CO_2 \longrightarrow CaCO_3+2HClO$ $Ca(ClO)_2+4HCl \longrightarrow CaCl_2+2Cl_2+2H_2O$	$Ca(ClO)_2$ 吸收磷化氢的能力极强，但是吸收液再生及产品回收等问题仍然需要进一步研究

6.2.2　吸附法

常见吸附 PH_3 的方法是利用浸渍活性炭作吸附剂，德国 Wilde Jurgen 的专利技术采用硫化活性炭吸附 PH_3，可使废气中 PH_3 浓度从 500ppm 降至 0。

也有直接采用活性炭吸附净化废气中 PH_3 的专利，以煤质活性炭作载体，Cu、Hg、Cr、Ag 四种离子作为活性组分，然后通过实验确定四种金属离子的最优浓度。在最适宜条件下，PH_3 气体浓度可从 1450mg/m^3 降至 0.5mg/m^3，吸附处理效果较好。实验结果见表 6-3。

表 6-3　浸渍活性炭处理 PH_3 的效果

净化时间/min	9	10	13	15	17	19	21	23
出口浓度/(mg/m^3)	0.0120	0.0159	0.0239	0.0359	0.0678	0.1396	0.2514	0.3990

同样还有研究者们采用金属氧化物作为吸附剂的专利中，对 PH_3 气体进行吸附净化，净化原理是先将 PH_3 气体加热，使之分解为磷蒸气，然后用装有硅、氧化钙及氧化铜的吸附装置，在不同温度下依次进行吸附，吸附的同时磷被氧化，最终达到净化的目的。

国外也有学者研究了磷化氢气体在以铜为代表的金属表面的吸附，结果表明不同的实验温度会导致不同的实验结果。在低温状态下，磷化氢气体以分子形态在金属铜的表面富集，形成一个磷化氢薄层；而当温度升高时，已经吸附的磷化氢气体会从吸附状态释放，释放时磷化氢分解成为磷蒸气和氢气。

此外还有低温吸附法。低温吸附指温度低于 10℃，利用氧化锰、氧化铜等进行 PH_3 吸附。按吸附材料的不同，吸附法主要分为活性炭吸附法、金属吸附法及金属氧化物吸附法。

1）活性炭吸附法

德国采用硫改性后的活性炭吸附磷化氢，可使磷化氢浓度从 500ppm 降到 0。

2）金属吸附法

用金属铜吸附磷化氢，在低温时磷化氢以分子态被吸附，然后升高温度可以使吸附在金属铜表面的磷化氢分子分解，不能以分子形态脱附。

3）金属氧化物吸附法

有专利报道，首先使磷化氢在高温下分解，生成磷蒸气；然后通过反应器，在反应器内装有硅、氧化钙、氧化铜，设置不同的温度，使磷化氢在反应器内被氧化去除。

6.2.3　燃烧法

此法是利用黄磷、电石尾气二者都具有的一定的热值，在燃烧条件下将磷化氢燃烧后再去除，利用磷化氢可燃特性而将其去除的工艺流程如图 6-1 所示。燃烧法已经广泛地在次磷酸钠工业中产生的高浓度磷化氢治理中得到应用。虽然燃烧法能完全地去除磷化氢，但是此方法不能合理利用尾气中含有的大量磷化氢资源，将导致资源和能源损失。目前，我国许多次磷酸钠厂家都利用燃烧法处理磷化氢废气，其方法是将通入的磷化氢与空气相互混合发生燃烧并生成磷酸烟雾，最后用水吸收而制得工业磷酸，燃烧法可在一定程度上有效地利用磷资源。

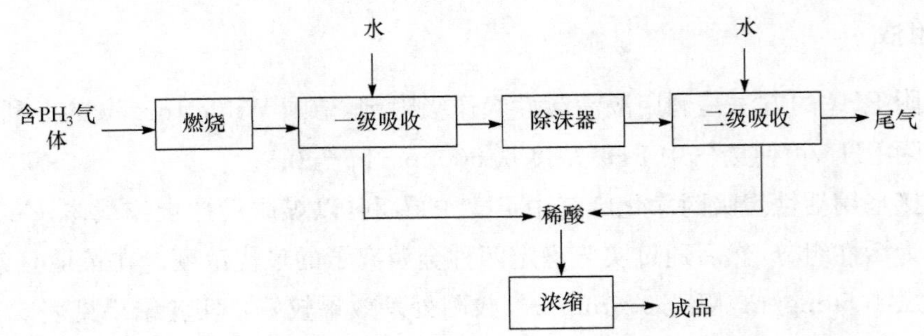

图 6-1 燃烧法净化 PH_3 工艺流程

6.2.4 制取高纯磷法

早在20世纪80～90年代，国外已经有将次磷酸钠工业生产过程中产生的磷化氢尾气在催化剂的作用下转化为高纯磷的先例，且生产出来的黄磷产品可以达到优质半导体级别。我国采用CoP非晶合金催化分解磷化氢制备高纯磷，取得了重大成果，制得的黄磷产品同样可以达到半导体级别，提高了厂家的经济效益。

6.2.5 制取阻燃剂法

我国研究者提出利用适当的催化剂使磷化氢转化为盐系阻燃剂（具有 R_4PX 结构的含磷有机化合物）。以磷系阻燃剂四羟甲基氯化磷（THPC）为代表，其化学反应式如下：

$$PH_3 + 4HCHO + HCl \xrightarrow{Cat} (HOCH_2)_4PCl$$

此法在江浙地区得到较好的应用。此外，还可根据市场需要，将磷化氢转化为阻燃剂四羟甲基硫酸磷（THPS）。目前合成阻燃剂 THPC 未使用催化剂，PH_3 的转化率在60%左右，不能彻底消除 PH_3 的污染。而在化工领域，锌、铝、铜等离子常被用作有机合成过程的催化剂。有专利和文献报道乙醚可作为 THPC 合成的催化剂。以蒎烯为原料，在负载了氯化锌的阴离子交换树脂上，与多聚甲醛合成诺卜醇，诺卜醇产率达到64.2%。由此表明氯化锌具有催化醛基的作用。以三氯化铝作催化剂，将十二烯和硫化氢合成叔十二硫醇，叔十二硫醇转化率达到80%。

综上所述，磷化氢虽然属于高毒物质，但在粮储领域已有60多年的使用历史，在电子工业领域作为特种电子气体使用。另外，其在天体化学、纳米材料等方面也有重要的作用。此外，用 PH_3 制备阻燃剂也有很好的应用前景。

6.3 磷化氢废气治理工程案例

6.3.1 贵阳某烟厂烟库 PH_3 净化工程案例

1. 生产状况

贵阳市某烟厂，为了减少烟草储存过程中因害虫所造成的经济损失，于每年春、秋两季分别进行磷化氢熏蒸杀虫。但是由于该烟库位于市区，库房周边10km内有较多居民区，每次熏蒸结束后残留的低浓度磷化氢气体若不经处理直接排放，将严重危害周围居民的人身健康。因此，该烟厂以其中一烟库为场地，设计和加工磷化氢净化工业样机，建立示范线。设计参数见表 6-4。

表 6-4　设计参数

参数名称	单位	数值
库房体积	m^3	2000
烟包体积分数	%	60
实际气体体积	m^3	800
磷化氢质量浓度	mg/m^3	～700
风量	m^3/h	500
风压	Pa	5000
吸收剂用量	kg	500
吸收剂堆密度	kg/m^3	550
吸收剂吸收容量	mg/g	25

2. 工业样机的选型与设计

工业样机即磷化氢净化主体设备，由进气法兰、64 个料盒元件、蜂窝式框架等组成。

1）材质选择

磷化氢对铜、铝具有较强的腐蚀作用，因此，吸收设备采用 304L 不锈钢材质，同时考虑到次氯酸钙对铁具有一定的腐蚀作用，加工成型后须对其进行喷漆处理。

2）净化设备的选型

径向流通式固定床可以显著降低床层压降，因此工业样机净化设备采用径向固定床，并对传统的径向固定床进行了优化，如图 6-2 所示。

图 6-2　优化后的固定床

优化后的径向固定床主要由多个料盒元件和蜂窝式框架组成，固体吸收剂平铺装入料盒中，料盒平推进蜂窝式框架，再由固定在框架“蜂窝”上的支架支撑起来，并通过粘在料盒上的橡胶垫圈实现密封作用，保证了良好的气密性。优化后的径向固定床对空间的利用程度更高，同时在吸收剂的外部设置了百叶窗，可以有效防止烟尘的出入。

3）净化设备的设计

净化设备设计与加工图见图 6-3，实体图见图 6-4。

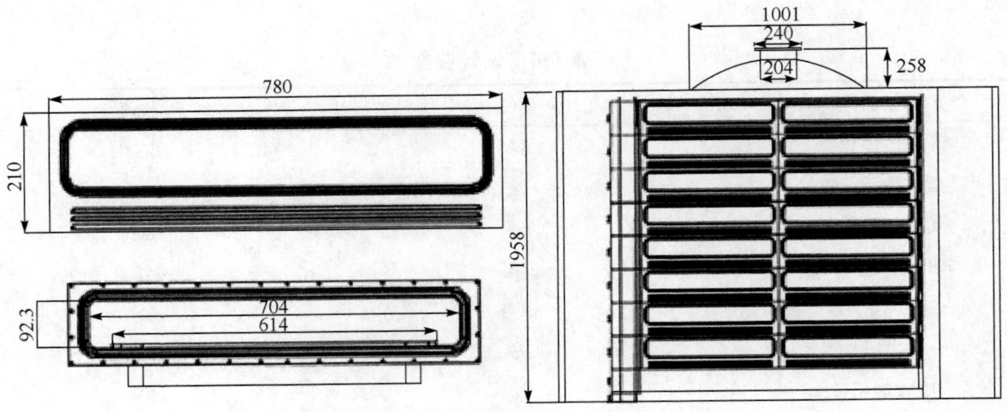

图 6-3　净化设备(蜂窝框架)设计图(单位:mm)

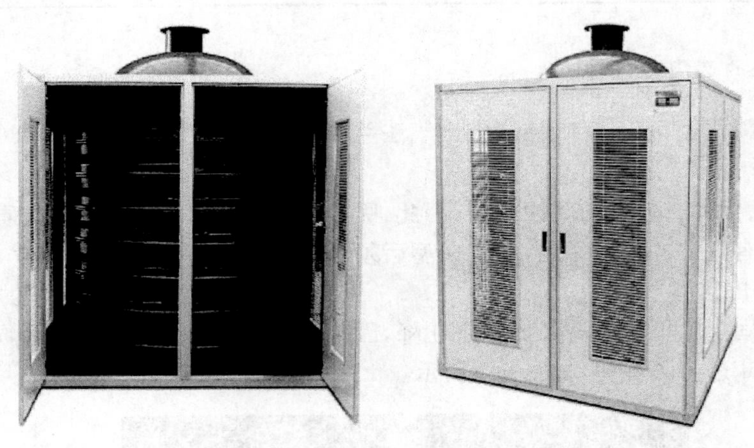

图 6-4　主体净化设备的实体图

3. 辅助设施的选型与设计

1) 管道设备的设置

根据库房结构和布局的不同,在仓库正门墙体的一侧安装排气管道,在墙体的另一侧安装送风管道,在风机的作用下,使库内形成一定的负压,使磷化氢由送风口向排气口输送。管道材料选用了具有耐腐蚀性的 UPVC 阻燃专用风管,此管内壁光滑,阻力较小,处理的效率和安全性较高。

2) 风机的选择

磷化氢具有较强的腐蚀性和易燃易爆性,所以在风机的选择上需要十分谨慎,除了能够提供所需的风压大小以及气体流量,还应有耐腐蚀性和防爆型,应符合 GB/T 17913—2008 要求。

3) 环境监测报警设备

采用磷化氢气体检测报警仪对磷化氢气体浓度进行检测以及预警。并用无线信号采集器收集检测仪发出的无线信号,直接传至主控制室。操作人员可在与仓库内气体完全隔离的环境下对库内外的磷化氢浓度进行实时监测。以 5 层楼高、"工"字形烟叶库房为设计对象,其环境监测系统示意图如图 6-5 所示。

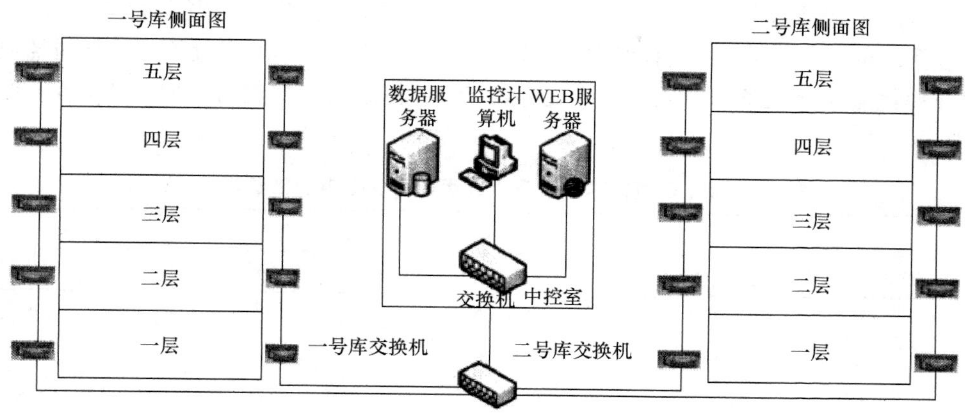

图 6-5　环境监测系统示意图

4. 运行情况与结果分析

烟叶仓库内磷化氢浓度须维持在一定的浓度范围内才能够起到杀灭害虫及虫卵的作用，磷化氢气体净化设备正式运行前仓库内磷化氢浓度定为 850～1150mg/m³。净化后，按照《工作场所有害因素职业接触限值第 1 部分：化学有害因素》规定，磷化氢处理设备净化完成后仓库内的磷化氢浓度应小于等于 0.3mg/m³。

在该烟叶仓库中投放适量磷化铝进行熏蒸杀虫实验，在烟叶仓库中随机选择 4 处放置磷化氢检测仪，对仓库内磷化氢浓度进行监测，实验结果如表 6-5 所示。

表 6-5　烟库熏蒸过程中磷化氢浓度变化监测记录

时间/h	库内磷化氢浓度/(mg/m³)			
	1#	2#	3#	4#
0	11.1	9.8	11.1	9.8
0.5	21	15	21	15
2	41	38	41	38
4	68	63	68	63
6	99	93	99	93
8	122	116	122	116
10	158	152	158	152
12	195	189	195	189
14	233	227	233	227
16	270	264	270	264
18	317	311	317	311
20	356	348	356	348
22	416	405	416	405
23	984	959	984	959
27	1097	1085	1097	1085

表 6-5 中数据显示，27h 后仓库内磷化氢浓度达到磷化氢气体净化设备正式运行前仓库内磷化氢浓度一般要求的 850～1150mg/m^3，此时进行磷化氢净化处理实验可以验证磷化氢净化处理系统的安全可靠性。启动磷化氢净化系统，除了在仓库内安置的 4 处随机监测点外，在仓库外磷化氢净化设备出口处设置两处监测点，对磷化氢浓度进行实时监测，结果见表 6-6 和表 6-7。

表 6-6　磷化氢气体净化设备正式运行后仓库内磷化氢变化情况

时间/h	库内磷化氢浓度/(mg/m^3)			
	1#	2#	3#	4#
0	1097	1085	1097	1085
0.5	836	827	836	827
1	687	653	687	653
1.5	458	477	458	477
2	348	365	348	365
3	197	200	197	200
3.5	153	156	153	156
4	128	128	128	128
6.5	74	71	74	71
8.5	18	17	18	17
10.5	<0.01	<0.01	<0.01	<0.01

表 6-7　磷化氢气体净化设备正式运行后仓库外磷化氢变化情况

时间/h	库外磷化氢浓度/(mg/m^3)	
	5#	6#
0	<0.01	<0.01
0.5	<0.01	<0.01
1	<0.01	<0.01
1.5	<0.01	<0.01
2	<0.01	<0.01
3	<0.01	<0.01
3.5	<0.01	<0.01
4	<0.01	<0.01
6.5	<0.01	<0.01
8.5	<0.01	<0.01
10.5	<0.01	<0.01

表 6-6 和表 6-7 数据说明，磷化氢净化设备运行过程中，库外磷化氢浓度始终≤0.01mg/m^3，净化效果达到合格。磷化氢净化设备运行 10.5h 后，库内磷化氢浓度≤0.01mg/m^3，可以进入库内正常工作。

6.3.2　黄磷尾气净化后用于碳-化工合成气工程

1. 项目概况

云南某黄磷厂黄磷尾气净化工程于 2008 年 9 月建成投产，工程总投资约 1800 万元。安全稳定运行至今。

2. 主要工艺原理

黄磷尾气(含 HCN、PH_3、H_2S、COS、CS_2 等有害杂质)经换热器加热至 150～200℃后送至催化水解反应器，90%以上的 HCN 和 85%以上的 COS、CS_2 可分别被水解成为 NH_3 和 CO、H_2S 和 CO_2；之后，混合气进入选择性催化氧化反应器，PH_3 和 H_2S 被催化氧化成 P_2O_5 和 S，催化氧化单元中根据净化成本和净化气杂质指标要求采用不同的催化剂净化，使用 ZP-1 催化剂净化后 PH_3、H_2S 含量均低于 20mg/Nm^3，满足普通锅炉燃气要求；使用 ZP-2 催化剂净化后 PH_3、H_2S 含量均低于 10mg/Nm^3，满足电厂锅炉燃气要求；使用 ZP-3 催化剂净化后 H_2S 含量低于 1mg/Nm^3，PH_3 含量低于 0.1mg/Nm^3，满足材料制备燃气要求。经过催化氧化净化后的混合气中仍含有一定量的 H_2S、HCN、COS 和 CS_2，HCN 在精脱氰反应器中被进一步去除，出口气流中 HCN 含量可降至 1.9mg/m^3 以下；经过精脱硫反应器后，气流中 H_2S、COS 和 CS_2 含量也可降至 0.1mg/m^3 以下；HCN 水解产生的 NH_3 在选择性催化氧化反应器中被氧化成 N_2，催化氧化效率可达 90%以上，该气体可满足碳-化工原料气要求。

3. 主要技术指标

2011 年 5 月由第三方检测中心对净化装置原料气、洗涤净化出口、固定床催化净化出口、水解精脱出口等进行检测的结论：黄磷尾气净化制碳-化工原料气工艺水解精脱出口 PH_3、HCN、H_2S、COS、CS_2、粉尘及焦油等均低于最低检出浓度。采用的分析方法标准、各组分最低检出浓度分别为：HCN 0.009mg/m^3(GBZ/T 160.29—2004)，PH_3 0.001mg/m^3(GBZ/T 160.30—2004 气相色谱法)，硫化物 0.02mg/m^3(GBZ/T 160.33—2004 气相色谱法)，粉尘 0.2mg/m^3(GBZ/T 192.1—2007)。

4. 运行效益分析

据 2011 年 1～12 月实际运行情况，水、电、粉、气、管理等运行费用约为 20.04 万元/年，年维修费用约 18.33 元。单位运行成本 65.3658 元/千 m^3。该项目年净化黄磷尾气 1.638 亿 Nm^3，年产值 5896 万元，年利润 2839 万元。

思考题及习题

6-1　磷化氢对环境有何危害?

6-2　磷化氢废气的主要工业来源有哪些?

6-3　磷化氢废气的治理方法有哪些? 各种方法的优缺点如何?

第7章　重金属废气污染控制

《重金属污染综合防治"十二五"规划》明确提出重金属污染防治目标，即到2015年，重点区域铅、汞、镉、铬和类金属砷等重金属污染物的排放比2007年削减15%，非重点区域重点重金属污染物排放量不超过2007年水平，重金属污染得到有效控制。本章主要介绍重点重金属污染物的控制。

7.1　大气重金属污染来源及特点

7.1.1　大气中重金属污染的来源

大气中重金属污染主要来源于工业生产、燃料燃烧、矿山开采、汽车尾气和汽车轮胎磨损等，不同的重金属元素其来源也各不相同。

工业生产如金属冶炼厂、火力发电厂以及各种化学工业产生大量含有重金属的颗粒物，在风力的运输过程中，部分重金属物质将发生化学转化，生成毒性更强的二次污染物。道路交通的重金属污染源呈带状分布，主要来自汽油和汽车轮胎磨损产生的含Zn、Cu、Fe等粉尘。随着机动车尾气排放量的迅猛增加，城市空气中以Pb、Cd、Cu、Zn为代表的重金属污染物含量急剧上升。铅的污染主要来自蓄电池、冶炼、五金、机械、涂料和电镀工业等行业以及汽车尾气。镉的污染主要来自于电镀、染料、采矿、冶炼、化学制品、塑料工业、合金及一些光敏元件制备等行业。镍污染主要来源于工业污染和矿山开采。

7.1.2　大气重金属污染的特点

1. 大气重金属污染的特征

大气中的重金属主要是指吸附在大气颗粒物上的有毒有害重金属成分，其污染具有以下几方面的特征。

(1) 来源广泛。诸如工业生产活动、建筑施工过程、道路交通及燃料燃烧等各种人类活动都会向环境空气中释放重金属，释放至大气中的重金属物质在一定的气象条件下又有迁移变化的潜在危险，从污染本质上为互为源汇的特点。

(2) 生物富集、不可降解、持久毒性。重金属一旦进入环境体系，则为永久性潜在污染物质，无法被生物分解，在环境中的转化只是不同价态间的改变。大气中的重金属是向生态系统输入和富集最重要的外源之一，其中重金属镉、铬、镍等兼具致癌性，通过直接摄入或生物食物链传递，最终危害人类健康。

(3) 重金属的化学形态分布与粒径的关系各有不同。地壳元素Si、Fe、Ca、Mg等常以氧化物形式存在于粗颗粒中，Zn、Cd、Ni、Pb等则大部分存在于细粒子中，总体上表现为颗粒越小，环境活性越大。

(4) 大气中的重金属具有催化协同作用。其主要表现为能催化氧化众多化学物质，催化大气中有机物的光化学反应，从而影响大气污染物的转化，此外，与持久性有机污染物的协同作用，可以产生很强的协同毒理作用，最终危害人体健康。

2. 大气重金属污染的危害

大气中重金属对环境和人体健康的危害，一方面通过干、湿沉降转移、累积到地表土壤、地表水体及附着于植物叶片，再经过一定的生物化学作用，最终转移至动植物进而进入人体内；另一方面通过人的呼吸作用直接进入人体内，其最终在人体内沉积的部位由粒径的大小决定，吸入颗粒物 PM_{10} 中较粗粒子一般沉积在支气管部位，细粒子则更易沉积在细支气管和肺泡，并可能进入人体的血液循环。

7.2 大气重金属污染控制技术

由于重金属大多吸附在其他物质(多为颗粒物)上，目前对重金属的治理主要采取除尘的方式。从除尘工艺来看，存在湿法除尘和干法除尘两种方式。

1. 湿法除尘

由于烟气具有高温高黏的特点，湿式除尘设备耐高温、抗黏结性能较好，早期大多选用湿式除尘的方法。其基本原理是化学吸收法，以碱性溶液作为吸收剂，利用中和及氧化还原方法，去除废气中的重金属及酸根离子，再将废液收集至废水处理设施中再处理。但对于冶炼烟气而言，由于烟气中常常带有大量油腻的碳粒，而这些碳粒粒径小且亲水性很差，湿式除尘设备无法有效去除，此种方法给企业带来了长期困扰的问题，如沉淀池占用面积大、除尘泥浆难处置、烟尘中有价金属难以回收、除尘装置和引风机腐蚀严重等。因此，湿式除尘方法不适用于控制冶炼烟气中的重金属。

2. 干法除尘

由于湿法除尘的弊端，对于重金属的控制转而从改良干法除尘设备方面展开。结合重金属粉尘的特点，目前应用较多的是高效布袋除尘器及静电除尘器，如抗结露布袋除尘器及立式、旋伞、宽极距静电除尘器。

1) 抗结露布袋除尘器

使用一台风机同时承担抽尘和反吹清灰功能，结构简单，易于维护，操作简便；圆形电磁铁控制阀门，启动及维持电流小，节省电能，不用气源；采用内保温措施，抗结露滤袋，避免了滤袋的结露、堵塞事故的发生；时间继电器控制，价格便宜。

2) 立式、旋伞、宽极距静电除尘器

立式、旋伞、宽极距静电除尘器一般包括6部分：电场本体、锁风卸灰装置、排放系统、振打清灰系统、高压硅整流变压器、电气控制系统，其技术特点是以下三种除尘方式融为一体。

(1) 机械除尘。含尘气体通过旋流装置进入电场，粗大颗粒粉尘在离心力和机械碰撞力的摩擦作用下，被收集落入积灰斗，使含尘气体浓度大为降低。

(2) 高压静电除尘。两个曲率半径相差极大的电极，在施加高压直流电后形成了均匀电场。在曲率半径小的阴极附近，由于电子的定向高速运行，使周围气体产生电离，形成大量的正负离子及电子，在电场力的作用下，向极性相反的电极运动，与粉尘颗粒碰撞并附着，使粉尘荷电，荷电粉尘在电场力作用下，到达收尘电极，将所带电荷释放成为中性粉尘，被黏附在极板上，在极板清灰时，粉尘便落入灰斗中。

(3) 旋流辅助收尘。荷电粉尘不但受到电场力的作用,而且受到旋转的气体离心力作用,增加了电场驱进速度,大大提高了收尘效率。

由于采用了伞式电场和独特的强力清灰方式,可有效避免粉尘在清灰时的二次扬尘。伞式电场下落粉尘与上升气流分开,避免了风对粉尘的吹扬。电场风速高,处理能力大。卧式电除尘器的电场风速控制在 0.8m/s 之内,其他立式电除尘器的电场风速控制在 1.2m/s 之内。抗结露能力强,适应范围大,入口湿度可放宽到 30%。

此外,随着技术的发展,将干法和湿法结合起来应用,也是目前大气重金属治理技术发展的一大趋势。

7.3 某冶炼厂含重金属废气治理工程案例

1. 工程概况

陕西某冶炼厂年生产能力为精铸 10 万 t、硫酸 20 万 t。焙烧制酸工序对锌精矿进行高温氧化脱硫焙烧,脱硫后产生的 SO_2 烟气经过锅炉除尘、双旋除尘、电除尘、空塔洗涤、电除雾、干燥塔、两转两吸工艺生产硫酸,两转两吸后的制酸尾气经氨吸收后排放。制团工序将锌焙砂、精洗煤、黏合剂、中间物料混合后配料制团,对制成的湿团进行干燥,制成干团矿供给焦结蒸馏工序。焦结工序将生团矿在高温条件下和混合煤气加热,将废气温度提高到 950～1050℃,使内部的水分和挥发物蒸发的同时,凭借煤中液相焦体物的黏度,把焙烧矿和其他黏结性的主体有效包围起来,从而形成坚实多孔的骨架。热工工序确保煤气、空气在蒸馏炉内混合燃烧,为焦结矿在罐内进行氧化还原反应提供足够的热量,从而提高蒸馏效率,提高产量和冶炼回收率。冷凝工序将焦结矿加入罐内进行氧化还原反应,氧化锌被还原成气态锌,锌蒸气经过一冷凝器使其冷凝成液态锌,形成粗锌以备精馏。精馏工序将粗锌加入精馏塔内,利用粗锌中杂质具有不同沸点的特性,通过控制不同的温度分馏,使锌与其他杂质分离,从而得到高纯度的锌。漩涡熔炼工序是将蒸馏残渣中含有的固定碳、锌、铅、铜、银及其他有价金属,经过破碎、碾磨、干燥、配兑后加入漩涡炉熔炼,其中部分金属氧化物被还原剂还原后再次氧化经收尘设施富集,铜和贵金属呈不挥发状态,贵金属富集于电尘灰中。

2. 废气治理工艺

生产过程中废气来自于焙烧制酸工序、焦结蒸馏工序、精馏工序、漩涡熔炼工序。焙烧制酸工艺过程中所产生的烟气全部通过旋风除尘、电除尘、空塔洗涤、干燥、两转两吸制酸工艺及氨吸收后,经 85m 烟囱达标排放,设计处理量 65 000m^3/h,运行天数 330d/a。焦结蒸馏工序将所产生的工艺废气全部通过降温塔、布袋收尘器/电收尘器收尘(2 条线)后经 65m 烟囱达标排放,设计处理量 500 000m^3/h,运行天数 330d/a。精馏工序产生的全部废气经过冷却器、布袋除尘器收尘后(2 条线)经 2 个 65m 烟囱达标排放,设计处理量 120 000m^3/h,运行天数 330d/a。漩涡熔炼工序产生的废气全部经过洗涤、降温、布袋除尘器、脱硫塔等治理设施后并入焦结蒸馏工序烟囱达标排放,设计处理量为 60 000m^3/h。

通过对废气中的二氧化硫和重金属铅进行深度治理,污染物排放达到国家排放标准,但由于铅锌冶炼企业重金属排放量大,废气不但要求浓度达标,而且还有排放总量的要求,因此在对企业的大气污染治理存在问题分析和评估的基础上,提出了相应的对策和建议。

（1）在蒸馏系统后新建余热锅炉进行余热利用，使大量的烟气吸热降温后，废气中的重金属颗粒物得以沉降，并将其回收综合利用。

（2）在蒸馏炉悬矿处理时排放的无组织烟气、蒸馏工序——冷凝器清理时产生的锌粉及无组织废气、制团系统放料过程中收料车产生的扬尘、蒸馏系统锌粉进仓时产生的粉尘，以及精馏系统小冷凝器扫除作业时无组织排放废气未回收利用。通过在这些工序安装密闭收尘设施，减少粉尘和重金属的排放。

思考题及习题

7-1　结合所学知识，概述化学原料及化学制品制造业的产污环节。

7-2　查阅相关资料，谈一谈重金属大气治理新技术。

7-3　举例说明典型有色金属矿山重金属迁移规律。

7-4　大气重金属污染有哪些特征？它的危害都有哪些？

7-5　大气重金属污染的来源有哪些？

第二篇

水污染控制工程

第 8 章 基础理论

8.1 水的循环

8.1.1 水循环的概念

地球表面的水在太阳辐射作用下，蒸发成为大气中的水汽，被气流带到其他地区，在一定条件下又发生凝结，以降水形式返回到地表，形成径流，最终汇入海洋。水以蒸发、输送、凝结、降水、径流等形式不断交替，周而复始的运动过程称为水循环。如图 8-1 所示。

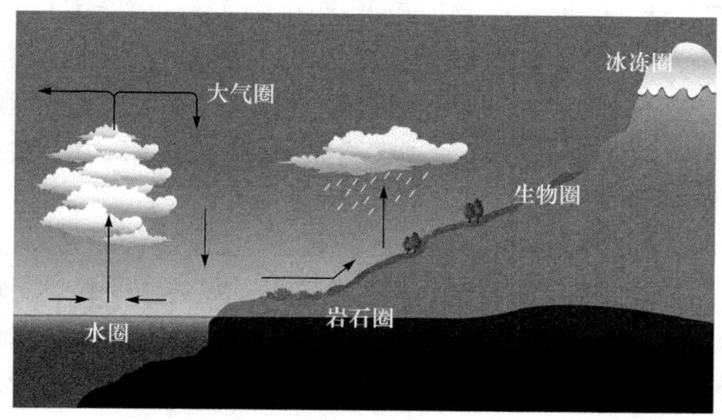

图 8-1 自然界水循环

8.1.2 水循环的主要作用

水是一切生命机体的组成物质，也是生命代谢活动所必需的物质，又是人类进行生产活动的重要资源。地球上的水分布在海洋、湖泊、沼泽、河流、冰川、雪山，以及大气、生物体、土壤和地层。水的总量约为 $1.4\times10^9\mathrm{km}^3$，其中 96.5%在海洋中，约覆盖地球总面积的 70%。陆地上、大气和生物体中的水只占很少的一部分。

水循环的主要作用表现在三个方面：①水是所有营养物质的介质，营养物质的循环和水循环不可分割地联系在一起；②水对物质是很好的溶剂，在生态系统中起着能量传递和利用的作用；③水是地质变化的动因之一，一个地方矿质元素的流失，而另一个地方矿质元素的沉积往往要通过水循环来完成。

地球上的水圈是一个永不停息的动态系统。在太阳辐射和地球引力的推动下，水在水圈内各组成部分之间不停地运动着，构成全球范围的海陆间循环（大循环），并把各种水体连接起来，使得各种水体能够长期存在。海洋和陆地之间的水交换是这个循环的主线，意义最重大。在太阳能的作用下，海洋表面的水蒸发到大气中形成水汽，水汽随大气环流运动，一部分进入陆地上空，在一定条件下形成雨雪等降水；大气降水到达地面后转化为地下水、土壤水和地表径流，地下径流和地表径流最终又回到海洋，由此形成淡水的动态循环。这部分水容易被人类社会所利用，具有经济价值，正是人们所说的水资源。

水循环是联系地球各圈层和各种水体的“纽带”，它调节了地球各圈层之间的能量，对冷暖气候变化起到了重要的作用。水循环通过侵蚀、搬运和堆积，塑造了丰富多彩的地表形象。水循环是地表物质迁移的强大动力和主要载体。更重要的是，通过水循环，海洋不断向陆地输送淡水，补充和更新陆地上的淡水资源，从而使水成为了可再生的资源。

8.1.3 水循环的环节

水循环的主要环节包括蒸发、水汽输送、降水、下渗、径流(地表、地下)。

蒸发是水循环中最重要的环节之一，是水由液态转化为气体状态的过程，也是海洋与陆地上的水返回大气的唯一途径。因蒸发面的不同，蒸发可分为水面蒸发、土壤蒸发和植物散发等。影响蒸发的因素复杂多样，其中主要有供水条件的影响、动力学和热力学因素的影响、土壤特性和土壤含水量的影响等。

水汽输送是指大气中水分因扩散而由一地向另一地运移，或由低空运送到高空的过程。水汽在运送过程中，其含量、运动方向、路线以及运送强度等随时会发生改变，从而对沿途的降水有重要影响。水汽输送过程中由于伴随着动量和热量的转移，从而引起沿途的气温、气压等其他气象因子发生改变，所以水汽输送是水循环的重要环节，也是影响当地天气过程和气候的重要原因。水汽输送有大气环流输送和涡动输送两种形式。影响水汽输送的主要因素包括大气环流、地理纬度、海陆分布、海拔高度与地形屏障作用等。

降水是指空气中的水汽冷凝并降落到地表的现象，它包括两部分，一是大气中水汽直接在地面或地物表面及低空的凝结物，如霜、露、雾和雾凇，又称为水平降水；另一部分是由空中降落到地面上的水汽凝结物，如雨、雪、霰雹和雨凇等，又称为垂直降水。降水是水循环过程的最基本环节，降水要素包括降水(总)量、降水历时与降水时间、降水强度、降水面积等。降水受地形条件、森林、水体、人类活动等因素的影响。

下渗指水透过地面渗入土壤的过程。水在分子力、毛细管引力和重力的作用下在土壤中发生的物理过程，是径流形成的重要环节。按水的受力状况和运行特点，下渗过程分为 3 个阶段：①渗润阶段。水主要受分子力的作用，吸附在土壤颗粒之上，形成薄膜水。②渗漏阶段。下渗的水分在毛细管引力和重力作用下，在土壤颗粒间移动，逐步充填粒间空隙，直到土壤孔隙充满水分。③渗透阶段。土壤孔隙充满水，达到饱和时，水便在重力作用下运动，称饱和水流运动。下渗状况可用下渗率和下渗能力来定量表示。下渗受土壤特性、降水特性、流域植被、地形条件和人类活动等因素的影响。

流域的降水由地面与地下汇入河网，流出流域出口断面的水流，称为径流。液态降水形成降雨径流，固态降水则形成冰雪融水径流。由降水到达地面时起，到水流流经出口断面的整个物理过程，称为径流形成过程。降水的形式不同，径流的形成过程也各异。我国的河流以降雨径流为主，冰雪融水径流只是在西部高山及高纬地区河流的局部地段发生。按水流来源可分为降雨径流和融水径流；按流动方式可分地表径流和地下径流，地表径流又分坡面流和河槽流；此外，还有水流中含有固体物质(泥沙)形成的固体径流，水流中含有化学溶解物质构成的离子径流等。径流的形成过程大致可分为降雨阶段、蓄渗阶段、产流漫流阶段和集流阶段。径流受气候因素、流域的下垫面因素、人类活动等因素的影响。

8.2 水质概念及水质指标

水质是水和水所含杂质的组分、种类和数量等指标来共同体现的总体特征。废水的水质指标是废水性质及其量化的具体体现。水质指标主要由3类组成，即物理性水质指标、化学性水质指标和生物性水质指标。

8.3 水污染控制模式

8.3.1 水污染控制模式分类

水污染控制模式有三种，即浓度控制、总量控制和双轨制控制。总量控制又包括容量总量控制、目标总量控制和行业总量控制三种类型。

1. 浓度控制模式

浓度控制是一种仅通过规定污染源排污口所排放的物质浓度限制方式进行污染活动控制的方法。它要求污染物达标排放，若超过排放标准，则需缴纳排污费，并且还须加强治理削减污染物。

该方法实施简单，管理方便，但在污染控制实践中，表现出无有机联系环境受纳体质量要求，无法排除污染源以稀释手段降低污染物排放浓度等严重缺陷，因而当污染源分布密集，污染物排放数量较大时不能有效控制污染。

2. 总量控制模式

总量控制是指以控制一定时段一定区域内排污单位排放污染物总量为核心的环境管理方法体系。它包含了三个方面的内容：一是排放污染物的总量；二是排放污染物总量的地域范围；三是排放污染物的时间跨度。通常有三种类型：容量总量控制、目标总量控制和行业总量控制。目前我国的总量控制基本上是目标总量控制。

(1) 容量总量控制。从受纳水体允许纳污量出发，制定排放口总量控制负荷指标的总量控制类型。它是以水质标准为控制基点，从污染源可控性、环境目标可达性两方面进行总量控制负荷分配。

(2) 目标总量控制。从控制区域排污控制目标出发，制定排放口总量控制负荷指标的总量控制类型。它是以排污限制为控制基点，从污染源可控性研究入手，进行总量控制负荷分配。

(3) 行业总量控制。从总量控制方案技术、经济评价出发，制定排放1∶3总量控制负荷指标的总量控制类型。它是以能源、资源合理利用为控制基点，从最佳生产工艺和实用处理技术两方面进行总量控制负荷分配。

3. 双轨制控制模式

双轨制控制模式是针对同一控制单元，或同一控制单元中不同的污染物和污染源，分别实行浓度控制和总量控制；也可根据水文特征，在不同水文期分别实行浓度控制和总量控制。

(1) 就控制单元来讲，易降解超容量排放的污染物实行总量控制，其他仍实行浓度控制。

(2) 对控制单元内主要可控污染源(通常是污染负荷占可控污染源总负荷85%以上)实施总量控制。其他规模小、分布散及不容易控制的污染源实施浓度控制。

(3) 实施总量控制的排污单位，对纳入总量控制的污染物实施总量控制，其他污染物及应控制在车间或处理装置出口的国家综合污水排放标准规定的第一类污染物实施浓度控制。

8.3.2　水污染控制模式选择的依据

控制模式的选择决定着环境规划工作的方向、范围和深度，而选择控制模式主要依据以下几个方面。

1. 控制单元所处环境功能区

如果控制单元所处环境功能区为优先保护的自然保护区、水源源头或集中式饮用水源地，一律实行总量控制，以切实保护其水质，保护人们身体健康。

2. 控制单元内水环境质量现状

根据控制单元内水环境质量现状分析，找出本控制单元内主要水环境问题，针对主要污染物和对生物及人体有显著影响的特征污染物实施总量控制，其他污染物实施浓度控制。

3. 控制单元内污染源分析

根据污染源与环境质量目标的输入响应关系，确定各污染源的影响系数，按影响系数的大小确定重点污染源，对重点污染源实施总量控制，非重点污染源实施浓度控制。重点污染源按行业特点、生产工艺及其经济技术水平分别采用目标总量控制或行业总量控制。

4. 控制单元水环境容量

根据水环境容量确定可供分配环境容量，即从环境容量中扣除不可控排污量(面源排污量)。如果这一部分环境容量不小于控制单元内可控污染源排污总量，或二者差距不大且通过可控污染源的治理削减即可小于或等于这部分环境容量，则可实行容量总量控制。而有些水源短缺地区，多数河道干枯或变成纳污河道，这样的水体没有环境容量可言，水体也不具备使用功能，应实施目标总量控制。

5. 控制单元水文特征

由于受气候因素影响，我国大多数河流水文特征季节变化明显，丰水期环境容量大，枯水期环境容量小，因而有必要对水环境容量进行分季节研究，丰水期实施容量总量控制，枯水期实施目标总量控制，既充分利用了丰水期环境容量资源，又不致使枯水期环境质量恶化。

思考题及习题

8-1　简述水循环的类型及形成过程。

8-2　水污染的来源有哪些？

8-3　简述城市污水的排水体制。

8-4　水污染控制模式的选择依据有哪些？

8-5　影响微生物的环境因素主要有哪些？为什么说在好氧生物处理中，溶解氧是一个十分重要的环境因素？

第 9 章 水体污染防治和管理

9.1 水体污染

9.1.1 天然水质背景值

天然水从本质上看，应属于未受人类排污影响的特种天然水体中的水。这种水目前的范围在日益减少，只有在河流的源头、荒凉地区的湖泊、深层地下水、远离陆地的大洋等处，才可能取得代表或近似代表天然水质的天然水。尽管如此，仍然可以从天然水中发现一些有用的规律。

水是自然界中最好的溶剂，天然物质和人工生成的物质大多数可溶解在水中。因此可以认为，自然界并不存在由 H_2O 组成的“纯水”。在任何天然水中，都含有各类溶解物和悬浮物，并且随着地域的不同，各种水体中天然水含有的物质种类不同，浓度各异。但它们却代表着天然水的水质状况，故称其为天然水质背景值，或水环境背景值。

从水循环来看，天然水是在其循环过程中改变了其成分与性质的。在太阳辐射的热力作用下，由海洋水面蒸发的水蒸气，虽接近纯水，但它在空中再凝结成雨滴时，则需有凝结核。在大气层中可作凝结核的物质有海盐微粒、土壤的盐分、火山咳出物和大气放电产生的 NO 和 NO_2 等。因此，从雨水开始，天然水中已含有各种化学成分，如 SO_4^{2-}、CO_3^{2-}、HCO_3^-、NO_3^-、Ca^{2+}、Mg^{2+}、NH_4^+、I^-、Br^- 等。雨水补给到各水体中，其化学成分会进一步增多。图 9-1 列出了天然水中含有的各种物质。

图 9-1 天然水组成

受到人类活动影响的水体，其水中所含的物质种类、数量、结构均会与天然水质有所不同。以天然水中所含的物质作为背景值，可以判断人类活动对水体的影响程度，以便及时采取措施，提高水体水质，使之朝着有益于人类的方向发展。

9.1.2 水体污染的概念

当前水体污染的概念有几种意见，第一种是：水体受人类活动或自然因素的影响，使水的感官性状、物理化学性能、化学成分、生物组成以及底质情况等方面产生了恶化，称为“水污染”。第二种是：排入水体的工业废水、生活污水及农业径流等的污染物质，超过了该水体的自净能力，引起的水质恶化称为“水污染”。第三种是：污染物质大量进入水体，使水体原有的用途遭到破坏，谓之“水污染”。

自然界各种水体均为成分复杂的溶液，其中含有各类溶解物质，而并非纯的 H_2O。因此，对水污染的定义，不能仅从其含有什么物质及其含量来界定。而且，研究水污染的目的是保护水源，以便更好地利用水资源，因此，水污染定义又必须与水的使用价值联系起来。这样水体污染可以定义为：污染物进入河流、海洋、湖泊或地下水等水体后，使水体的水质和水体沉积物的物理、化学性质或生物群落组成发生变化，从而降低了水体的使用价值和使用功能的现象。这样就同人们的用水要求联系起来了，也使保护水体有一定的目的，即不使其失去使用价值。

9.1.3　水体污染源

1. 水体污染源的含义和分类

水体污染源是指造成水体污染的污染物的发生源，通常是指向水体排入污染物或对水体产生有害影响的场所、设备和装置，按污染物的来源可分为天然污染源和人为污染源两大类。

水体天然污染源是指自然界自行向水体释放有害物质或造成有害影响的场所。例如，岩石和矿物的风化和水解、火山喷发、水流冲蚀地表、大气飘尘的降水淋洗、生物（主要是绿色植物）在地球化学循环中释放物质等都属于天然污染物的来源。例如，在含有萤石（CaF_2）、氟磷灰石[$Ca_5(PO_4)_3F$]等的矿区可能引起地下水或地表水中氟含量增高，造成水体的氟污染，长期饮用此种水可能出现氟中毒。

水体人为污染源是指由人类活动形成的污染源，是环境保护研究和水污染防治的主要对象。人为污染源体系很复杂，按人类活动方式可分为工业、农业、交通、生活等污染源；按排放污染物种类不同，可分为有机、无机、放射性、病原体等污染源，以及同时排放多种污染物的混合污染源；按排放污染物空间分布方式，可以分为点源和非点源。

水污染点源是指以点状形式排放而使水体造成污染的发生源。一般工业污染源和生活污染源产生的工业废水和城市生活污水，经城市污水处理厂或管渠输送到水体排放口，作为重要污染点源向水体排放。这种点源含污染物多，成分复杂，其变化规律依据工业废水和生活污水的排放规律，即有季节性和随机性。

水污染非点源，在我国多称为水污染面源，是以面积形式分布和排放污染物而造成水体污染的发生源。坡面径流带来的污染物和农田灌溉水是水体污染的重要来源。目前湖泊水体富营养化的主要是由面源带来的大量氮、磷等所造成的。

2. 几种水体污染源的特点

1）生活污染源

这是指由人类消费活动产生的污水，城市和人口密集的居住区是主要的生活污染源。人们生活中产生的污水包括由厨房、浴室、厕所等场所排出的污水和污物。生活污水中的污染物，按其形态可分为：①不溶物质，这部分约占污染物总量的 40%，它们或沉积到水底，或悬浮在水中；②胶态物质，约占污染物总量的 10%；③溶解质，约占污染物总量的 50%。这些物质多为无毒的无机盐类如氯化物、硫酸盐和钠、钾、钙、镁等重碳酸盐；有机物质有纤维素、淀粉、糖类、脂肪、蛋白质和尿素等。此外，还含有各种微量金属（如 Zn、Cu、Cr、Mn、Ni、Pb 等）和各种洗涤剂、多种微生物。一般家庭生活污水相当浑浊，其中有机物约占 60%，pH 多大于 7，BOD_5 为 300～600mg/L。

2）工业污染源

工业污水是目前造成水体污染物主要来源和环境保护的主要防治对象。在工业生产过程中排出的废水、废液等统称工业废水。废水包括工业用冷却水和与产品直接接触、受污染较严重的排水。工业废水出于受产品、原料、药剂、工艺流程、设备构造、操作条件等多种因素的综合影响，所含的污染物质成分极为复杂，而且在不同时间里水质也会有很大差异。工业污染源如按工业的行业来分，则有冶金工业废水、电镀废水、造纸废水、无机化工废水、有机合成化工废水、炼焦煤气废水、金属酸洗废水、石油炼制废水、石油化工废水、化学肥料废水、制药废水、炸药废水、纺织印染废水、染料废水、制革废水、农药废水、制糖废水、食品加工废水、电站废水等，各类废水都有其独特的特点。

3）农业污染源

农业污染源是指由于农业生产而产生的水污染源，如降水所形成的径流和渗流把土壤中的氮、磷和农药带入水体；牧场、养殖场的有机废物排入水体。它们都可使水体水质恶化，造成河流、水库、湖泊等水体污染甚至富营养化。农业污染源的特点是面广、分散、难以治理。

9.2　污水出路

为防止污染环境，污水在排放前应根据具体情况给予适当处理。污水的最终出路有：①排放水体；②工农业利用；③处理后回用。

9.2.1　排放水体及其限制

排放水体是污水的传统出路。从河里取用的水，回到河里是很自然的。污水排入水体应以不破坏该水体的原有功能为前提。由于污水排入水体后需要有一个逐步稀释、降解的净化过程，所以一般污水排放口均建在取水口的下游，以免污染取水口的水质。

水体接纳污水受到其使用功能的约束。《中华人民共和国水污染防治法》规定禁止向生活饮用水地表水源、一级保护区的水体排放污水，已设置的排污口，应限期拆除或者限期治理。在生活饮用水源地、风景名胜区水体、重要渔业水体和其他有特殊经济文化价值的水体的保护区内，不得新建排污口。在保护区附近新建排污口，必须保证保护区水体不受污染。《污水综合排放标准》(GB 3095—1996)规定在《地面水质量标准》(GB 3838—2002)中Ⅰ、Ⅱ类水域和Ⅲ类水域中划定的保护区和《海洋水质量标准》(GB 3097—1997)中规定的一类水域，禁止新建排污口。现有排污口按水体功能要求，实行污染物总量控制，以保证受纳水体水质符合规定用途的水质标准。对生活饮用水地下水源应当加强保护。禁止企业事业单位利用、渗井、渗坑、裂隙和溶洞排放、倾倒含有毒污染物的废水和含病原体的污水。向水体排放含热废水，应当采取必要措施，保证水体的水温符合环境质量标准，防止热污染危害。排放含病原体的污水，必须经过消毒处理，符合国家有关标准后方准排放。向农田灌溉渠道排放工业废水和城市污水，应当保证其下游最近的灌溉取水点的水质符合农田灌溉水质标准。利用工业废水和城市污水进行灌溉，应当防止污染土壤、地下水和农产品。

9.2.2 污水回用

水资源缺乏是全球性问题。经过处理的城市污水被看作水资源而回用于城市或再用于农业和工业等领域。随着科学技术的发展,水质净化手段增多,城市污水再生利用的数量和领域也逐渐扩大。总之,城市污水应作为淡水资源被积极利用,但必须十分谨慎,以免造成患害。

污水回用应满足下列要求:①对人体健康不应产生不良影响;②对环境质量和生态系统不产生不良影响;③对产品质量不产生不良影响;④符合应用对象对水质的要求或标准;⑤应从嗅觉和视觉上被公众所接受;⑥回用系统在技术上可行、操作简便;⑦价格应比自来水低廉;⑧应有安全使用的保障。

城市污水回用领域有以下几个方面。

1. 城市生活用水和市政用水

(1) 供水。此类回用水易与人直接接触,对细菌指标和感官性指标要求较高。为防止供水管道堵塞,要求回用水除磷脱氮。

(2) 城市绿地灌溉。用于灌溉草地、树木等绿地,要求消毒。

(3) 市政与建筑用水。用于洒浇道路、消防用水和建筑用水(配置混凝土、洗料、磨石子等)。

(4) 城市景观。用于园林和娱乐设施的池塘、湖泊、河流、水上运动场的补充水。这类水应遵循《城市污水再生利用 景观环境用水水质》(GB/T 18921—2002)的规定。

2. 农业、林业、渔业和畜牧业

用于农作物、森林和牧草的灌溉用水,这类水对重金属和有毒物质要严格控制,要求满足《农田灌溉水质标准》(GB 5084—2005)的要求。

3. 工业

1) 工艺生产用水

水在生产中被作为原料和介质使用。做原料时,水为产品的组成部分或中间组成部分。作介质时,主要作为输送载体(水力输送)、洗涤用水等。不同的工业对水质的要求不尽相同,有的差别很大,对回用水的水质要求应根据不同的工艺要求而定。

2) 冷却用水

冷却水的作用是作为热的载体将热量从热交换器上带走。回用水的冷却水系统易发生结垢、腐蚀、生物生长等现象。作为冷却水的回用水应去除有机物、营养元素 N 和 P,控制冷却水的循环次数。

3) 锅炉补充水

回用于锅炉补充水时对水质的要求较高。若气压高,需再经软化或离子交换处理。

4) 其他杂用水

用于车间场地冲洗、清洗汽车等。

4. 地下水回灌

用于地下水回灌时,应考虑到地下水一旦污染,将很难恢复。用于防止地面沉降的回灌水,应不引起地下水质的恶化。

5. 其他方面

主要回用于湿地、滩涂和野生动物栖息地，维持其生态系统的所需水。要求水中不含对回用对象的生态系统有毒有害的物质。

9.3　工业废水处理概述

9.3.1　工业废水概述

1. 工业废水的分类

工业企业各行业生产过程中排出的废水，统称工业废水，其中包括生产污水、冷却水和生活污水 3 种。为了区分工业废水的种类，了解其性质，认识其危害，研究其处理措施，通常进行工业废水的分类，一般有 3 种分类方法。

(1) 按行业的产品加工对象分类，如冶金废水、造纸废水、炼焦煤气废水、金属酸洗废水、纺织印染废水、制革废水、农药废水、化学肥料废水等。

(2) 按工业废水中所含主要污染物的性质分类。含无机污染物为主的称为无机废水，含有机污染物为主的称为有机废水。例如，电镀和矿物加工过程的废水是无机废水，食品或石油加工过程的废水是有机废水。这种分类方法比较简单，对考虑处理方法有利。例如，对易生物降解的有机废水一般采用生物处理法，对无机废水一般采用物理、化学和物理化学法处理。不过，在工业生产过程中，一种废水往往既含无机物，也含有机物。

(3) 按废水中所含污染物的主要成分分类，如酸性废水、碱性废水、含酚废水、含镉废水、含铬废水、含锌废水、含汞废水、含氟废水、含有机磷废水、含放射性废水等。这种分类方法的优点是突出了废水的主要污染成分，可有针对性地考虑处理方法或进行回收利用。

除上述分类方法外，还可以根据工业废水处理的难易程度和废水的危害性，将废水中的主要污染物分为 3 类。

(1) 易处理、危害小的废水，如生产过程中产生的热排水或冷却水，对其稍加处理，即可排放或回用。

(2) 易生物降解、无明显毒性的废水。可采用生物处理法。

(3) 难生物降解又有毒性的废水，如含重金属废水、含多氯联苯和有机氯农药废水等。

上述废水的分类方法只能作为了解污染源时的参考。实际上，一种工业可以排出几种不同性质的废水，而一种废水又可能含有多种不同的污染物。例如，染料工业，既排出酸性废水，又排出碱性废水；纺织印染废水由于织物和染料的不同，其中的污染物和浓度往往有很大差别。

2. 工业废水对环境的污染

水污染是我国面临的主要环境问题之一。随着我国工业的发展，工业废水的排放量日益增加，达不到排放标准的工业废水排入水体后，会污染地表水和地下水。水体一旦受到污染，要想在短时间内恢复到原来的状态是不容易的。水体受到污染后，不仅会使其水质不符合饮用水、渔业用水的标准，还会使地下水中的化学有害物质和硬度增加，影响地下水的利用。我国的水资源并不丰富，若按人口平均占有径流量计算，只相当于世界人均值的四分之一。而地表水和地下水的污染，将进一步使可供利用的水资源数量日益减少，势必影响工农渔业生产，直接或间接地给人民生活和身体健康带来危害。

几乎所有的物质排入水体后都有产生污染的可能性。各种物质的污染程度虽有差别，但超过某一浓度后都会产生危害。

(1) 含无毒物质的有机废水和无机废水的污染。有些污染物质本身虽无毒性，但由于量大或浓度高而对水体有害。例如，排入水体的有机物超过允许量时，水体会出现厌氧腐败现象；大量的无机物流入时，会使水体内盐类浓度增高，造成渗透压改变，对生物(动植物和微生物)造成不良的影响。

(2) 含有毒物质的有机废水和无机废水的污染。例如，含氰、酚等急性有毒物质、重金属等慢性有毒物质及致癌物质等造成的污染。致毒方式有接触中毒(主要是神经中毒)、食物中毒、糜烂性毒害等。

(3) 含有大量不溶性悬浮物废水的污染。例如，纸浆、纤维工业等的纤维素，选煤、选矿等排放的微细粉尘，陶瓷、采石工业排出的灰砂等。这些物质沉积水底有的形成"毒泥"，发生毒害事件的例子很多。如果是有机物，则会发生腐败，使水体呈厌氧状态。这些物质在水中还会阻塞鱼类的鳃，导致鱼类呼吸困难，并破坏产卵场所。

(4) 含油废水产生的污染。油漂浮在水面既有损美观，又会散出令人厌恶的气味。燃点低的油类还有引起火灾的危险。动植物油脂具有腐败性，消耗水体中的溶解氧。

(5) 含高浊度和高色度废水产生的污染。引起光通量不足，影响生物的生长繁殖。

(6) 酸性和碱性废水产生的污染。除对生物有危害作用外，还会损坏设备和器材。

(7) 含有多种污染物质废水产生的污染。各种物质之间会产生化学反应，或在自然光和氧的作用下产生化学反应并生成有害物质。例如，硫化钠和硫酸产生硫化氢，亚铁氰盐经光分解产生氰等。

(8) 含有氮、磷等工业废水产生的污染。对湖泊等封闭性水域，由于含氮、磷物质的废水流入，会使藻类及其他水生生物异常繁殖，使水体富营养化。

9.3.2 工业废水污染源调查

1. 控制工业废水污染源的基本途径

控制工业废水污染源的基本途径是减少废水排出量和降低废水中污染物浓度，现分述如下。

1) 减少废水排出量

减少废水排出量是减小处理装置规模的前提，必须充分注意，可采取以下措施。

(1) 废水进行分流。将工厂所有废水混合后再进行处理往往不是好方法，一般都须进行分流。对已采用混合系统的老厂来说，分流无疑是困难的，但对新建工厂，必须考虑废水的分流问题。

(2) 节约用水。每生产单位产品或取得单位产值排出的废水量称为单位废水量。即使在同一行业中，各工厂的单位废水量也相差很大，合理用水的工厂，其单位废水量低。常见这样的例子，许多工厂在枯水季节，工业用水限制为原用水量的50%时，生产能力并未下降，但用水限制解除后，用水量又恢复到原有水平，这说明有些工厂节水的潜力是很大的。

(3) 改革生产工艺。改革生产工艺是减少废水排放量的重要手段。措施有更换和改善原材料、改进装置的结构和性能、提高工艺的控制水平、加强装置设备的维修管理等。若能使某一工段的废水不经处理就用于其他工段，就能有效地降低废水量。

(4) 避免间断排出工业废水。例如，电镀工厂更换电镀废液时，常间断地排出大量高浓度废水，若改为少量均匀排出，或先放入储液池内再连续均匀排出，能减少处理装置的规模。

2) 降低废水污染物的浓度

通常，生产某一产品产生的污染物量是一定的，若减少排水量，就会提高废水污染物的浓度，但采取各种措施也可以降低废水的浓度。废水中污染物来源有二：一是本应成为产品的成分，由于某种原因而进入废水中，如制糖厂的糖分等；二是从原料到产品的生产过程中产生的杂质，如纸浆废水中含有的木质素等。

后者是应废弃的成分，即使减少废水量，污染物质的总量也不会减少，因此废水中污染物浓度会增加。对于前者，若能改革工艺和设备性能，减少产品的流失，废水的浓度便会降低。可采取以下措施降低废水污染物的浓度。

(1) 改革生产工艺。

尽量采用不产生污染物的工艺。例如，纺织厂棉纺的上浆，传统方法都采用淀粉作浆料，这些淀粉在织成棉布后，由于退浆而变为废水的成分，因此纺织厂废水中总 BOD_5 的 30%～50%来自淀粉。最好采用不产生 BOD_5 的浆料，如羧甲基纤维素(CMC)的效果很好，目前已有厂家使用。但在采用此项新工艺时，还必须从毒性等方面研究它对环境的影响。其他例子还有很多，如电镀工厂镀锌、镀铜时避免使用氰的方法，已在生产上采用。

(2) 改进装置的结构和性能。

废水中的污染物质是由产品的成分组成时，可通过改进装置的结构和性能，来提高产品的收率，可降低废水的浓度。以电镀厂为例，可在电镀槽与水洗槽之间设回收槽，减少镀液的排出量，使废水的浓度大大降低。又如，炼油厂可在各工段设集油槽，防止油类排出，以降低废水的浓度。

(3) 废水进行分流。

在通常情况下，避免少量高浓度废水与大量低浓度废水互相混合，分流后分别进行处理往往是经济合理的。如电镀厂含重金属废水，可先将重金属变成氢氧化物或硫化物等不溶性物质与水分离后再排出。电镀厂有含氰废水和含铬废水时，通常分别进行处理。适于生物处理的有机废水应避免有毒物质和 pH 过高或过低的废水混入。应该指出的是，不是在任何情况下分开处理高浓度废水或有害废水都是有利的。

(4) 废水进行均和。

废水的水量和水质都随时间而变动，可设调节池进行均质。虽然不能降低污染物总量，但可均和浓度。在某种情况下，经均质后的废水可达到排放标准。

(5) 回收有用物质。

这是降低废水污染物浓度的最好方法，如从电镀废水中回收铬酸，从纸浆蒸煮废液中回收药品等。

(6) 排出系统的控制

当废水的浓度超过规定值时，能立即停止污染物发生源工序的生产或预先发出警报。

2. 污染源调查

1) 现场调查

内容如下：

(1) 查明工厂在所有操作条件(正常及高负荷)下的水平衡状况。

(2) 记下所有用水工序,并编制每个工序的水平衡明细表。

(3) 从各排水工序和总排水口取水样进行水质分析。

(4) 确定排放标准。

2) 资料分析

应明确下列事项:

(1) 哪些工段是主要污染源。

(2) 有无可能将需要处理的废水和不需处理就可排放的废水进行分流。

(3) 能否通过改进工艺和设备减少废水量和浓度。

(4) 能否使某工段的废水不经处理就可用于其他工段。

(5) 有无回收有用物质的可能性。

9.3.3 工业废水处理方法概述

1. 废水处理方法

废水处理过程是将废水中所含有的各种污染物与水分离或加以分解,使其净化的过程。废水处理法大体可分为:物理处理法、化学处理法、物理化学处理法和生物处理法。

1) 物理处理法

物理处理法又分为调节、离心分离、沉淀、除油、过滤等。

2) 化学处理法

化学处理法又可分为中和、化学沉淀、氧化还原等。

3) 物理化学处理法

又可分为混凝、气浮、吸附、离子交换、膜分离等方法。

4) 生物处理法

又可分为好氧生物处理法、厌氧生物处理法。

2. 废水处理方法的选择

1) 污染物在废水中的存在状态

选择废水处理方法前,必须了解废水中污染物的形态。一般污染物在废水中处于悬浮、胶体和溶解3种形态。通常根据它们粒径的大小来划分。悬浮物粒径为1～100μm,胶体粒径为1nm～1μm,溶解物粒径小于1nm。一般来说,易处理的污染物是悬浮物,而胶体和溶解物则较难处理。悬浮物可通过沉淀、过滤等方法与水分离,而胶体和溶解物则必须利用特殊的物质使之凝聚或通过化学反应使其粒径增大到悬浮物的程度,或利用微生物或特殊的膜等将其分解或分离。

2) 废水处理方法的确定

(1) 有机废水可通过实验确定。

a. 含悬浮物时,用滤纸过滤,测定滤液的BOD_5、COD。若滤液中的BOD_5、COD均在要求值以下,这种废水可采取物理处理方法,在去除悬浮物的同时,也能将BOD_5、COD一道去除。

b. 若滤液中的BOD_5、COD高于要求值,则需考虑采用生物处理方法。进行生物处理实验时,确定能否将BOD_5与COD同时去除。

好氧生物处理法去除废水中的BOD_5和COD,由于工艺成熟,效率高且稳定,所以获得十分广泛的应用,但由于过程需供氧,故耗电较高。为了节能并回收沼气,常采用厌氧法去除

BOD 和 COD,特别是处理高浓度 BOD_5 和 COD 废水比较适合(BOD_5 >1000mg/L),现在也将厌氧法用于低 BOD_5、COD 废水的处理,也获得了成功。但是,从去除效率看,BOD_5 去除率不一定高,而 COD 去除率反而高些。这是由于难降解的 COD 经厌氧处理后转化为容易生物降解的 COD,高分子有机物转化为低分子有机物。对于某些工业废水也存在此种现象。如仅用好氧生物处理法处理焦化厂含酚废水,出水 COD 往往保持在 400~500mg/L,很难继续降低。如果采用厌氧法作为第一级,再串以第二级好氧法,就可使出水 COD 下降到 100~150mg/L。因此,厌氧法常常用于含难降解 COD 工业废水的处理。

c. 若经生物处理后 COD 不能降低到排放标准时,就要考虑采用深度处理。

(2) 无机废水。

a. 含悬浮物时,需进行沉淀实验,若在常规的静置时间内达到排放标准时,这种废水可采用自然沉淀法处理。

b. 若在规定的静置时间内达不到要求值时,则需进行混凝沉淀实验。

c. 当悬浮物去除后,废水中仍含有有害物质时,可考虑采用调节 pH、化学沉淀、氧化还原等化学方法。

d. 对上述方法仍不能去除的溶解性物质,为了进一步去除,可考虑采用吸附、离子交换等深度处理方法。

(3) 含油废水。

首先做静置上浮实验分离浮油,再进行分离乳化油的实验。

9.4　雨水的收集及利用

9.4.1　雨水回用的价值和意义

城市雨洪利用技术是针对城市开发建设区域内的屋顶、道路、庭院、广场、绿地等不同下垫面所产生的径流,采取相应的措施,或收集利用,或渗入地下,以达到充分利用资源、改善生态环境、减少外排径流量、减轻区域防洪压力的目的,系寓资源利用于灾害防范之中的系统工程。与缺水地区农村雨水收集利用不同,城市雨洪利用不是狭义的利用雨水资源和节约用水,它还包括减缓城区雨水洪涝、回补地下水、减缓地下水位下降趋势、控制雨水径流污染、改善城市生态环境等广泛的意义。因此,城市雨洪利用是一项多目标综合性控制技术。

集雨用雨不仅可以大大提高水资源的利用效率,还可以有效改善区域生态环境,减轻城市河湖防洪压力,减少需由政府投入的排洪设施资金。据统计,北京城区每年可利用的雨水量达到 2.3 亿 m^3,是一笔不容忽视的宝贵财富。

1. 水资源方面

水资源的缺乏已成为世界性的问题,在传统的水资源开发方式已无法再增加水源时,回收利用雨水成为一种既经济又实用的水资源开发方式。雨水利用是解决城市缺水和防洪问题的一项重要措施。雨水利用就是把从自然或人工集雨面流出的雨水进行收集、集中和储存利用,是从水文循环中获取水为人类所用的一种方法。雨水利用将会为解决未来水资源的短缺问题做出重要贡献。

城市化的进程造成地面硬化(如建筑屋面、路面、广场、停车场等),改变了原地面的水文特性,干预了自然的水文循环。这种干预产生的效果是负面的:大量雨水流失,交通路面频繁积水影响正常生活，雨洪峰值变大加重排水系统负荷，土壤含水量减少，热岛效应及地下水位下降现象加剧等。

建设部已发布的《建设事业技术政策纲要》对加强雨水回收与利用做了明确规定，北京市于2003年4月1日起执行的《关于加强建设工程用地内雨水资源利用的暂行规定》及上海市颁布的《生态住宅小区技术实施细则》，都要求对雨水进行利用。综上，城市雨水利用是城市水资源综合利用中的一种新的系统工程，具有良好的节水效能和环境生态效益。目前我国城市水慌日益严重，与此同时，健康住宅、生态住区正迅猛发展，建筑区雨水利用系统以其良好的节水效益和环境生态效益适应了城市的现状与需求，具有广阔的应用前景。可见，建筑区雨水利用系统的研究与推广，不仅有着重要的理论价值，也有实际的工程意义。

2. 生态方面

(1) 改善生态环境，补充涵养地下水，减少水旱灾害。雨水集蓄利用有利于水土保持，改善农村生态环境，合理开发利用水土资源，有效减少毁林开荒，推进坡改梯等生态保护措施。在修建小水池、小山塘等小型水利工程后，有效地拦蓄径流，削减洪峰，减少了洪水危害。同时，就地拦蓄雨水径流入渗，减轻了对土壤的冲刷侵蚀和水土流失，提高了农业灌溉用水的保证率、土地的使用效率和林草成活率，增强了抗旱能力，有利于恢复植被，促进山区生产、生活、生态的良性循环。

(2) 有效缓解农村饮水困难，促进高效农业的发展和农民增产增收。多年来，农民群众经过长期的实践和探索，因地制宜地修建了小水窑、小水池、小水柜、小塘坝、小水库等一大批雨水集流工程，拦蓄和利用雨水，使天然降水利用率由原来不足30%提高到70%，有效地解决了群众的生活用水，为农业抗旱提供了稳定的水源保证，调整了当地的农业种植结构和农村产业结构，提高了农作物产量，促进了农民增产增收，推动了社会经济的发展。截至2004年6月，全国各地共建成各类水窖、水池、小塘坝等小微型蓄水工程600万处，蓄水容积20亿m^3，发展抗旱补水灌溉面积3970万亩①，年增产粮食22亿kg，年增加产值28亿元，解决了3600万人的饮水问题，使1500万人解决了温饱问题。

(3) 改善人居生活条件，促进新农村建设。通过雨水集流工程的开展，改变了旱区贫困农民的不良习惯，农村开始改水改厕，猪、牛、羊等牲畜实行圈养，在农户的房前屋后栽树种花，美化环境，村容村貌有了大的改观。一些农户家中还安装了自来水、太阳能热水器和抽水马桶，有效地改变了农村脏、乱、差的局面，改善了人居环境，使农户喝上了洁净卫生的水，大大改善了农村饮水不卫生、不安全的状况，缓解了争水抢水的矛盾，降低了农民因水致病而花费的医药费用，提高了农民生活质量和健康水平，促进了新农村建设。

3. 地区经济方面

(1) 节约用水带来的费用。若将雨水回用，则可替代自来水从而减少了自来水的使用量，若考虑用水超标加价收费和罚款，此项节省费用会更高。

(2) 消除污染排放而减少的社会损失。据分析，为消除污染，每投入1元可减少的环境资源损失是3元，即投入产出比为1∶3。由于在本项目中采用了源头治理的方案，如截污和弃流，以及过滤和消毒的处理措施，大大减少了污染雨水排入水体，也减少了因雨水的污染而带

---

① 亩，面积单位，1亩≈666.7m^2。

来的水体环境的污染。

(3) 节省城市排水设施的运行费用。雨水利用工程实施后，每年可减少向市政管网排放的雨水量(包括绿地渗透设施减少的排水量)。这样会减轻市政管网的压力，也减少市政管网的建设维护费用。

(4) 节水可增加的国家财政收入。这一部分收入指目前由于缺水造成的国家财政收入损失。据了解，目前全国六百多个城市日平均缺水 1000 万 m^3，造成国家财政收入年减少 200 亿元，相当于每缺水 $1m^3$，要损失 5.48 元，即节约 $1m^3$ 水意味着创造了 5.48 元的收益。此外，还包括的间接效益有：提高防洪标准而减少的经济损失。城市和住宅开发使不透水面积大幅度增加，使洪水易在较短时间内迅速形成，洪峰流量明显增加，使城市面临巨大的防洪压力，洪灾风险加大，水涝灾害损失增加。雨水渗透、回用等措施可缓解这一矛盾，延缓洪峰径流形成的时间，削减洪峰流量，从而减小雨水管道系统的防洪压力，提高设计区域的防洪标准，减少洪灾造成的损失。

(5) 改善城市生态环境带来的收益。如果雨水集蓄利用工程能在整个城市推广，有利于改善城市水环境和生态环境，能增加亲水环境，会使城市河湖周边地价增值；增进人民健康，减少医疗费用；增加旅游收入；减少地面沉降带来的灾害。很多城市为满足用水量需要而大量超采地下水，造成了地下水枯竭、地面沉降和海水入侵等地下水环境问题。由于超采而形成的地下水漏斗有时还会改变地下水原有的流向，导致地表污水渗入地下含水层，污染了作为生活和工业主要水源的地下水。实施雨水渗透方案后，可从一定程度上缓解地下水位下降和地面沉降的问题。

9.4.2 雨水资源利用措施

雨水利用的主要景观措施有：屋面集水、滞留池、生态调节池、植草沟、人工湿地等。雨水间接利用采用渗滤沟、渗滤池、低洼绿地、梯田、花畦等方式将雨水渗入土壤，涵养地下水或回灌至地下水层。

渗滤池：结合池塘、洼地设置渗滤池，池塘与洼地维持少量水位，除有集水功能外还可维持水生生态系统的稳定性，开放的水域还能提供亲水及视觉美化的效果。

花畦：池底覆以土壤并种植吸附污染物的湿生植物，具有调节与改善水质的功能。

植草沟：用植被覆盖的集水、排水渠，主要用于疏散暴雨径流以及移除污染物，提升水质，保留乡土植被维护景观品质，提供生物栖息的空间，且植草沟设置及维持保养的费用低于传统的地下管线。

渗滤沟：渗滤沟是利用卵石、碎石等空隙为雨水提供滞蓄空间的方法，在地面设卵石沟或卵石槽导引地表径流至卵石间的孔隙。

渗透性铺装：采用渗透性地面铺装是让雨水回归大地，解决地下水回灌问题，具有入渗、滞留的能力，有减洪、水质净化与地下水涵养的优点。

9.4.3 雨水收集净化系统

1. 绿地生态水渠

根据现状地形及景观要求，设计以下 3 种形式：①利用现状截洪沟进行改造，变成集、蓄、滤三个功能兼备的生态型水渠；②在山坳处设置引水渠，将山上雨水引入人工湿地过滤净化；③结合现状地形设计渗透型集水渠，渗滤沟＋穿孔管＋储存池或渗滤池。

因景观和功能要求，在主要道路和广场上未使用透水砖。因道路广场的标高大于绿地标，道路广场上的雨水可以汇聚到周边绿地内，再渗透到地下。而园内一般道路采用透水砖，并以级配砂石作为垫层，在级配砂石垫层内铺设全透型排水软管，便于雨水渗透、收集和利用。

根据具体位置及路幅宽度不同，渗滤沟有以下几种形式：①主园路渗滤沟，路幅宽 6m，行人较多，雨水稍有污染，结合绿地过滤设计渗滤沟；②硬质广场路面，结合地面找坡及铺装设计，广场中每隔 20m 左右设置渗滤沟；③3m 宽园路，渗水砖路面＋渗滤沟＋穿孔集水管；④山体渗滤沟：内侧做渗滤沟，隔一定距离结合地形设置渗滤池或储水池；⑤木栈道：栈道下方设置低洼绿地；⑥停车场：设计多孔沥青车道结合植草砖停车区，尽可能让雨水下渗，此处雨水污染较大，结合弃流及土壤渗滤设置穿孔管集水。

2. 雨水净化系统

(1) 土壤渗滤净化。大部分雨水在收集时同时进行土壤渗滤净化，并通过穿孔管将收集的雨水排入次级净化池或储存在渗滤池中；来不及通过土壤渗滤的表层水经过水生植物初步过滤后排入初级净化池中。

(2) 人工湿地净化。分为两个处理过程，一是初级净化池，净化未经土壤渗滤的雨水；二是次级净化池，进一步净化初级净化池排出的雨水，以及经土壤渗滤排出的雨水；经二次净化的雨水排入下游清水池中，或用水泵直接提升到山地储水池中。初级净化池与次级净化池之间、次级净化池与清水池之间用水泵进行循环。

(3) 生物处理。参考中水处理流程，结合人工湿地设计生物处理系统，处理冲厕、盥洗排水的净化系统。

3. 雨水储存系统

(1) 人工湖。结合景观水景要求设计人工湖，包括初级净化池、次级净化池、清水池。雨水利用时主要从清水池用泵抽取，供附近的冲厕用水以及补充山地绿化灌溉用水；少量溢出的雨水排入市政雨水管。湖水的常水位标高比溢流口低 10cm，而驳岸的标高则根据常水位来设计，这样处理可以使降雨蓄存量增加，保证至少单次降雨量在 50mm 以下时不会产生溢流，既保持了平时湖水充盈的亲水效果，又为雨季蓄水打下了基础。在人工湖设计有若干水生植物种植池，这些种植池在丰富湖区景观的同时，也承担着沉积雨水带来的泥沙的作用。为保证湖水清洁，防止水质恶化，中水处理系统对湖水进行循环处理，同时为公园里其他绿地喷灌系统提供水源，使得汇集的雨水得以充分利用。

(2) 地下储水沟。结合生态集水渠设计的地下储水沟，既是集水沟，也是储水设施。储存的水过滤后在重力作用下直接供给附近低标高厕所冲厕以及绿地灌溉，储存沟内溢流出的雨水排入下游净化池中。

(3) 地下储水池。根据景观场地设计及绿化灌溉就近原则，设置两种形式的地下储水池：①自动滴灌式储水池。主要设置在阳光草坪高位坡地上，抽取清水池中雨水，储存在坡顶土层下方储水池中，结合滴灌系统，利用重力作用灌溉下游草坪。②山地储水池。水源主要来自高位集水沟收集过滤的雨水，必要时用水泵抽取清水池雨水补充；储存的雨水主要用作附近低标高厕所冲厕以及绿地灌溉；利用溢流管将山地储水池连成一个系统，水量过多则通过溢流管逐级下流，最后排入清水池中；缺水时通过水泵抽取清水池中雨水，逐级提升至最高位储水池中。

9.4.4　雨水利用案例

1. 汉诺威 Kronsberg 生态社区

由于当地地下水位较高，Kronsberg 城区是汉诺威重要的地下水储存地，这也是汉诺威政府一直迟迟没有在 Kronsberg 城区进行建设的原因之一。该项目提出了“近自然的水管理”概念和方法，目标是通过一些接近自然的排水方式尽可能地将雨水就地滞留并下渗，最大可能地减少流失量，让城区的雨水流失量和地下水保持在未开发前的状态。

整个雨水规划中的几个大型雨水滞留区都很好地结合地形设计，由于地势东高西低，在场地的西边缘最低洼处，规划了一个可作为公园绿地使用的大型滞水区域，下暴雨时可滞留大量雨水从而起到防洪作用，平时是可进入的休闲绿地。雨水顺应东高西低的地势沿地表可形成溪流景观。雨水收集利用情况如图 9-2 所示。

图 9-2　Kronsberg 城区雨水收集利用图片

2. 上海世博低影响开发雨水系统建设项目

1）项目概况

上海世博城市最佳实践区位于世博园区浦西部分，占地面积 16.85hm^2，包括北区和南区两个片区。在 2010 年上海世博会期间展示宜居家园、可持续的城市化和历史遗产保护与利用等内容。后世博时代，城市最佳实践区旨在打造一个充满活力的复合街坊和富有魅力的城市客厅，其建设目标是达到美国绿色建筑委员会颁发的 LEED-ND(leadership in energy and environmental design for neighborhood development)铂金级认证，该认证是目前国际上最为先进和具有实践性的绿色建筑认证评分体系。根据 LEED-ND 铂金认证体系中针对雨水收集利用的考核指标要求，需将园区 90%雨水收集利用并在 3 天内用完，具体解释为：通过渗透、蒸发(腾)或者集蓄利用等措施维持项目地范围内至少 90%的降雨。

管理措施包括但不限于：雨水收集及回用系统、透水砖铺装下渗、雨水花园、绿色屋顶、渗透塘、渗井。除雨水收集和回用外，渗透等措施的排空时间应限在 72h 内。项目运营后，应分季节定期对低影响开发雨水系统进行维护。

2）低影响开发雨水系统设计方案

（1）城市最佳实践区北区低影响开发雨水系统设计方案。

世博城市最佳实践区北区面积 7.13hm^2，雨水收集量为 929m^3，其中可利用雨水量 89m^3/d（包括绿化灌溉、冲厕、道路及广场冲洗、洗车用水），3 天利用水量为 267m^3，其余 662m^3 雨水需要在 3 天内就地下渗。

2010 年上海世博会期间，在城市最佳实践区北区内设计展示了一个微缩版的成都活水公园案例，因此利用成都活水公园的水流循环系统蓄水，并将活水公园内的荷花池改造成雨水渗透塘，实现本区域收集的雨水在 3 天内就地下渗，总体设计方案如图 9-3 所示。

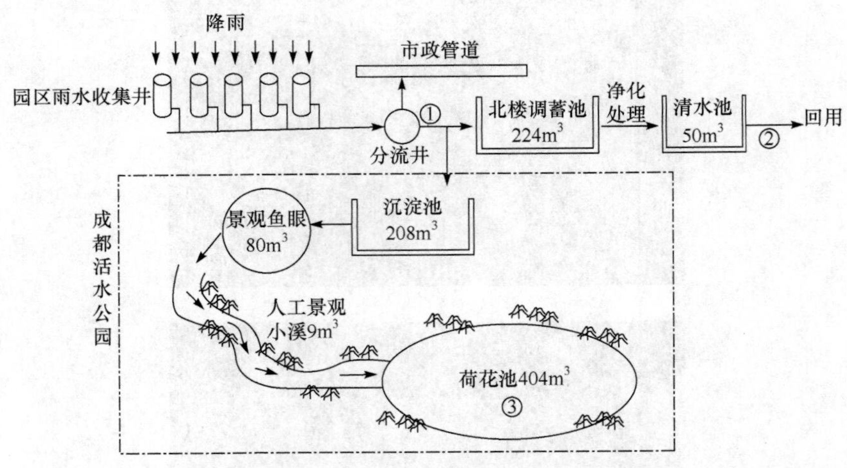

图 9-3　城市最佳实践区北区低影响开发雨水系统设计方案

① 雨水收集量：929m^3；② 回用量：267m^3(3d)；③ 下渗量：662m^3(3d)

根据工程前期对场地下渗速率的现场观测，确定雨水下渗速率的设计参数为 2.3×10^{-5}m/s（场地表层土为孔隙率较大的人工回填土，下渗速率较大）。活水公园内荷花池工程改造如图 9-4 所示，采取渗管下渗的方式。下渗管设有盖板，可人工启闭。需要下渗时，盖板打开，荷花池内的水通过下渗管引入碎石层中下渗；如果连续晴天不降雨，为保持荷花池内的景观用水，则将下渗管上部的盖板关闭。

(a) 示意图　　(b) 实景图

图 9-4　城市最佳实践区北区荷花池下渗改造

(2) 城市最佳实践区南区低影响开发雨水系统设计方案。

世博城市最佳实践区南区面积 9.72hm^2，共需收集雨水量 1375m^3。与北区不同，南区没有成都活水公园这样可以蓄水和改造下渗的荷花池。根据南区实际情况，提出利用南区 3＃地块的绿地空间，在绿地下面形成蓄水下渗空间，实现南区雨水就地下渗。总体设计方案如图 9-5 所示。

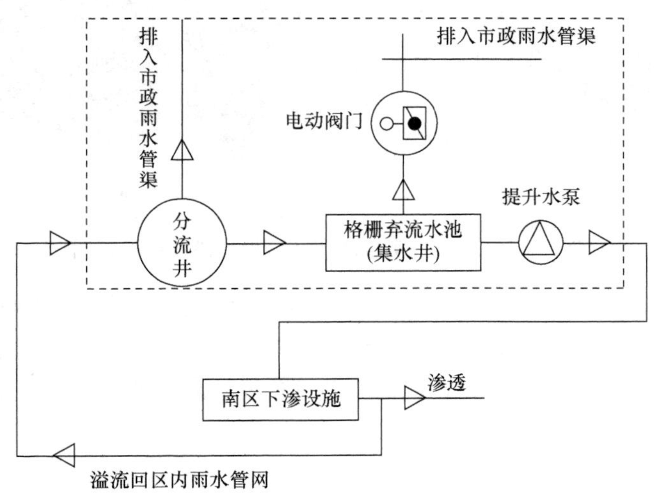

图 9-5　城市最佳实践区南区低影响开发雨水系统设计方案

根据工程前期对场地下渗速率的现场观测，确定雨水下渗速率的设计参数为 6.48×10^{-6}m/s，实际使用绿地面积为 1845m^2，满足下渗设计要求。绿地增渗系统的空间设计如图 9-6所示。增渗绿地主要通过蓄水模块蓄水(图 9-7)，其材质及特性为：高品质 100％优质回收聚丙烯(PP)材质；具有较强的硬度和韧性；水浸泡，无异味，无析出物；较强的耐强酸、强碱性；孔隙率大，便于蓄水。

(3) 综合效益。

该项目已获得美国绿色建筑委员会 LEED-ND 铂金级预认证授牌，成为北美地区以外首个获得该级别认证的项目。对于实践城市低影响开发雨水系统，将产生良好的示范效应。示范区年径流总量控制率达 90％，有效减少雨水径流产生量以及径流污染带来的城市水环境污染。

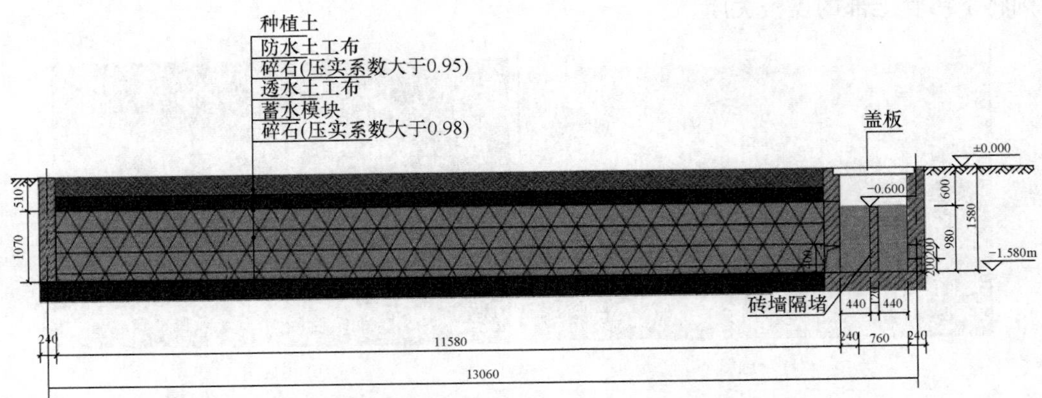

图 9-6 城市最佳实践区南区绿地增渗系统空间设计(单位:mm)

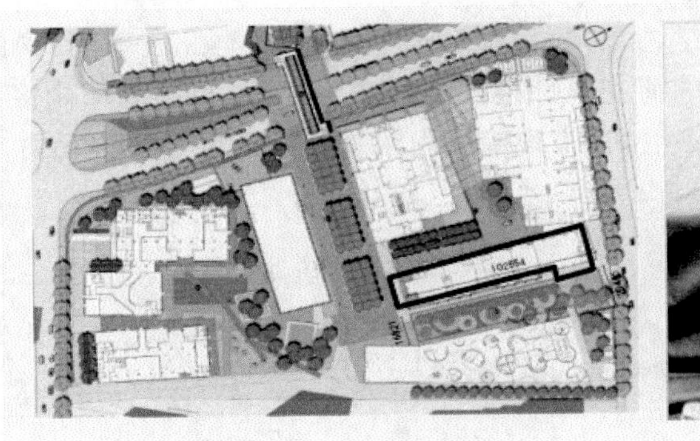

(a) 绿地增渗平面位置

(b) 绿地增渗系统现场施工

图 9-7 城市最佳实践区南区绿地增渗系统实景图

水与人们的生活紧密相关,对改善城市生态环境、提高人们的生活质量具有重要作用。在水资源日益紧缺的今天,将雨水资源利用与景观水景结合起来显得尤为适宜。山、林、塘、畦都承载着中国文化的智慧基因,我们应该珍视承载这份基因的大地,将绿色科技融入这块大地之中,诠释人与自然和谐相处。

思考题及习题

9-1 水体污染源有什么特点?

9-2 简述污水水质的特点。

9-3 简述污水回用要求及应用领域。

9-4 简述污水中污染物运动特征。

9-5 污水中好氧有机物是如何降解的?

9-6 简述水体富营养化的形成机理及危害。

第 10 章　水污染控制基础理论

10.1　污水物理处理理论模型

10.1.1　重力沉降

在重力作用下，使悬浮液中密度大于水的悬浮固体下沉，从而与水分离的水处理方法，称为重力沉降法(sedimentation)。重力沉降法的去除对象主要是悬浮液中粒径在 10μm 以上的可沉固体，即在 2h 左右的自然沉降时间内能从水中分离出去的悬浮固体。沉降可以分为四种类型。

(1) 自由沉降(free settling)。也称为离散沉降，是一种非絮凝或者弱絮凝性固体颗粒在稀悬浮溶液中的沉降。由于悬浮固体浓度低，且颗粒之间不发生聚集，所以在沉降过程中的颗粒形状、粒径和密度都保持不变，互不干扰地独立完成匀速沉降过程。固体颗粒在沉砂池及初沉池内的初期沉降就属于这种类型。

(2) 絮凝沉降(flocculation settling)。絮凝沉降是一种絮凝性固体颗粒在稀悬浮液中的沉降。虽然悬浮固体浓度不高，但颗粒在沉降过程中碰撞时能互相聚集为较大的絮体，因而颗粒粒径和沉降速度随沉降时间的延续而增大。颗粒在初次沉淀池内的后期沉降及生化处理中污泥在二次沉淀池中的初期沉降，就属于这种类型。

(3) 成层沉降(regional settling)。成层沉降也称集团沉降、区域沉降或拥挤沉降，是一种固体颗粒(特别是强絮凝性颗粒)在较高浓度悬浮液中的沉降。由于悬浮固体浓度较高，颗粒彼此靠得很近，吸附力将促使所有颗粒聚集为一个整体，但各自保持不变的相对位置共同下沉。此时，水与颗粒群体之间形成一个清晰的泥水界面，沉降过程就是这个界面随沉降历时下移的过程。生化处理中污泥在二次沉淀池内的后期沉降和在浓缩池内的初期沉降属于这个类型。

(4) 压缩沉降(compression settling)。当悬浮液中的悬浮固体浓度很高时，颗粒之间相互接触，彼此上下支承。在上层颗粒的重力作用下，下层颗粒间隙中的水被挤出，颗粒相对位置不断靠近，颗粒群体被压缩。生化污泥在二次沉淀池和浓缩池内的浓缩过程就是属于这种类型。

图 10-1 各类沉降类型发生区域示意图，图中表示出不同悬浮固体浓度和不同特性条件下，上述四类沉降发生的区域。

10.1.2　离散颗粒的沉降规律

离散颗粒(discrete particle)的沉降规律，可分为单独颗粒的沉降规律和群体颗粒的沉降规律两种情况来讨论。

1. 单独颗粒的沉降规律

单独颗粒在稀悬浮液中的沉降，不受周围颗粒的影响，其沉降速率仅仅是液体性质及颗粒本身特性的函数。任何一个在静水中的固体颗粒，都受到两种基本力的作用，即重力 F_g 和浮

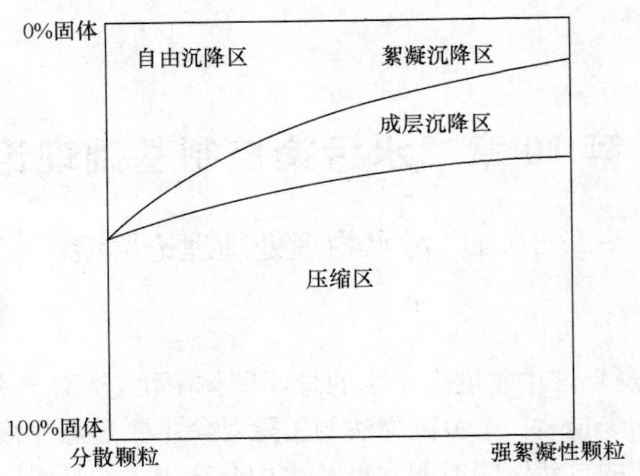

图 10-1　各类沉降发生区域

力 F_f。颗粒在水中的有效重力 F_a 为两种力之差，即

$$F_s = F_g - F_f = V_s g(\rho_s - \rho_l) \tag{10-1}$$

式中：V_s——颗粒体积；

ρ_s，ρ_l——分别为颗粒和水的密度；

g——重力加速度。

当 $\rho_s > \rho_l$ 时，$F_g > F_f$，颗粒便在合力（$F_g - F_f$）的作用下加速下沉运动。这时，颗粒便受到第三种力，即水的阻力作用。根据此分析和实验验证，阻力 F_d 可按式(10-2)计算：

$$F_d = C_d A_s \left(\frac{\rho_1 u_s^2}{2}\right) \tag{10-2}$$

式中：C_d——牛顿无因次阻力系数；

A_s——颗粒在垂直于运动方向上的投影面积；

u_s——颗粒的沉降速度。

颗粒在下沉运动过程中，净重 F_s 不变，而阻力则随沉降速度 u_s 的平方增大。因此，经过某一短暂的时刻后，F_d 便增大到与 F_s 相平衡，即 $F_d = F_s$。此时，颗粒的加速度为零，沉降速度 u_s 变为常数。由此可得颗粒自由沉降的沉降速度表达式为

$$u_s = \left[\frac{2g(\rho_s - \rho_l)}{C_d \rho_l}\left(\frac{V_s}{A_s}\right)\right]^{1/2} \tag{10-3}$$

设颗粒直径为 d_s 球形颗粒，有 $(V_s/A_s) = 2d_s/3$，其中 V_s 为颗粒体积。代入式(10-3)，得

$$u_s = \left[\frac{4g(\rho_s - \rho_l)d_s}{3C_d \rho_l}\right]^{1/2} \tag{10-4}$$

式(10-4)称为牛顿定律，u_s 称为离散颗粒的稳定沉降速度或最终沉降速度。

阻力系数 C_D 是颗粒沉降时周围液体绕流的雷诺数 Re 的函数，二者的关系如图 10-2 所示。依据 Re 值的大小，图面可分为层流区（斯托克斯区）、过渡流区（艾伦区）和紊流区（牛顿区）三个区域。在层流区和紊流区，C_D 与 Re 呈线性关系，在过渡区则呈指数函数关系。概括起来，可用通式表示为

$$C_D = \frac{K}{Re^n} \tag{10-5}$$

式中：K，n——与 Re 值及颗粒形状有关的因数。

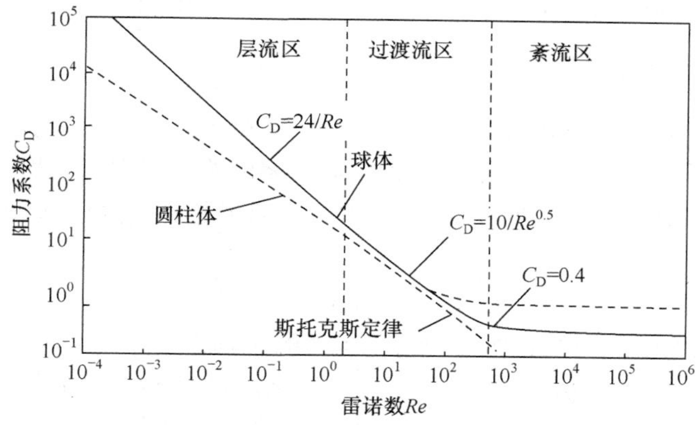

图 10-2　阻力系数与绕流雷诺数的关系

球形颗粒沉降的 K、n 值及其相应的 C_D-Re 关系见表 10-1。

表 10-1　球形颗粒沉降的 K、n 值及相应的 C_D-Re 关系

Re	绕流流态区域	K	n	C_D
$Re\leqslant 2$	层流区	24	1.0	$C_D=24/Re$
$2<Re\leqslant 500$	过渡区	10	0.5	$C_D=10/Re^{0.5}$
$500<Re\leqslant 10^5$	紊流区	0.4	0.0	$C_D=0.4$

将表 10-1 中的阻力系数 C_D 的计算式和雷诺数 Re 的表达式 $Re=d_s u_s \rho_1/\mu=d_s u_s/\nu$ 代入式(10-4)，即可得到固体颗粒在三种绕流流态区域的稳定沉降速度表达式，即

在 $Re\leqslant 2$ 的层流区：

$$u_s=\frac{(\rho_s-\rho_1)g}{18\mu}d_s^2=\frac{g(S_s-1)}{18\nu}d_s^2 \tag{10-6}$$

式中：μ，ν——分别为液体的动力黏度和运动黏度；

S_s——固体颗粒相对密度。

在 $2<Re\leqslant 500$ 过渡流区：

$$u_s=0.26\left[\frac{(\rho_s-\rho_1)^2 g^2}{\mu\rho_1}\right]^{1/3} d_s \tag{10-7}$$

在 $500<Re\leqslant 105$ 的紊流区：

$$u_s=1.82\left[\frac{(\rho_s-\rho_1)^g}{\mu\rho_1}\right]^{1/2} d_s^{1/2} \tag{10-8}$$

式(10-6)、式(10-7)、式(10-8)分别称为斯托克斯公式、艾伦公式和牛顿公式。

上述公式推导中的假设条件与实际有较大差异，不能直接用于固体颗粒沉降速度的计算，但揭示了各有关因素对沉降速度影响的一般规律，从而为强化沉降过程提供了理论依据。这些规律主要有以下几点。

(1) 在三种绕流流态区域内，颗粒沉速(particle settling velocity)与颗粒直径 d_s 及固、液密度差$(\rho_s-\rho_1)$的不同次方成正比，与液体黏度 μ 和密度 ρ_1 的不同次方成反比。因此，增大颗粒粒径和密度，适当提高水温，都有助于增大颗粒沉速。

(2) 当 $\rho_s<\rho_1$ 时，u_s 为负值，颗粒上浮，u_s 为上浮速度。因此沉降理论也适用于上浮过程。

当 $\rho_s=\rho_l$ 时，$u_s=0$，颗粒既不下沉也不上浮，此时不能用重力沉降和自然上浮法去除。

2. 群体颗粒的沉降规律

群体颗粒是指某一体积悬浮液中具有某一粒径的单个颗粒的集合。设群体颗粒中单个颗粒的直径为 d_s，密度为 ρ_s，相对密度为 S_s，周围液体密度为 ρ_l，颗粒群体的孔隙率为 ε，则根据群体颗粒达到稳定沉降速度 u_s 时所受净重力与所受阻力相平衡的原理，可得阻力系数为

$$C_d=\frac{4}{3}\times\frac{(\rho_s-\rho_l)g}{\rho_l u_s^2}d_s\varepsilon^3 f(\varepsilon) \tag{10-9}$$

式中：$f(\varepsilon)$——考虑周围颗粒对群体颗粒所受阻力的影响而修正的系数。

斯坦诺(Steoinour)根据实验，得出 $f(\varepsilon)$ 与 S_s 之间的经验关系式为 $f(\varepsilon)=10^{-1.82(1-S_s)}$。将 $f(\varepsilon)$ 和 S_s 关系式及层流、过渡流和紊流流态下的阻力系数表达式 $C_d=24/Re$、$C_d=10/Re^{0.5}$ 和 $C_d\approx0.4$ 分别代入式(10-9)，即可得群体颗粒在三种流态区域的沉降速度表达式为

层流区：

$$u_s=\frac{(\rho_s-\rho_l)g}{18\mu}d_s^2\varepsilon^2\ 10^{1.82(S_s-1)} \tag{10-10}$$

过渡流区：

$$u_s=0.26\left[\frac{(\rho_s-\rho_l)^2 g^2}{\mu\rho_l}\right]^{1/3} d_s\varepsilon^{5/3}10^{1.21(S_s-1)} \tag{10-11}$$

紊流区：

$$u_s=1.82\left[\frac{(\rho_s-\rho_l)g}{\mu\rho_l}\right]^{1/2} d_s^{1/2}\varepsilon^{3/2}10^{0.91(S_s-1)} \tag{10-12}$$

比较单独颗粒和群体颗粒的沉速表达式可见，在相同流态下表达式的形式、因次和系数都基本相同，只不过在群体颗粒沉速公式推导中，由于考虑了孔隙率和周围颗粒对其所受净重力和阻力的影响，因次以不同的绕流流态出现了 ε 的不同方次。

10.1.3　理想沉淀池

1. 理想沉淀池的几个假定

沉淀区过水断面上各点的水流速度均相同，水平流速为 ν；悬浮颗粒在沉淀区等速下沉，下沉速度为 u；在沉淀池的进口区域，水流中的悬浮颗粒均匀分布在整个过水断面上；颗粒一经沉到池底，即认为已被去除。

2. 理想沉淀池沉淀过程分析

颗粒下沉运动轨迹为 u 和 v 的矢量和，即斜率为 u/v 的斜线(图 10-3)。下沉速度为 u，颗粒水平速度 v 为水流速度，由此可得去除率 $u/v=h/H$(相似三角形)。设池宽为 B，长为 L，高为 H，$Ox/\!/O'x'$，对沉速为 u_0 的颗粒，从 O 点进入沉淀区后，将沿着斜线 Ox' 到达 x' 点而被除去。凡是速率 $u<u_0$ 的颗粒则不能一概而论：对于一部分靠近水面的颗粒将不能沉于池底，并被水流带出池外；一部分靠近池底的颗粒能沉于池底而被除去。由图 10-3 可知，$O'x'$ 以上具有 u_0 的颗粒随水流流出池外；$O'x'$ 以下具有 u_0 的颗粒则沉于池底。所以，对于水深为 H、宽为 B、沉降区池长为 L、水平面积为 A、处理水量为 Q 的理想沉淀池，由图中相似三角形得出：$u/u_0=H/L$；去除率：$h/H=u/v$。

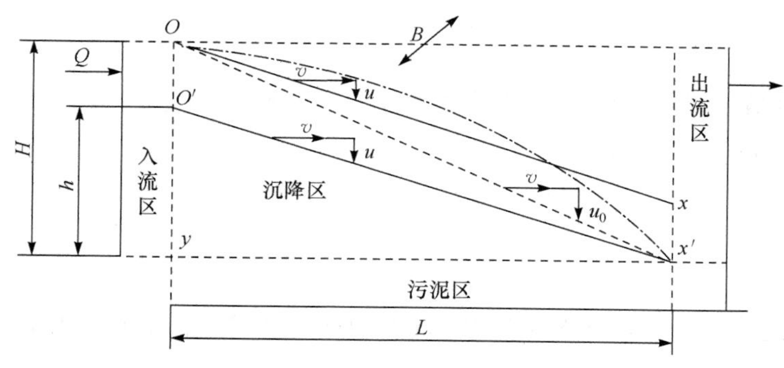

图 10-3　理想沉淀池颗粒沉降示意图

3. 表面负荷率

在沉淀池的设计中通常的程序是通过选取一临界速度 u_0 来决定沉淀池各部分尺寸和参数，使得沉淀速率大于或等于此临界速率的颗粒都能够被去除。

如果沉淀池容积为 $V(m^3)$，池表面积为 $A(m^2)$，进水流量为 $Q(m^3/s)$，又因为 $u_0t_0=H$，$V=HA=Qt_0$，所以

$$u_0=\frac{H}{t_0}=\frac{Qt_0}{At_0}=\frac{Q}{A} \tag{10-13}$$

定义

$$q=\frac{Q}{A} \tag{10-14}$$

由此可求得沉淀池的尺寸。实际沉淀过程不可能是理想状态的，水的流动一般处于紊流状态。雷诺数 $Re>500$，所以 q 值要修正：$q=(1/1.75\sim1/1.25)u_0$，沉淀时间 t 也相应延长：$t=(1.5\sim2.0)t_0$。

q 称为表面负荷或过流率，它表示单位沉淀池表面积在单位时间内所能处理的水量，单位为 $m^3/(m^2\cdot s)$ 或 $m^3/(m^2\cdot h)$。其意义在于：①q 表面负荷率在数值上等于临界速度 u_0；②q 越小，具有沉速 $u\geqslant u_0$ 的颗粒占悬浮固体总量的百分数越大，即去除率越高；③沉降效率仅为沉淀池表面积的函数，而与水深无关。当沉淀池容积为定值时，池子越浅，则 A 值越大，沉淀效率越高。此为浅池沉淀原理。

10.1.4　混凝

1. 化学混凝中的几个概念

凝聚——从作用机理来看，是指胶体和分散系双电层压缩、ξ 电位破坏、电性中和而脱稳并聚集为絮粒的过程。

絮凝——从工艺上看，是指絮粒通过吸附、桥联、网捕，聚结为大絮体而沉降的过程。

混凝——凝聚和絮凝统称为混凝。

絮凝剂——从化学角度看，是使胶体和悬浮颗粒凝聚和絮凝的药剂，所以有很多资料也称为混凝剂。

2. 混凝的理论基础

胶体和 SS 分散系稳定的原因有以下两个因素。

1）胶粒或分散系颗粒大小

由斯托克斯定律知：

$$u_s=\frac{(\rho_s-\rho_l)g}{18\mu}d_s^2=\frac{(S_s-1)g}{18\nu}d_s^2 \tag{10-15}$$

即颗粒下沉速度(u_s)与颗粒相对密度(S_s)、重力加速度(g)及颗粒直径的平方(d_s)成正比，与液体的动力黏度(ν)成反比。

2）分散系的双电层结构

以乐果溶于水形成的分散系为例说明：

$$(CH_3O)_2P(\rightarrow S)—SCH_2CONHCH_3 + HOH \longrightarrow (CH_3O)_2P(\rightarrow S)—OH + SCH_2COO + CH_3NH_2^+$$

$$(CH_3O)_2P(\rightarrow S)—OH + HOH \longrightarrow \left[(CH_3O)_2P(\rightarrow OH)—\cdot O:\right]^- + H^+ + HS^-$$

$$SCH_2COOH + HOH \longrightarrow CH_3COOH + H_2S$$

乐果溶于水形成胶体分散系：

$$\left\{ \underbrace{\underbrace{m[(CH_3O)_2P(\rightarrow S)SCH_2ONHCH_3]}_{\text{胶核}} \cdot \underbrace{n(CH_3O)_2P(\rightarrow O)}_{\text{电位离子}} \cdot \underbrace{(n-x)H^+}_{\text{反离子吸附层}}}_{\text{胶粒}} \right\}^{x-} \cdot \underbrace{xH^+}_{\text{扩散层}}$$

（胶粒与扩散层合称胶团）

双电层结构如图 10-4 所示。

ξ 电位：胶粒滑动面与扩散层之间的电位差（电动电位）。

ϕ 电位：胶粒表面与溶液之间的电位差（总电位）。

由于 ξ 电位破坏，胶体双电层受压缩，稳定性被破坏。

10.1.5 浮力浮上法

1. 基本原理

气浮分离的对象是乳化油及疏水性悬浮物等颗粒性杂质固体。气浮（浮选）利用高度分散的微小气泡黏附废水中的疏水性颗粒，使其随气泡上升形成浮渣而脱除。

1）表面张力与界面能

液体表层分子比内部分子具有多余的表面能，当液体体积很小时，就力求使表面积收缩至最小，表面能的作用使表面变成圆形。由于液体的表面分子所受的分子引力和内部分子所受的分子引力的不同，液体的表面分子受到不均衡的力。这个力要把表面分子拉向内部，即力图缩

小液体的表面积。液体表层分子比内部分子具有的多余的能量称为表面能或者界面能(W):

$$W=\delta \cdot S \tag{10-16}$$

式中:δ——界面张力(dyne/cm),使液体表面尽量缩小的力;

S——界面面积,cm^2。

界面能有降低到最小的趋势,当废水中有气泡存在时,悬浮颗粒就力图黏附在气泡上而降低其界面能。但并非所有颗粒都能黏附上去,它们能否与气泡黏附取决于水对该种颗粒的润湿性,即被水润湿的程度。各种物质对水的润湿性可用它们与水的接触角θ来表示。接触角$\theta>90°$者称为疏水性物质,$\theta<90°$者称为亲水性物质。

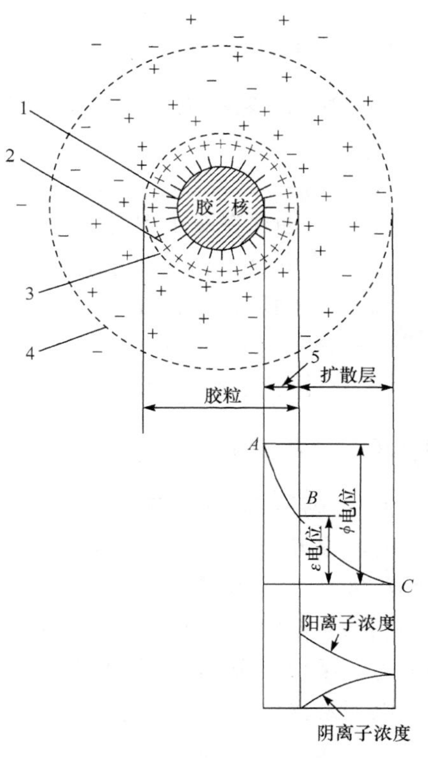

图 10-4　胶体粒子结构及其电位分布

1. 电位离子;2. 反离子;3. 滑动面;4. 胶团边界;5. 吸附层

2) 微小气泡对疏水性颗粒的黏附

水中悬浮颗粒与气泡的黏附(图 10-5、图 10-6),牵涉到气、液、固三相之间的问题。压力溶汽水在经过减压释放后即形成无数细小气泡。所形成气泡的大小与稳定性取决于释放时的水力条件和水的表面张力的大小,若水的表面张力小,则形成的气泡细小,有利于气泡的分散,所以气浮(浮选)的重要条件就是降低水的表面张力,在水中形成微小气泡。

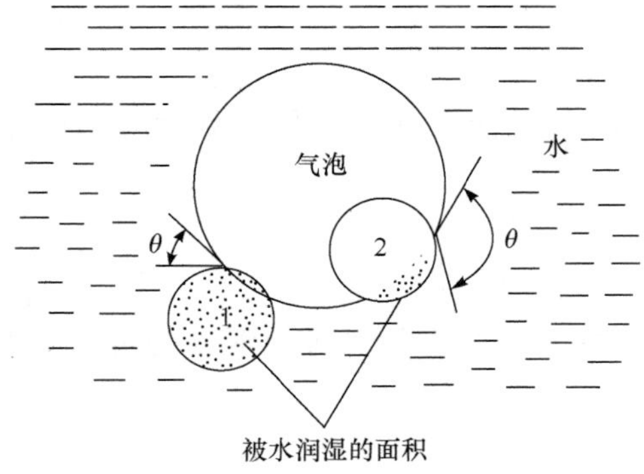

图 10-5　亲水性和疏水性物质的接触角

1. 亲水性物质;2. 疏水性物质

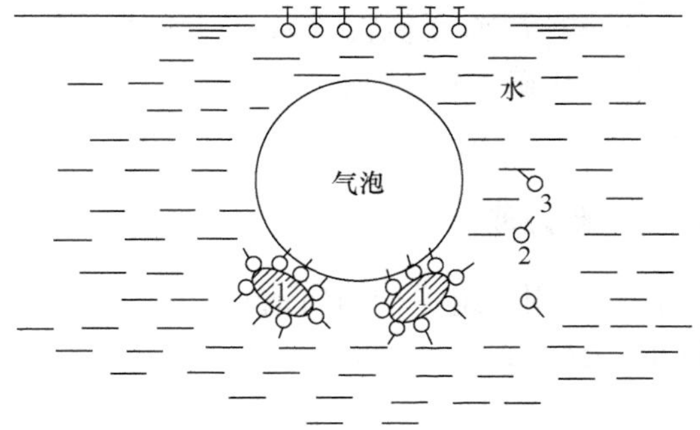

图 10-6　亲水性物质与气泡的黏附状况

1. 亲水性物质;2. 极性基;3. 非极性基

气浮(浮选)另一个重要条件就是要使悬浮颗粒变为疏水性,才能被气泡吸附上浮。当颗粒为疏水性时,气泡与颗粒接触界面很大。颗粒"深入"气泡中,他们之间的结合相当牢固。其接触角$\theta=180°$时,颗粒表面不被水湿润,即颗粒表现为疏水性,此时颗粒易被气泡吸附上浮而除去。若接触角$\theta=0°$时,则表明颗粒易被水润湿,表明该悬浮颗粒不能被气泡吸附,因此也就不能用气浮法除去。

2. 上浮速度

上浮油珠的粒径为60～100μm，油珠上浮速度仍符合斯托克斯定律：

$$u_0=\frac{\beta g}{18\mu}(\rho_L-\rho_O)d_0^2 \tag{10-17}$$

式中：u_0——油珠在静水中的上浮速度，cm/s；

ρ_L、ρ_O——水、油的密度，g/cm³；

d_0——油珠粒径，cm；

μ——水的动力黏度，g/(cm · s)；

β——修正系数，一般取0.9～0.95。

10.1.6 澄清池原理

澄清池是一种将絮凝反应过程与澄清分离过程综合于一体的构筑物。在澄清池中，沉泥被提升起来并使之处于均匀分布的悬浮状态，在池中形成高浓度的稳定性活性泥渣层，该层悬浮物浓度为3～10g/L。原水在澄清池中由下向上流动，泥渣层由于重力作用可在上升水流中处于动态平衡状态。当原水通过活性污泥层时，利用接触絮凝原理，原水中的悬浮物便被活性污泥渣层阻留下来，使水获得澄清。清水在澄清池上部被收集。

泥渣悬浮层上升流速与泥渣的体积、浓度有关：

$$u'=u(1-C_V)^m \tag{10-18}$$

式中：u'——泥渣悬浮层上升流速，cm/s；

u——分散颗粒沉降速度，cm/s；

C_V——体积浓度，%；

m——系数，无机粒子$m=3$，絮凝颗粒$m=4$。

因此，正确选用上升流速，保持良好的泥渣悬浮层，是澄清池取得较好处理效果的基本条件。

10.1.7 阻力截留

格栅是用一组平行的扁钢制成的框架，用于阻截污水中各种垃圾等漂浮物的污水处理最前面的一种装置，见图10-7。

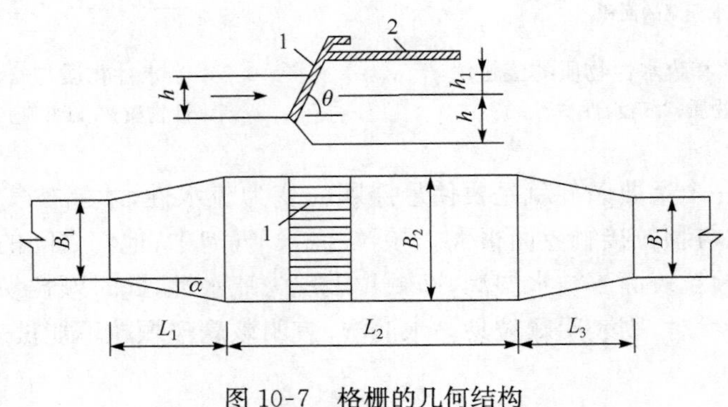

图10-7 格栅的几何结构

1. 格栅；2. 平台

1. 格栅设计计算

1）扩大段和收缩段

$$\tan\alpha=\frac{B_2-B_1}{L_1}\times\frac{1}{2} \tag{10-19}$$

$$L_1=\frac{B_2-B_1}{2\tan\alpha} \tag{10-20}$$

栅前扩大段长 L_1，栅后收缩段长 $L_3=0.5L_1$。

2）格栅段宽

$$B_2=s(n-1)+bn \tag{10-21}$$

式中：s——栅条宽度，取 10mm；

b——栅条间隙宽，取 15～20mm；

n——栅条间隙数目。

$$n=\frac{Q\sin\theta}{bvh} \tag{10-22}$$

式中：Q——废水最大设计流量，m^3/s；

θ——格栅对水平面倾角，一般取 50°～70°；

v——废水流过格栅间隙流速，取 0.7m/s；

h——栅前水深，一般取 0.3～0.5m。

3）水通过格栅的水头损失 h_1

$$h_1=kh_0=k\xi\frac{v^2}{2g}\sin\theta \tag{10-23}$$

式中：h_0——理论计算水头损失，m；

k——系数，格栅受污染物堵塞后，水头损失增加的倍数，一般 $k=3$；

ξ——格栅间力系数；

g——重力加速度，m/s^2。

$$L_2=500+\frac{H}{\tan\theta}+1000 \tag{10-24}$$

式中：500，1000——栅前、栅后长度取得经验数；

$\frac{H}{\tan\theta}$——格栅水平投影长度。

4）湿栅渣量 W(m^3/d)

$$W=\frac{QG_s\times 86400\times 100}{k_f(100-\rho)\gamma\times 1000} \tag{10-25}$$

式中：G_s——废水中可被格栅拦截的漂浮物量，kg/m^3；

k_f——废水流量变化系数；

ρ——湿栅渣含水率，一般取 80%；

γ——栅渣容积密度，可取 $960kg/cm^3$。

2. 筛网

筛网用金属丝或化学纤维编织而成，有水力回转筛、固定筛等形式。

3. 微孔介质过滤——微滤

微滤是一种用多孔材料制成的整体型微孔管或微孔板来截留水中的固态细微悬浮物的水处理方法。主要有微孔滤板、滤管、泡沫塑料、陶瓷多孔滤料，还包括呢绒、帆布等。微孔滤料适用于截留没有絮凝性的无机悬浮物。

如采用压滤，其效率可提高多倍。处理负荷一般为 1～2$m^3/(m^2 \cdot h)$。

10.1.8 吸附

1. 吸附原理与类型

吸附是一种物质附着在另一种物质表面上的过程，它可以发生在气-液、气-固、液-固两相之间。在污水处理中，吸附则是利用多孔性固体吸附剂的表面吸附污水中一种或多种污染物，达到污水净化的过程。具有吸附能力的多孔性固相物质称为吸附剂，而污水中被吸附的物质称为吸附质。

这种方法主要用于低浓度工业废水的处理。

吸附的主要原因在于溶质对水的疏水特性或者在于溶质对固体颗粒的高度亲和力；吸附作用的第二种原因是溶质与吸附剂之间的静电引力、范德华引力或化学键力。

与此相对应，可把吸附分为 3 种基本类型。

1）物理吸附

物理吸附是吸附质与吸附剂之间的分子引力（范德华力）所产生的吸附。这是最常见的一种吸附现象。

特征：被吸附物分子稍能在界面上作自由移动；吸附时表面能降低，所以是放热反应；由于物理吸附是分子间力，而分子引力普遍存在，所以吸附基本上是无选择性的；低温就能进行吸附；可以形成单分子层或多分子层吸附；吸附速率快，易于达到平衡；由于吸附力弱，物理吸附也容易解吸（或脱附），反应高度可逆。

2）化学吸附

化学吸附是吸附质与吸附剂之间发生化学反应，形成牢固的化学键和表面配合物。

特征：吸附质分子不能在表面自由移动；吸附时放热量大，与化学反应的反应热相近；是选择性吸附；一般需在较高的温度下进行吸附；只能是单分子层吸附或不满一层；吸附较稳定，不易解吸（不可逆）。

3）离子交换吸附

离子交换吸附即溶质的离子由于静电引力作用聚集在吸附剂表面的带电点上，同时吸附剂也放出一个等当量离子。

离子的电荷是交换吸附的决定因素：离子所带电荷越多，吸附越强；电荷相同的离子，其水化半径越小，越易被吸附。

在水处理中，吸附过程往往是上述几种吸附作用的综合结果。由于吸附质、吸附剂及其他因素的影响，可能某种吸附是主要的。

2. 吸附平衡和平衡浓度

吸附过程是一个可逆过程，当污水、吸附剂两相经充分接触后，最终将达到吸附与脱附的动态平衡，即吸附平衡。当达到动态平衡时，吸附速率与脱附速率相等，吸附质在吸附剂及溶液中的浓度都将不再改变。

此时，吸附质在液相中的浓度称为平衡浓度。

3. 吸附容量

吸附容量指单位质量吸附剂所吸附的吸附质的质量：

$$q=\frac{V(c_0-c)}{W} \tag{10-26}$$

式中：q——吸附容量，g/g；

V——废水体积，L；

c_0——原水中吸附质浓度，g/L；

c——吸附平衡时水中剩余的吸附质浓度，g/L；

W——吸附剂投加量，g。

吸附剂对吸附质的吸收效果，一般用吸附容量和吸附速率来衡量。

4. 吸附速率

吸附速率指单位质量的吸附剂在单位时间内所吸附的物质的量。

吸附速率决定了污水和吸附剂的接触时间，取决于吸附剂对吸附质的吸附过程，通常由实验确定。

5. 吸附等温规律

吸附等温曲线是表征吸附容量与相应的平衡浓度之间的关系曲线。

描述吸附等温线的数学表达式常见的有朗格缪尔(Langmuir)吸附等温式、弗罗因德利希(Freundlich)(在低浓度时较适用)吸附等温式和 BET 等温式。三个吸附等温式仅适用于单组分吸附体系。

6. Langmuir 吸附等温式

假设：①吸附是单分子层吸附，其吸附量达到最大值；②吸附分子之间没有作用力；③一定条件下，吸附与脱附可达到动态平衡。

$$q=N_m\frac{kc}{1+kc} \tag{10-27}$$

式中：N_m——单分子层覆盖的饱和值，与温度无关；

q——平衡吸附量，mg/g；

k——吸附系数，代表了固体表面吸附能力的强弱，又称吸附平衡常数；

c——吸附质浓度，g/L。

为了方便起见，可将式(10-27)变形为一个线性形式：

$$\frac{1}{q}=\frac{1}{N_m kc}+\frac{1}{N_m} \tag{10-28}$$

根据实验情况，可按式(10-28)以[$1/q$]对[$1/c$]作图，得到一条直线，如图 10-8 所示。

7. Freundlich 吸附等温式

Freundlich 吸附等温式为指数型的经验公式：

$$q=K\cdot c^{1/n} \tag{10-29}$$

式中：K——Freundlich 吸附系数；

n——常数，通常大于 1；

其他符号同前。

式(10-29)虽然为经验式，但与实验数据相当吻合，通常将该式绘制在双对数坐标纸上，以便确定 K 与 n 值。式(10-29)两边取对数，得

$$\lg q = \lg K + \frac{1}{n}\lg c \tag{10-30}$$

由实验数据按式(10-29)作图得到一直线，如图 10-9 所示，其斜率等于 $1/n$，截距等于 $\lg K$。一般认为，$1/n$ 值介于 0.1～0.5 时，则易于吸附，$1/n>2$ 时难以吸附。

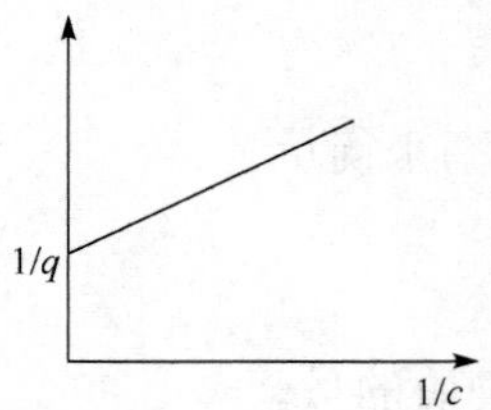

图 10-8 Langmuir 吸附等温式常数图解

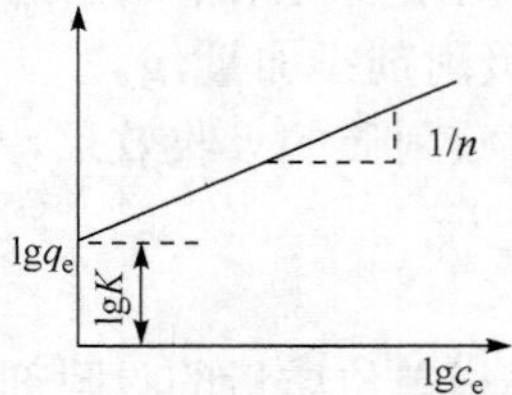

图 10-9 Freundlich 吸附等温式常数图解法

Freundlich 吸附等温式在一般的浓度范围内与 Langmuir 吸附等温式比较接近，但在高浓度时不像 Langmuir 吸附等温式那样趋向于一个定值；在低浓度时也不会还原成一条直线。当污水中混合着吸附难易不同的物质时，则等温线不成直线。表 10-2 列举了活性炭吸附污水中酚、乙酸等时的 K 和 n 值，可供参考。

表 10-2 活性炭在某些物质水溶液中的吸附

吸附质	温度/℃	K	n	吸附质	温度/℃	K	n
酚	20	17.18	0.23	乙酸	20	0.97	0.4
	70	2.19	0.47		50	0.08	0.66
甲酚	20	2.00	0.48		70	0.04	0.75
乙酸戊酯	20	4.80	0.49				

8. 影响吸附的因素

1）吸附剂的性质

(1) 孔的大小。

吸附剂的内孔大小和分布对吸附性能影响很大。孔径太大，表面积小，吸附能力差；孔径太小，则不利于吸附质扩散，并对直径较大的分子起屏蔽作用。

(2) 比表面积。

由于吸附现象是发生在固体表面上，所以吸附剂的比表面积越大，吸附能力越强，吸附容量也越大，因此，比表面积是吸附作用的基础。

但要注意与处理水的性质相适应，对相对分子质量大的吸附质，微孔提供的表面积不起很大作用，所以单纯强调比表面积会有片面性，不能不分处理对象任意用炭。

(3) 吸附剂的表面化学特性。

一般极性分子型吸附剂易吸附极性分子型吸附质，非极性分子型吸附剂易吸附非极性的吸附质。

活性炭本身是非极性的，在制造过程中，处于微晶体边缘的碳原子，由于共价键不饱和而易与其他元素如氧、氢等结合形成各种含氧官能团，如羟基、羧基、羰基等，从而具有微弱极性，使其他极性溶质竞争活性炭表面的活性位置，导致非极性溶质吸附量降低，而对水中某些金属离子产生离子交换吸附或络合反应，提高处理效果。

2) 吸附质的性质

吸附质在水中溶解度、分子极性、相对分子质量大小等都对吸附有影响。

(1) 溶解度。

一般溶质溶解度越低，越容易被吸附，而不易被解吸。

通常有机物在水中溶解度随着链长的增加而减小，而活性炭在污水中对有机物的吸附容量随着同系物相对分子质量的增大而增加。

(2) 表面自由能。

能够使液体表面自由能(或称表面张力)降低越多的吸附质，越容易被吸附。例如，活性炭在水溶液中吸附脂肪酸，由于含碳越多的脂肪酸分子可使炭液界面自由能降低得越多，所以吸附量也越大。

(3) 极性。

吸附质极性强弱对吸附影响很大。极性的吸附质易被极性的吸附剂吸附，非极性的吸附质易被非极性的吸附剂吸附。

硅胶和活性氧化铝为极性吸附剂，可以从污水中吸附极性分子。

10.1.9　离子交换

1. 离子交换基本原理

离子交换法是一种借助于离子交换剂上的离子和废水中的离子进行交换反应而除去废水中有害离子的方法。

离子交换过程也可以看成是一种特殊吸附过程，所以在许多方面都与吸附过程类同。离子交换过程的特点在于：它主要吸附水中以离子态存在的物质，并进行等当量的离子交换。在废水处理中，离子交换主要用于回收和去除废水中金、银、铜、镉、铬、锌等金属离子，对于净化放射性废水及有机废水也有应用。

2. 离子交换剂

离子交换剂分为无机和有机两大类。

无机的离子交换剂有天然沸石和人工合成沸石。沸石既可作阳离子交换剂，也能用作吸附剂。有机的离子交换剂有磺化煤和各种离子交换树脂。

离子交换树脂是一类具有离子交换特性的有机高分子聚合电解质，是一种疏松的具有多孔结构的固体球形颗粒，不溶于水，也不溶于电解质溶液。

离子交换树脂由树脂本体(resin matrix，又称母体或骨架)和活性基团(functional group)两部分组成。树脂本体最常见的是苯乙烯的聚合物，是线性结构的高分子有机化合物。活性基团由固定离子和活动离子组成。固定离子固定在树脂的网状骨架上，活动离子则依靠静电引力与固定离子结合在一起，两者电性相反、电荷相等。

3. 离子交换树脂的分类

(1) 按树脂的类型和孔结构的不同，可分为：凝胶型、大孔型、多孔凝胶型、巨孔型(MR型)和高巨孔型(超MR型)树脂等。

(2) 按活性基团的不同，可分为阳离子交换树脂(cation resin)、阴离子交换树脂(anion resin)、螯合树脂、氧化还原树脂和两性树脂等。

其中，阴、阳离子交换树脂按照活性基团电离强弱程度，可分为：

a. 强酸性(strong acid)阳离子交换树脂，活性基团一般为—SO_3H，故又称磺酸型阳离子交换树脂。

b. 弱酸性(weak acid)阳离子交换树脂，活性基团一般为—COOH，故又称羧酸型阳离子交换树脂。

其中活性基团中的 H^+ 可以被 Na^+ 代替，因此阳离子交换树脂又可分为氢型和钠型。

c. 强碱性(strong base)阴离子交换树脂，活性基团一般为≡NOH，故又称为季铵型阴离子交换树脂。

d. 弱碱性(weak base)阴离子交换树脂，活性基团一般有 —NH_3OH、═NH_2OH 和≡NHOH 之分，故分别又称伯胺型、仲胺型和叔胺型离子交换树脂。

阴离子交换树脂中的氢氧根离子 OH^- 可以用氯离子 Cl^- 代替。因此，阴离子交换树脂又有氢氧型和氯型之分。

4. 离子交换树脂的性能指标

1) 离子交换容量

交换容量(exchange capacity)是树脂交换能力大小的标准，可以用重量法和容积法两种方法表示。

重量法是指单位质量的干树脂中离子交换基团的数量，用 mmol/g 或 mol/g 来表示。

容积法是指单位体积的湿树脂中离子交换基团的数量，用 mmol/L 或 mol/m^3 树脂来表示。由于树脂一般在湿态下使用，因此常用的是容积法。

全交换容量是指树脂中活性基团的总数。工作交换容量是指在给定的工作条件下，实际所发挥的交换容量，实际应用中由于受各种因素的影响，一般工作交换容量只有总交换容量的60%～70%。

有效交换容量是指出水到达一定指标时交换树脂的交换容量。

2) 含水率

含水率通常以每克湿树脂(去除表面水分后)所含水分百分数来表示。

3) 相对密度

离子交换树脂的相对密度有三种表示方法：干真密度、湿真密度和湿视密度。

干真密度是指在 115℃真空干燥后的密度；湿真密度是指树脂在水中充分膨胀后的质量与树脂所占体积(不包括空隙)之比；湿视密度是指树脂在水中充分膨胀后单位体积树脂所具有的质量。

4) 溶胀性

当树脂由一种离子形态转变为另一种离子形态时所发生的体积变化称为溶胀性或膨

胀性。

树脂溶胀的程度用溶胀度来表示。如强酸阳离子交换树脂由钠型转变成氢型时，其体积溶胀度为 5%～7%。

5）耐热性

各种树脂所能承受的温度都有一个高限，超过这个极限，就会发生比较严重的热分解现象，影响交换容量和使用寿命。

6）交联度

交联剂占单体质量的百分数称为交联度。

交联度直接影响树脂的性能，交联度越高，树脂的机械强度就越大，对离子的选择性就越强，但交换速度也就越慢。

7）选择性

离子交换树脂对水中某种离子能优先交换的性能称为选择性，它是决定离子交换法处理效率的一个主要因素。

8）化学稳定性

废水中的氧化剂，如氧、氯、铬酸、硝酸等，由于其氧化作用能使树脂网状结构破坏，活性基团的数量和性质也会发生变化。

防止树脂因氧化而化学降解的办法有三种：一是采用高交联度的树脂；二是在废水中加入适量的还原剂；三是使交换柱内的 pH 保持在 6 左右。

除上述几项指标外，还有树脂的外形、黏度、耐磨性、在水中的不溶性等。

10.1.10　萃取

1. 萃取原理

化工上，用适当的溶剂分离混合物的过程称为萃取。

萃取的实质是溶质在水中和溶剂中有不同的溶解度。溶质从水中转入溶剂中是传质过程，其推动力是废水中实际浓度与平衡浓度之差。在达到平衡浓度时，溶质在溶剂中及水中的浓度呈一定的比例关系：

$$K=\frac{c_{溶}}{c_{水}} \tag{10-31}$$

式中：$c_{溶}$——在溶剂中的平衡浓度，mg/$L_{溶}$；

$c_{水}$——在废水中的平衡浓度，mg/$L_{水}$；

K——分配系数。

注意：分配系数的值不是常数。不但受温度影响，而且还受浓度的影响。

2. 萃取剂

萃取剂的选择：萃取剂对被萃取物的溶解度要高，对水中其他物质的溶解度要低，而萃取剂本身在水中溶解度要低；萃取剂在废水中不会乳化，容易同废水分离；萃取剂要易于再生；价格低廉，易于获得；黏度小、凝固点低、着火点高、毒性小、蒸气压小，便于室温储存和使用。

10.1.11　膜析法

1. 基本概念

膜分离是利用特殊的薄膜对液体中某些成分进行选择性透过的统称。溶剂透过膜的过程称为渗透,溶质透过膜的过程称为渗析。

常用的膜分离方法有电渗析、反渗透、超滤等。

近年来,膜分离技术发展速度极快,在污水、化工、生化、医药、造纸等领域广泛应用。根据膜的种类不同及推动力不同,膜分离法的区别如表 10-3 所示。

表 10-3　膜分离法

方法	推动力	膜的类型	用途
渗析	浓度差	非对称膜	分离低分子物质、离子(0.0004～0.15μm),截留物相对分子质量＞1000(溶剂)
电渗析	电位差	离子交换膜	分离离子,用于回收酸、碱,苦咸水淡化
反渗透	压力差	反渗透膜	分离小分子溶质,用于海水淡化,去除无机离子或有机物
超滤	压力差	超过滤膜	用于分离相对分子质量大于 500 的大分子,去除细菌、蛋白质等
液膜	反应促进和浓度差	液膜	应用于医药、化工、生物、环境保护等方面

2. 原理

1) 电渗析原理

电渗析是在直流电场的作用下,利用阴、阳离子交换膜对溶液中阴、阳离子的选择透过性(即阳膜只允许阳离子通过、阴膜只允许阴离子通过),而使溶液中的溶质与水分离的一种物理化学过程。离子减少的隔室为淡水室,相应的出水为淡水;离子增多的隔室为浓水室,相应的出水为浓水;与电极板接触的隔室为极室,其出水为极水。对于一般的给水处理,得到的为淡水,浓水排走;对于工业废水处理,淡水可无害化排放或重复利用,浓水则可回收有用物质。

2) 超滤的原理

超滤又称为超过滤,通过膜表面的微孔结构对物质进行选择性分离。当液体混合物在一定压力下流经膜表面时,小分子溶质透过膜(称为超滤液),而大分子物质则被截留,使原液中大分子浓度逐渐提高(称为浓缩液),从而达到大、小分子的分离、浓缩、净化的目的。

用于去除废水中大分子物质和微粒(相对分子质量＞500)。

超滤截留大分子物质的机理是:膜表面的孔径机械筛分作用;膜孔阻塞、阻滞作用;膜表面及膜孔对杂质的吸附作用。

10.2　生物处理及生化反应动力学基础

10.2.1　污水生物处理基本概念

微生物是肉眼看不见或者看不清楚的微小生物的总称,废水处理的微生物包括真细菌、古细菌、放线菌、真菌等,还包括藻类、原生动物和后生动物。由于微生物分布广、种类多、生长旺、繁殖快、易变异和对环境的适应性强等特点,在特定条件下对微生物进行驯化,使之适应工业废水的水质条件,通过新陈代谢,使有机物无机化,有害物质无害化。加之微生物生长条件温和，用生化法促使污染物的转化与一般化学法相比优越得多，其处理费用低廉，运行管理方便。所以生化处理是废水处理系统中最重要的过程之一。目前，这种方法广泛用于生活污水及工业有机废水的二级处理。

10.2.2　废水的好氧生物处理机理

废水的好氧生物处理是在提供游离氧的前提下，以好氧微生物为主，使有机物降解的处理方法。好氧处理方法中，有机物被微生物摄取之后，通过代谢活动，有机物一部分被分解，提供微生物生命活动所需能量；另一部分被转化，合成为新的原生质，形成新的活性污泥或生物膜增长部分，如图 10-10 所示。

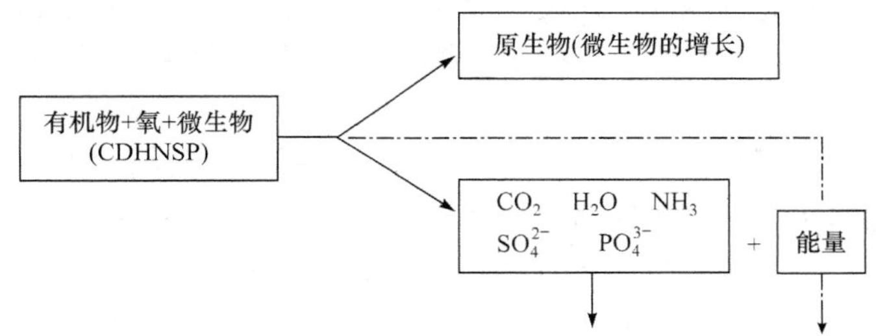

图 10-10　有机物的好氧分解

好氧生物处理法在废水工程中，通常采用的有活性污泥法和生物膜法两大类，新技术目前应用较广的是 SBR 法。

10.2.3　废水的厌氧生物处理机理

厌氧生物处理是一个复杂的微生物化学过程，主要依靠水解产酸细菌、产氢细菌和甲烷细菌的联合作用完成，因而粗略地将厌氧消化过程划分为三个连续阶段，即水解酸化阶段、产氢产乙酸阶段和产甲烷阶段，如图 10-11 所示。

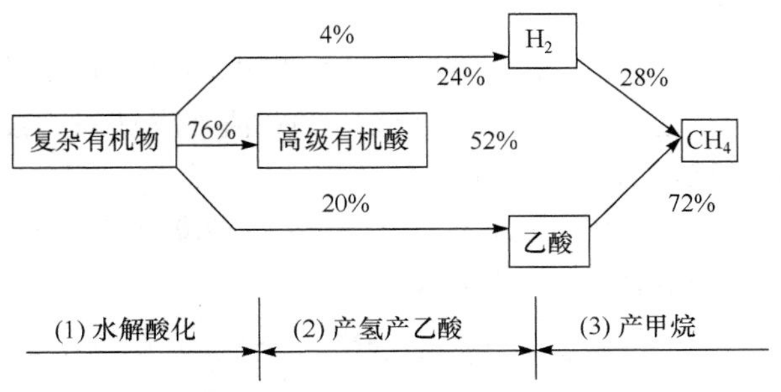

图 10-11　厌氧消化的三个阶段和 COD 转化率

第一阶段为水解酸化阶段。复杂的大分子、不溶性有机物先在细菌外酶的作用下水解为小分子、溶解性有机物，然后渗入细胞体内，分解产生挥发性有机酸、醇、醛类等。这个阶段主要产生高级脂肪酸。

第二阶段为产氢产乙酸阶段。在产氢产乙酸细菌的作用下，第一阶段产生的各种有机酸被分解转化为乙酸和 H_2，在降解有机酸时还形成 CO_2。

第三阶段为产甲烷阶段。产甲烷细菌将乙酸、乙酸盐、CO_2 和 H_2 等转化为甲烷。此过程由两组生理上不同的产甲烷菌完成。一组把氢和二氧化碳转化为甲烷，另一组从乙酸或乙酸盐脱羧基产生甲烷，前者占总量的1/3，后者约为2/3。

常用的厌氧生物处理方法有传统厌氧处理、UASB法及厌氧生物滤池等。

10.2.4 活性污泥法

活性污泥法是通过人工强化措施，使反应器中保持一定溶解氧及悬浮微生物浓度，利用好氧微生物的代谢作用，去除水中有机污染物的一种生物方法。传统的活性污泥法由初沉池、曝气池、二次沉淀池、供氧装置以及回流污泥设备等组成，废水首先进入初沉池，在此去除大部分水中的悬浮物及少量有机物。经过初沉池后，废水与从二次沉淀池底部流出的回流污泥混合后进入曝气池，在曝气池充分曝气。从曝气池流出的混合液进入二次沉淀池，在二次沉淀池内活性污泥与水分离，并使活性污泥进行初步浓缩，使回流到曝气池前端的回流污泥具有较高的污泥浓度。

活性污泥法在曝气过程中，对有机物的去除可分为两个阶段，即吸附阶段和稳定阶段。在吸附阶段，主要是废水中的有机物转移到活性污泥上，这是由于活性污泥具有巨大的比表面积（2000～10 000m^2/m^3 混合液），而且表面上含有多糖类黏性物质。

1. 活性污泥评价指标

（1）混合液悬浮固体浓度（MLSS）。污泥浓度（mixed liquor suspended solids）是指曝气池单位容积混合液内所含有的活性污泥即固体物的总质量，单位为mg/L或g/m^3。

$$\text{MLSS}=M_a+M_e+M_i+M_{ii}$$

普通活性污泥法，曝气池内悬浮固体浓度常控制在2～3g/L。

（2）混合液挥发性悬浮固体浓度（MLVSS）。MLVSS（mixed liquor volatile suspended solids）表示混合液活性污泥中有机性固体物质部分的浓度，单位为mg/L或g/m^3。

$$\text{MLVSS}=M_a+M_e+M_i$$

MLVSS表示活性污泥中有机固体物质的浓度，更能反映活性污泥的活性。城市污水的活性污泥系统，MLVSS/MLSS一般为0.75～0.85。

（3）污泥沉降比（SV）。SV（sludge volume）指曝气池混合液在量筒内静置沉淀30min后所形成沉淀污泥体积占原有混合液体积的百分率。SV值能够相对地反映污泥浓度和污泥的絮凝、沉降性能。城市污水的活性污泥SV介于20%～30%。

（4）污泥体积指数（SVI）SVI（sludge volume index）指曝气池混合液经30min静沉后，1g干污泥所形成的沉淀后的污泥体积，单位为mL/g。

$$\text{SVI(mL/g)}=\frac{\text{SV(\%)}\times 10}{\text{MLSS(g/L)}} \tag{10-32}$$

SVI能够更好地反映出活性污泥的疏散程度和凝聚沉降性能。曝气池混合液污泥浓度为X(mg/L)，回流污泥浓度X_r(mg/L)，处理水量Q，回流污泥量Q_r，回流污泥比R，根据污泥量平衡关系（图10-12）：

$$X(Q+Q_r)=Q_rX_r \tag{10-33}$$

$$X=\frac{X_rR}{1+R}=Q_rX_r \tag{10-34}$$

$$X_r=\frac{10^6}{\text{SVI}} \tag{10-35}$$

代入式(10-34)得

$$X=\frac{R\cdot 10^6}{(1+R)\mathrm{SVI}} \tag{10-36}$$

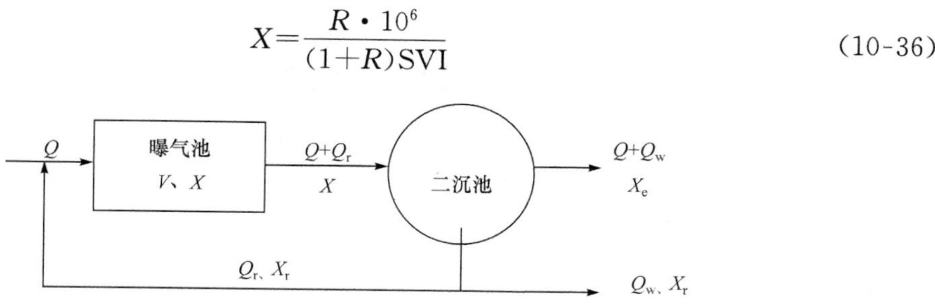

图 10-12　有污泥回流并在二沉池底部排泥的活性污泥系统流程示意图

在测定 SVI 时所分析的污泥层是 30min 静置沉淀后的污泥，考虑二沉池的实际情况，式(10-35)应修正为

$$X_r=\alpha\frac{10^6}{\mathrm{SVI(mL/g)}}(\mathrm{mg/L}) \tag{10-37}$$

其中，α 可取 1.2。

(5) 泥龄(θ_c)，又称细胞平均停留时间(MCRT)或者污泥滞留时间(SRT)。泥龄是每日新增长的活性污泥在曝气池的平均停留时间，也就是曝气池全部活性污泥平均更新一次所需的时间，或者曝气池内活性污泥的总量与每日排放污泥量之比，单位为 d。

有污泥回流并在二沉池底部排泥的活性污泥，其泥龄可用式(10-38)表示：

$$\theta_c=\frac{XV}{X_rQ_w+(Q-Q_w)X_e} \tag{10-38}$$

当 $X_e\approx 0$ 时，式(10-38)可写为

$$\theta_c=\frac{XV}{X_rQ_w} \tag{10-39}$$

式中：θ_c——泥龄，d；

V——曝气池有效容积，m^3；

Q、Q_w——进水和剩余污泥的流量，m^3/d；

X、X_e、X_r——曝气池混合液悬浮固体浓度、出水悬浮固体浓度和回流浓度，g/L。

$$\frac{X}{X_r}=\frac{R}{(1+R)}$$

$$Q_w=\frac{VR}{\theta_c(1+R)} \tag{10-40}$$

泥龄是活性污泥系统设计与运行管理的重要参数，反映了活性污泥吸附有机物以后进行稳定氧化的时间长短。泥龄越长，有机物氧化越稳定月彻底，处理效果好，剩余污泥量少，；反之亦然。但泥龄也不能太长，否则污泥会老化，影响处理效果。泥龄不能短于活性污泥中微生物的世代时间，否则曝气池中污泥会流失。普通活性污泥法的泥龄一般采用 5～15d。

2. 活性污泥增长规律

活性污泥的增长规律实质上是活性污泥微生物的增殖规律。控制活性污泥增长的决定因素是废水中可降解的有机物量(F)和微生物量(M)两者之间的比值，即 $F:M$。活性污泥微生

物的增长可分为对数增长期、减数增长期和内源呼吸期，如图 10-13 所示。

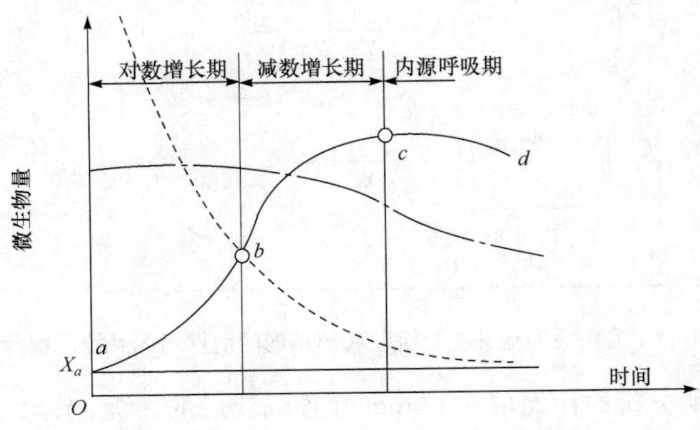

图 10-13　活性污泥增长曲线

(1) 对数增长期，出现环境为有机底物异常丰富，F/M 大于 2.2，去除有机物能力强，微生物以最高速率增殖，合成新细胞。

(2) 减数增长期，F/M 不断下降，微生物增殖速率与残存的有机底物浓度呈正比，为一级反应关系。微生物增长速率逐渐下降，在后期，微生物的衰亡与增殖互相抵消，活性污泥不再增长。

(3) 内源呼吸期，污水中有机底物含量继续下降，F/M 值下降到最低并保持一常数，微生物不能从周围环境获取满足自身生理需要的营养，开始分解代谢自身营养物质。

在实际应用上，F/M 值是以污泥负荷 N_s 表示的，即

$$F/M = N_s = QL_a/VX \tag{10-41}$$

式中：Q——污水流量，m^3/d；

L_a——曝气池进水中有机底物 BOD_5 浓度，mg/L；

V——反应器(曝气池)容积，m^3；

X——曝气池混合液悬浮固体浓度，mg/L；

N_s——污泥负荷，kg BOD_5/(kg MLSS · d)。

3. 有机物降解与微生物增殖动力学模型

活性污泥微生物增殖是微生物合成代谢和自身氧化(内源呼吸)两项作用的综合结果，活性污泥微生物在曝气池内日净增长量：

$$\Delta X = aQ(L_a - L_e) - bVX_v \tag{10-42}$$

式中：X——每日的污泥增长量，kg VSS/d；

Q——每日处理废水量，m^3/d；

L_a——进水 BOD_5 浓度，kg BOD_5/m^3；

L_e——出水浓度，kg BOD_5/m^3；

a——污泥增长系数，降解 1kg BOD_5 所合成的 MLVSS，kg VSS/(kg BOD_5 · d)；

b——污泥自身氧化率，1kg 污泥每日自身氧化量，kgVSS/(kgVSS · d)；

X_v——曝气池混合液中挥发性污泥浓度，kgVSS/m^3。

将式(10-42)改写为

$$\frac{\Delta X}{VX_v}=a\frac{Q(L_a-L_e)}{VX_v}-b \tag{10-43}$$

式中：$\frac{Q(L_a-L_e)}{VX_v}=N'_S$——以有机物去除量为基础的污泥负荷率，kg BOD_5/(kg MLSS · d)。

根据泥龄的定义，可以把$\frac{VX_v}{\Delta X}$看作泥龄，则$\frac{\Delta X}{VX_v}=\frac{1}{\theta_c}$，

上式可写为

$$\frac{1}{\theta_c}=aN'_s-b \tag{10-44}$$

a、b 值可根据实验室或者运行所的资料按式(10-43)求得，见表 10-4。

表 10-4　几种工业废水的 a、b 值

废水类型	a 值	b 值
合成纤维废水	0.38	0.10
亚硫酸盐浆粕废水	0.55	0.13
制浆和造纸废水	0.76	0.016
含酚废水	0.70	—
酿造废水	0.93	—
制药废水	0.77	—
生活污水	0.5～0.65	0.05～0.1

4. 有机物的降解与需氧动力学模型

微生物对有机底物的氧化分解及其自身氧化都是需氧过程，这两部分的氧化所需要的氧量一般用式(10-45)计算：

$$O_2=a'Q(L_a-L_e)+b'X_vV \tag{10-45}$$

式中：O_2——曝气池混合液需氧量，kg O_2/d；

a'——微生物对有机底物氧化分解过程的需氧量，即微生物每代谢 1kg BOD_5 所需要的氧量，以 kg 计；

b'——活性污泥微生物自身氧化的需氧速率，即 1kg 活性污泥每天自身氧化所需的氧量，以 kg 计；

其他符号意义同前。

式(10-45)可改写为

$$\frac{O_2}{X_vV}=a'\frac{Q(L_a-L_e)}{X_vV}+b'=a'N'_s+b' \tag{10-46}$$

a'、b'值应通过实验按式(10-46)确定。几种工业废水和生活污水的 a'、b'值见表 10-5。

表 10-5　几种工业废水的 a'、b'值

废水类型	a'值	b'值
亚硫酸盐浆粕废水	0.40	0.185
制浆和造纸废水	0.38	0.092

续表

废水类型	a'值	b'值
制药废水	0.35	0.354
石油化工废水	0.75	0.16
炼油废水	0.5	0.12
合成纤维废水	0.55	142
漂染废水	0.5～0.6	0.065
生活污水	0.42～0.53	0.188～0.11

10.2.5 生物膜法

1. 生物膜基本概念

生物膜法(biofilm process)是与活性污泥法并行发展的污水生物处理工艺，两者都依靠微生物的自凝聚实现对污水的处理。但活性污泥法中微生物是以絮体的形式悬浮于液体中，而生物膜法中微生物则以生物膜的形式附着于固体介质表面，因此微生物在两种系统中累计和停留的平均时间不同。另外，生物膜一般具有一定厚度，因此操作过程的一个显著特征是存在基质的扩散限制，即电子受体和电子供体的利用只能发生在一定厚度的生物膜中，不像活性污泥法中动力学特征可简单地通过液相浓度刻画。生物膜系统的总去除率是生物膜不同位置扩散速率和电子受体及电子供体浓度的函数。

2. 生物膜结构

生物膜结构分为连续均匀结构和不均匀结构两种。

(1) 连续均匀结构。生物膜由基层膜和表层膜两个区域组成，基层膜和表层膜相对厚度不仅与系统水力条件有关，而且与生物膜中微生物种类有关。基层膜一般具有明显边界，其中的物质传输主要为分子扩散，物质传输遵从 Fick 定律。表层膜无明显边界，且厚度变化较大。

在大部分生物膜动力学模型中，都假定表层膜作用可以忽略，而只考虑基层膜，因此，均假定生物膜厚度均匀、表面光滑、结构一致，即所谓的连续均匀结构。

(2) 不均匀结构。连续均匀结构易于生物膜动力学分析和模型的建立，但不能模拟生物膜动力学分析和模型的建立，也不能模拟自然界中大多数生物膜的形态，最新的研究发现各向异性的不均匀结构更接近生物膜的微观结构。这种不均匀不仅表现为生物膜内生物体的分布不均匀，而且孔隙率和密度分布也不均匀。

3. 生物膜中的物质迁移

由于生物膜的吸附作用，在其表面有一层很薄的水层，称为附着水层(图 10-14)。附着水层内的有机物大多已被氧化，其浓度比生物膜反应器进水的有机浓度低很多。因此，进入池内的废水沿膜面流动时，由于浓度差的作用，有机物会从废水中转移到附着水层中去，进而被生物膜所吸附。同时，空气中的氧首先溶入废水，继而扩散进生物膜。在此条件下，微生物对有机物进行氧化分解和同化合成，产生的二氧化碳和其他代谢产物一部分溶入附着水层，一部分析出到空气中去，如此循环往复，使废水中的有机物不断减少，从而使废水得到净化。

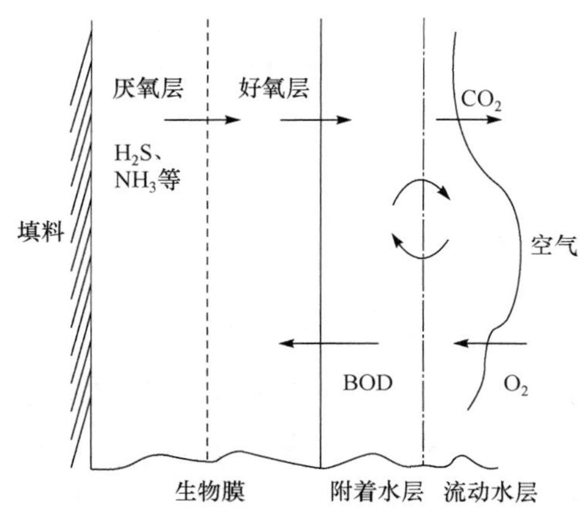

图 10-14　生物膜去除污染物质过程示意图

在向生物膜供氧的过程中，由于存在气-液膜抗阻，速度很慢，所以随着生物膜耗尽，致使其深层因氧不足而发生厌氧分解，积蓄了 H_2S、NH_3、有机酸等代谢产物。但当供氧充足时，厌氧层的厚度十分有限，此时产生的有机酸等能被异养菌及时地氧化成 CO_2 和 H_2O，而 H_2S 和 NH_3 被自养菌氧化成 NO_2^-、NO_3^- 和 SO_4^{2-} 等，仍然维持着生物膜的活性。若供氧不足，从总体上讲，厌氧菌将起主导作用，不仅丧失好氧生物分解功能，而且将使生物膜发生非正常的脱落。

4. 生物膜动力模型

动力学数学模型一直被作为模拟生物膜中微生物动力学行为和生物膜微观结构的一种有力工具，也是将生物膜内微观现象和大规模工艺运行的宏观指标联系起来的关键工具。迄今，生物膜动力学数学模型的使用仍在研究领域占主导地位。科研工作者对生物膜形成、构成、结构及功能的兴趣，极大地推动了生物膜动力学数学模型的发展。自 20 世纪 70 年代反应-扩散动力学模型提出以来，描述生物膜动力学的模型先后又有 Capdeville 增长动力学体系、元胞自动机模型和复合生物膜模型，分别介绍如下。

1) 反应-扩散动力学模型

反应-扩散动力学模型是描述生物膜动力学最基本的模型。几乎所有的生物膜数学模型都假定生物膜内电子供体、电子受体和所有的营养物质只通过扩散作用传递给微生物(内部传质)，而忽略了这些物质从液相主体到生物膜的传递过程(外部传质)。反应-扩散模型将生物膜假设为规则连续介质的稳态膜(包含单一物种)，仅考虑一维物质传输和生化转化作用。生物膜被理想化成具有恒定厚度(L_f)和统一细胞密度(X_f)的薄膜。从液相主体到生物膜的基质通量是由生物膜内部的微生物活性产生。微生物增长用 Monod 方程表示；基质消耗速率(r_{ut})假定正比于微生物生长速率；基质通量仅用扩散表示。生物膜外部传质限制被认为出现在位于生物膜和液相主体交界面处具有恒定厚度(L_f)的边界层中。传质通量采用菲克定律(Fick law)描述，但其中的扩散系数用有效扩散系数替代：

$$J_S = D_e \frac{dS_S}{dx} \tag{10-47}$$

这种理想化生物膜的数学模型可以用如下微分方程来表示：

$$\frac{\partial S_S}{\partial t}=D_e\frac{d^2S_S}{dx^2}-\frac{\hat{q}\cdot S_S}{K_S+S_S}X_f,0\leqslant x\leqslant L_f \tag{10-48}$$

边界条件为 $x=0$ 时，

$$\frac{dS_S}{dx}=0 \tag{10-49}$$

$x=L_f$ 时，

$$J_S=D_e\frac{dS_S}{dx}=k_L(S_Sb-S_{S_S}) \tag{10-50}$$

基质利用和扩散由方程(10-48)描述，边界条件采用式(10-49)和式(10-50)描述。由于附着表面不可穿透，故此处的通量和基质梯度为零，见式(10-49)。在生物膜和液相主体交界面处的基质浓度(S_s)由质量守恒式确定。即通过边界层的基质通量必定等于进入生物膜的基质通量，见式(10-50)。这个理想化的数学模型可以利用有限差分法近似求解。当生物膜处于稳态时，系统可以使用有效因子法和伪解析法求解。

生物膜反应-扩散理论自20世纪70年代提出后，经过各国学者的大量研究工作而得到完善，并得到了广泛接受和承认。然而，最近十几年来，许多新的实验研究和发现表明，反应扩散模型的许多假设是过于理想化的，模型的更为合理化是将来研究的重点。

2) Capdeville生物膜增长动力学模型

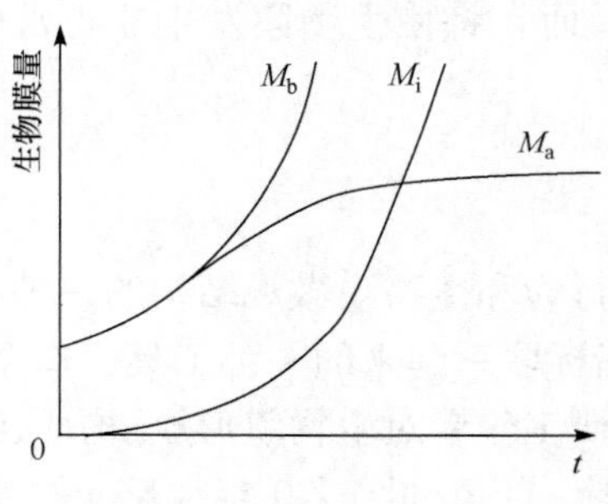

图 10-15 动力学增长期 M_b，M_a 和 M_i 的模型模拟

20世纪90年代初，法国Capdeville教授所领导的实验室提出生物膜反应器活性物质和非活性物质的概念，并在此基础上建立了新的生物膜增长动力学模型，如图10-15所示。

此类模型认为活性物质(M_a)主要负责底物降解的全部生物化学反应过程，非活性物(M_i)在整个水质净化中不起任何作用；生物膜增长过程可以被划分为六个阶段：潜伏适应期、对数增长期、线形增长阶段、减缓增长阶段、增长稳定阶段和生物膜脱落阶段。生物膜总积累量可表述为 $M_b=M_a+M_i$。

Capdeville生物膜增长动力学模型实际上采用了Logistic方程描述活性物质的积累。该模型体系揭示了 M_b、M_a 和 M_i 之间的相互作用，论证了生物膜反应器中最大活性生物量的存在。

它使人们清楚地认识到在水质净化过程中，真正起作用的只是活性生物量部分，而不是人们通常观察到的总生物量。当活性生物量 M_a 达到最大值$(M_a)_{max}$后，生物膜反应器在其他运行参数不变的情况下，出水水质即达到稳定状态。此后出水水质不因总生物量的积累而有明显改善。该理论为新一代薄层生物膜反应器的设计提供了理论基础。

但是该模型还仅仅处于发展阶段：模型采取了一些新的参数，因而在参数值和参数范围的确定上，还没有很成熟的工作成果可以采用；在实验中活性物质和非活性物质很难区分，因此尽管间接验证是成立的，但直接验证还相当困难；此外，模型没有考虑脱落、外部环境等系统条件对生物膜形成和动力学特征的影响。这一切均表明该模型还有很多将来需要去完善的地方。

3）多物种复合生物膜模型

生物膜内除存在异养菌以外，通常同时存在硝化菌和反硝化菌等自养菌，因此多物种模型是生物膜建模过程的研究热点。但以下几点原因使得多物种生物膜的建模和模拟成为废水处理的生化操作建模中最为复杂和最为困难的过程之一。第一，必须同时考虑反应和传质。第二，不同物种会同时竞争一种营养物质。第三，不同物种会在生物膜内部竞争生长空间。生物膜内多物种建模的最理想方式是假定生物膜内任一点处都可以生长各种类型的细菌，而它们的最终分布取决于竞争到的营养和生长空间。

综上所述，首先，反应扩散模型主要关心基质的去除动力学。生物膜体系是一个远离平衡态的、开放的热力学系统，涉及多种组分、多个物种的复杂的动力学过程，形成了复杂、有序的网络结构。因此要想合理地研究和描述生物膜形成、生长和稳定过程，必须从非线性物理着手，充分应用分形理论、自组织理论、耗散结构等复杂系统理论，从全新的角度和视点来阐明生物膜的形成、发展、结构和功能。

其次，从生物数学的角度看，生物膜本质上是多基质、多种群的包含竞争、捕食关系的一种多层次的生物网络结构。然而迄今为止，很少有人从生物数学的角度去研究生物膜内各微生物种群之间的竞争和捕食关系，以及其对微生物种群在载体上的分布和生物膜的生长、形成、结构和功能的影响。因而，必须从微观生态入手，加强这方面的研究。

最后，我们必须充分认识到，生物膜动力学数学建模、数值模拟与实验研究是紧密联系、密不可分的。数学模型提供的是评估假设前提合理性的方法与确定合理的参数估计方法。实验观察揭示的是模型假设的合理性，以及提供一些用于模拟和反应器设计的参数值和参数范围。只有数学模型与实验研究紧密地结合起来，才能更加深刻地理解生物膜的形成、形态、结构和功能，也才能将其用于指导实践，提高生物膜反应器的处理效率。

10.3　重金属的污染治理

10.3.1　重金属废水来源及危害

重金属在环境与健康领域主要是指汞(Hg)、镉(Cd)、铅(Pb)、铬(Cr)、砷(As)等生物毒性显著的元素，也泛指铜(Cu)、锌(Zn)、钴(Co)、镍(Ni)等一般重金属，它们以多种物理和化学形态存在于水体、土壤及大气等环境之中，并在环境中产生迁移和积累。水体重金属人为污染源主要是机械加工、矿山开采、钢铁及有色金属冶炼和部分化工企业。

1. 机械加工重金属废水

1）酸碱废水

含酸废水主要来自重型机器厂、电器制造厂、汽车厂、锅炉厂、农机制造厂、标准件厂、工具厂等的酸洗钢材的酸洗车间。一般钢铁酸洗后的清洗废水中含酸浓度为 0.1～1.5g/L。其他还有一些化工性质的机械厂在生产过程中也排出大量含酸废水或废液。另外，像工件电镀、印刷线路板等车间排出的含酸废水，成分虽然复杂，但量较小，一般均在车间排出口单独处理。

2）含碱废水和废液

机械加工行业含碱废水和废液量相对较少，主要来自工件酸洗前的碱洗、中和等工序，一般含有油和油污等，它与酸洗车间排出的含酸废水混合后，一般废水呈酸性。其他一部分含碱废水来自通风吸收洗涤塔、洗衣房、乙炔站以及零件清洗机等。

2. 含铅废水的来源和性质

机械工业含铅废水来自于铅蓄电池制造厂、铅蓄电池维修站、废电池回收站、电瓶车库等的生产排水，这部分废水往往还带有大量硫酸和机油等。另外，电镀车间镀铅、电泳涂漆中的染料和烧制铅玻璃等过程中的排水中也都含有少量铅或铅离子。铅蓄电池制造厂排出的含铅废水主要含有铅粉、铅离子和硫酸。

废水中含铅粉浓度根据工厂管理水平、工艺条件和操作方法等不同而差异很大，一般正常生产时在100mg/L；当管理不善(如铅膏洒落)或发生事故时，废水中含铅粉量更高。废水pH一般在6左右，当硫酸发生跑、冒、滴、漏时，废水pH就很低，可为1～2。废水中含铅离子浓度一般在10mg/L以下。另外废水中可能还含有铁离子，其浓度为30～100mg/L。

含铅废水中的酸主要来自铅蓄电池制造厂的化成车间、配酸站等的冲洗水、废电解液及酸的跑、冒、滴、漏。这部分含酸废水中含硫酸浓度一般为0.5～2.0g/L，管理不善时可高达5g/L。

3. 电镀废水来源和性质

电镀是利用化学方法对金属和非金属进行表面装饰、防护及获取某些新性能的一种工艺过程。为保证电镀产品质量，使金属镀层具有平整光滑的良好外观并与基体牢固结合，必须在镀前把镀件表面污物彻底清洗干净，并在镀后把镀件表面的附着液清洗干净。因此，电镀生产过程中必然排出大量废水。电镀废水一般来源为：镀件清洗水、废电镀液、其他废水(包括冲刷车间地面、刷洗极板及通风设备冷凝水，管理不当造成的跑、冒、滴、漏和各种槽液、排水)、设备冷却水。

电镀废水水质、水量与电镀生产工艺条件、生产负荷、操作管理及用水方式等因素有关。电镀废水水质复杂，成分不易控制，其中含有的铬、铜、镍、镉、锌、金、银等重金属离子和氰化物等毒性较大，有些属于致癌、致畸、致突变的剧毒物质，对人类危害极大。

4. 矿山冶炼重金属废水

有色金属采选或冶炼排水中含重金属离子成分比较复杂，因大部分有色金属和矿石中有伴生元素存在，所以废水中一般含有汞、镉、砷、铅、铍、铜、锌、氟、氰等。这些污染成分排到环境中只能改变形态或被转移、稀释、积累，却不能降解，因而危害较大。有色冶炼排放的废水中重金属单位体积含量不是很高，但是废水量大，向环境排放的绝对量大。

5. 其他含重金属离子的工业废水

其他行业虽然不是重金属离子工业废水的主要来源，但也有排放重金属废水的可能。例如，化工行业在生产合成无机盐类时会有含重金属的废水排放，其排放废水量虽然不大，但排放浓度高，品种多，处理比较复杂。

10.3.2 重金属废水处理方法

目前，重金属污染水体的治理技术主要有三种：化学法、物理化学法及生物法。根据废水中重金属浓度、存在的形态以及不同来源废水的特性，采用不同技术处理。

1. 化学法

化学法主要包括化学沉淀法和氧化还原法。该法主要适用于处理重金属离子浓度含量较高的废水。

1）化学沉淀法

化学沉淀法在去除废水中重金属的应用中最为广泛，其原理是通过化学反应使废水中呈溶解状态的重金属转变为不溶于水的重金属化合物，通过过滤和沉淀等方法使沉淀物从水溶液中去除。该法包括中和沉淀法、中和凝聚沉淀法、硫化物沉淀法、钡盐沉淀法、铁氧体共沉淀法。由于受沉淀剂和环境条件的影响，采用沉淀法处理后的出水浓度往往达不到要求，需作进一步处理。另外，产生的沉淀物必须很好地处理与处置，否则会造成二次污染。段丽丽等总结并改进了淀粉黄原酸酯-丙烯酰胺接枝共聚物高分子重金属絮凝剂，用新型的交联淀粉黄原酸酯-丙烯酰胺接枝共聚物（CSAX）高分子重金属絮凝剂进行除铜、除浊性能研究，研究表明，高分子重金属絮凝剂 CSAX 能有效地去除水中的 Cu^{2+}。

2）氧化还原法

氧化还原法一般作为重金属废水的预处理方法使用。氧化还原法根据重金属离子的性质，分为两个方向。一是利用重金属的多种价态，在废水中加入氧化剂或还原剂，通过氧化、还原反应使重金属离子向更易生成沉淀或毒性较小的价态转换，然后再沉淀去除。常用的还原剂有铁屑、铜屑、硫酸亚铁、亚硫酸氢钠、硼氢化钠等，常用的氧化剂有液氯、空气、臭氧等。彭荣华等用绿矾作还原剂，电石渣作中和剂，对还原-絮凝沉淀法处理含铬电镀废水进行了研究，处理后的水样中各重金属离子浓度及总铬含量均低于国家排放标准。二是利用金属的电化学性质，在阴极得电子被还原，使金属离子从相对高浓度的溶液中分离出来。该方法有利于重金属回收，但能量消耗大。有研究表明，三十多种金属离子可从水溶液中电沉积到阴极上，包括贵金属和重金属。李峥等采用微电解法处理含 Cr^{6+} 电镀废水，利用低电位的 Fe 与高电位的 Cr 在废水中产生电位差，形成无数微小原电池，在阳极生成 Fe^{2+}，Fe^{2+} 将 Cr^{6+} 还原成 Cr^{3+}，然后进行氧化絮凝沉淀，收到良好的处理效果并降低了成本。

2. 物理化学法

物理化学法主要包括离子交换法、吸附法和膜分离技术，主要适用于处理重金属离子浓度含量较低的废水。

1）离子交换法

离子交换法是交换剂上的离子同水中的重金属离子进行交换，达到去除水中重金属离子的目的。离子交换法是一种重要的电镀废水治理方法。随着新型大孔型离子交换树脂和离子交换连续化工艺的不断涌现，在镀镍废水深度处理、高价金属镍盐的回收等方面，离子交换法越来越展现出其优势。天津经济技术开发区电镀废水处理中心采用离子交换车载移动处理装置对电镀废水进行处理，取得了不错的效果。

2）吸附法

吸附法是应用多孔吸附材料通过离子螯合、络合等作用吸附废水中重金属的一种方法。活性炭是常用的传统吸附剂，它对重金属的吸附能力强、去除率高，但价格贵，应用受到限制。

近年来，人们寻找了许多天然吸附剂，如膨润土、矿物材料、果胶等并研制了很多新型吸附剂。吸附法不但对重金属的吸附效果好而且操作简单，吸附剂可循环利用。郑怀礼等探讨了自制有机高分子重金属捕集絮凝剂 Cu^{2+} 对铜离子、铅离子的捕集机理，研究了其处理含铜离子、铅离子废水的处理条件，处理后的废水可达国家一级排放标准。田忠等以 $NaHSO_3$ 作还原剂，重金属捕集沉淀剂 DTCR 作螯合剂，处理含有重金属离子的电镀废水，处理后的废水达国家排放标准，且沉淀溶出率低，化学性质稳定，不会造成二次污染，是一种有效的电镀废水处理方法。

3）膜分离技术

膜分离法具有节能、无相变、设备简单、操作方便等优点，已被用于电镀废水处理。膜分离技术在重金属水处理中的应用包括电渗析法、液膜法、纳滤法、超低压反渗透法、胶束增强超滤法等。电极极化、结垢和腐蚀等是膜分离法在运行中遇到的问题。

3. 生物法

生物法包括生物絮凝、生物吸附、植物修复法等。微生物处理含重金属废水，成本低、效益高、不造成二次污染、有利于生态环境的改善，在污水解毒方面有特殊的竞争优势。

1）生物絮凝法

生物絮凝法是利用微生物或微生物产生的代谢物，进行絮凝沉淀的一种除污方法。微生物絮凝剂是由微生物自身构成的、具有高效絮凝作用的天然高分子物。目前开发出的具有絮凝作用的微生物有细菌、真菌、放线菌、酵母菌和藻类等共 17 种，其中对重金属有絮凝作用的有 12 种。淀粉黄原酸酯，特别是不溶性淀粉黄原酸酯能从水溶液中吸附和解吸重金属、氰化物等，是性能优良的天然高分子有机改性絮凝剂，处理废水时因无残余硫化物存在，其在处理污水中重金属的研究已成为国内外研究热点。天然高分子壳聚糖复配而成的新型高效复合絮凝剂，在不同的工业污水处理中，对重金属离子的去除率可提高 10％～20％，且成本也大幅度下降。

2）生物吸附法

生物吸附是经过一系列生物化学作用使重金属离子被微生物细胞吸附的过程，这些作用包括络合、螯合、离子交换、吸附等。S. KiliÔarslan 等利用 *Bacillus* sp. 对 Cr^{6+}、Pb^{2+} 和 Cu^{2+} 进行吸附研究，确定了适宜的吸附条件，Pb^{2+} 的吸附效果明显。张玉玲等利用牛肉膏蛋白胨培养基培养 ZYL 真菌吸附水体中 Cr^{6+}、Cd^{2+} 的研究表明，ZYL 真菌可用于低温水体中 Cr^{6+}、Cd^{2+} 的去除。藻类对重金属离子具有很强的吸附力，在一定条件下绿藻对 Cu、Pb、Cd、Hg 等重金属离子的去除率达 80％～90％。苏海佳等将菌丝体作为核心材料，表面包覆壳聚糖薄膜作为吸附介质制备了新型菌丝体包覆吸附剂，不但提高了吸附能力，而且降低了水处理剂的生产成本。

4. 植物修复法

植物修复是一种利用自然生长的植物或者遗传工程培育植物修复重金属污染环境的技术总称。植物去除重金属污染的修复方式有三种：植物固定、植物挥发和植物吸收。通过植物提取、吸收、分解、转化或固定土壤、沉积物、污泥或地表、地下水中有的重金属。相对于其他技术，植物修复更适合应用于大面积已污染的水体治理方面，该法实施较简便、成本较低、对环境扰动少。目前，植物修复法在治理土壤中重金属污染方面应用越来越受到重视。

思考题及习题

10-1　固体颗粒沉降时的阻力系数与雷诺系数有关，此雷诺系数指什么？若颗粒直径为 d 的污染物在静止水中和水平流动的水中沉降，水温相同，水流紊动对沉速的影响忽略不计，则两种沉速是否相同？为什么？

10-2　简述胶体(悬浮物)分散系脱稳的基本原理。

10-3　简述澄清与絮凝过程的相关性，澄清与沉淀分离过程有何不同。

10-4　快滤池过滤过程水头损失可用下式表示：$H=H_0+h_1+h_0+v^2/2g+h_2$，指出式中各项含义。

10-5　用活性炭吸附水中色素的实验方程式为：$q=3.9c^{0.5}$。今有 100L 溶液，色素浓度为 0.05g/L，欲将色素除去 90%，应加多少活性炭？

第 11 章　活性炭吸附废水处理

活性炭是一种具有丰富孔隙结构和巨大比表面积的碳质吸附材料，它具有吸附能力强、化学稳定性好、力学强度高，且可方便再生等特点，被广泛应用于工业、农业、国防、交通、医药卫生、环境保护等领域，其需求量随着社会发展和人民生活水平提高，呈逐年上升的趋势，尤其是近年来随着环境保护要求的日益提高，国内外活性炭的需求量越来越大，逐年增长。本章将着重说明活性炭在废水处理中的应用。

11.1　活性炭的性能

11.1.1　活性炭的物理结构

活性炭是以碳为主要成分的吸附材料，结构比较复杂，既不像石墨、金刚石那样具有碳原子按一定规律排列的分子结构，又不像一般含碳物质那样具有复杂的大分子结构，一般认为活性炭是类似石墨的碳微晶按"螺层形结构"排列，由于微晶间的强烈交联而形成的发达的孔结构，活性炭的孔结构与原料、生产工艺有关。

1）活性炭的孔隙结构形态

活性炭的孔隙是在活化过程中，无定形碳的基本微晶之间清除了各种含碳化合物和无序炭（有时也从基本微晶的石墨层中除去部分碳）之后产生的孔隙，因制备活性炭的原料、炭化及活化的过程和方法等不同，所以形成的孔隙形状、大小和分布等也不同。1960 年，杜比宁把活性炭的孔分为大孔（孔径大于 50nm）、中孔（或称过渡孔，孔径为 2～50nm）和微孔（孔径小于 2nm）三类，这个方案已被国际纯粹与应用化学联合会（International Union of Pure and Applied Chemistry，IUPAC）所接受。在活性炭中，这三类大小不同的孔隙是互通的，呈树状结构。

通过高分辨透射电子显微镜的研究表明，活性炭中的微孔是活性炭微晶结构中弯曲和变形的芳环层或带之间具有分子尺寸大小的间隙。使用不同的方法研究发现：有些孔隙具有缩小的入口（瓶状孔），有些是两端敞开的毛细管孔或一端封闭的毛细管孔，还有一些是两平面之间或多或少比较规则的狭缝状孔、V 形孔等。

2）孔容积计算

在活性炭中，随着活化的进行，细孔容积增加。可以认为，细孔的发达决定了细孔容积的增加。如果确定了比表面积（S）和细孔容积（V），并假设细孔形状为圆筒形，可用式(11-1)计算细孔半径($\bar{r}$)：

$$\bar{r}=\frac{2V}{S} \tag{11-1}$$

如果细孔的形状是由平行平面组成的裂缝状，式(11-1)中的细孔半径就相当于平面间隔，若假定细孔为独立的球状，则式(11-1)为

$$\bar{r}=\frac{3V}{S} \tag{11-2}$$

3）孔径分布的确定

若要具体了解活性炭的细孔结构，孔径分布测定是最好的手段。通常活性炭吸附性能的一半，可以用孔径分布来表示。测定孔径分布的方法有电子显微镜法、分子筛法、压汞法、毛细管凝结法、X 射线小角散射法等。常用的压汞法利用了汞不润湿活性炭细孔壁，所以要把它压入细孔中就需要压力的原理，则式(11-3)成立：

$$rP=-2\gamma\cos\theta \tag{11-3}$$

式中：r——圆筒形细孔半径；

P——加在汞上的压力；

θ——汞的接触角；

γ——汞的表面张力。

在压力 P 下，汞应该进入半径在 r 上的所有细孔中，所以可以测定由于压力的增加而进入的汞量，由此测定各个孔径大小，进而确定孔径分布。

4）活性炭的比表面积

吸附是发生在固体表面的现象，所以可以认为，比表面积是影响吸附的重要因素。比表面积的测定方法很多，有 BET 法，还有液相吸附法、润湿热法、流通法等。此外，通过 X 射线小角散射也能测定比表面积。但在活性炭的比表面积中，最常用的是 BET 法。此法测定一般的活性炭的比表面积为 $1000m^2/g$。

11.1.2　化学性质

1. 元素组成

1）工业分析

对于活性炭及其原料炭化物中所含有的挥发分数量的测定，通常采用的方法是将试样放在铂金坩埚，避免与空气接触，在 900℃下加热 7min，求出加热减量对试样的质量分数，并从该分数中减去同时进行测定得到的水分值(干燥减量)以后，便得到试样的挥发分含量。灰分(强热残分)的测定方法是将干燥过的试样放在瓷坩埚中，在温度调节至 800～900℃的高温电炉中灰化，残留物质的质量分数作为灰分。固定炭是以干燥试样作为 100%，减去灰分与挥发分所得到的数值。

通常物理法生产的活性炭，由于是在 900℃以上的高温下制得的，挥发分很少；而化学法活性炭，其活化温度一般是在 500℃以下，所以挥发分含量较高。活性炭原料炭化物的挥发分受炭化温度的影响很大。实验表明，温度上升，挥发分含量减少；炭化反应在 500℃以下剧烈进行，在 600～700℃基本结束。固定碳含量的变化基本上与挥发分相对应，在炭化反应结束的 700℃以上基本不会再增加。

灰分是活性炭原料选择方面的一个重要指标。原料中的无机成分在炭化过程中几乎不减少而最后残留于木炭中。原料中的灰分含量即使只有 1%，活性炭的灰分含量也可能达到 10%，甚至更高。由于灰分不具有吸附能力，所以活性炭吸附能力与其灰分含量成反比，即活性炭灰分含量越高，其吸附能力相对越低。所以在活性炭的选择过程中，尽量选择其灰分含量低的产品。

2）元素分析

活性炭的元素组成通常可通过元素分析装置进行测定。活性炭的元素组成 90%以上是碳，这在很大程度上决定了活性炭是疏水性吸附剂。氧元素的含量一般为百分之几，其一部分存在于灰分中，另一部分在碳的表面以羚基之类的表面官能团形式存在。这部分氧元素的存在使活性炭具有一定的亲水性，而并非是完全的疏水性。因其亲水性的存在，使得其能够将孔隙内的空气置换为水，进而吸附溶解于水中的有机物，使活性炭用于水处理成为可能。

氮与硫的含量在植物类原料的场合通常非常少。原料中含有的蛋白质以及硫化物，它们在炭化及活化过程中，大部分会挥发掉，有时会有微量的残留。残存的微量氮原子，有时能够提高活性炭的催化性能。

活性炭中的灰分含量，由于原料和制备过程的不同而有显著的差异。一般木质类活性炭灰分的含量较少（一般＜5%）。当原料灰分含量较大时，需要对原料进行脱灰处理以后再生产活性炭。

3）有害物质

活性炭中的微量杂质必须尽量加以控制。活性炭中存在的最重要的杂质是砷。砷存在于自然界，使用椰子壳以及木质类原料时必须注意。土壤中的砷浓度太大，将导致原料中的砷浓度也增大，而用这些原料生产的活性炭中砷的浓度就会超标。所以，生产活性炭时对于砷要严格地进行控制。同时，对于以各种废弃物为原料生产活性炭，需要先检测此原料是否受到重金属的污染。

2. 表面氧化物

1）表面官能团

炭材料的主要成分是碳，其本身是没有极性的，呈疏水性。但是，随着生产过程以及使用环境的不同，炭材料表面性质会发生变化。炭材料表面易被氧气、水等氧化剂氧化，从而或多或少地生成表面官能团。这些官能团的生成会使炭材料的界面化学性质产生多样性。

通过有机化学的方法可以测定炭材料中的官能团。一般认为，炭材料中的官能团主要有羟基、内酯型羧基、酚羟基和羰基。

活性炭表面还有可能含氮，它一般来源于利用含氮原料的制备工艺过程和活性炭与人为引入的含氮成剂的化学反应。

2）含氧官能团的测定方法

在称量瓶中加入试样约 0.1g，在 110℃下真空干燥 2h 以后，测定其质量（W_a）。将试样放入 100mL 锥形瓶中，测定空称量瓶的质量（W_b）。在该锥形瓶中加入 50mL 浓度为 0.1mol/L 的氢氧化钠水溶液，于 25℃下振荡 48h，同时进行仅有 50mL 浓度为 0.1mol/L 的氢氧化钠的空白实验。此后，过滤并且取滤液 20mL，加入几滴甲基橙指示剂，用浓度为 0.1mol/L 的盐酸水溶液进行滴定。表面官能团的含量可由式(11-4)计算：

$$\text{表面官能团量(mmol/g)}=\frac{0.1(T_b-T)\times 50/20}{W} \tag{11-4}$$

式中：T_b——空白实验中，0.1mol/L 的盐酸水溶液的滴定量，mL；

T——0.1mol/L 的盐酸水溶液的滴定量，mL；

W——试样质量（W_a-W_b），g。

同样，用 0.05mol/L 的碳酸水溶液、0.1mol/L 的碳酸氢钠水溶液滴定，用式(11-4)也可求得表面酸性官能团数量。从它们的差额可以计算出羟基、弱酸比例。

目前，对于含氧官能团的表征还可以用 Boehm 滴定法。Boehm 滴定法是由 H. P. Boehm 提出的对活性炭含氧官能团的分析方法，根据不同强度的碱与不同的表面含氧官能团反应进行定性与定量分析。一般认为碳酸氢钠中和羧基，碳酸钠中和羧基与内酯基，氢氧化钠中和羧基、内酯基和酚羟基，乙醇钠中和羧基、内酯基、酚羟基和羰基。根据消耗碱的量可以计算出相应含氧官能团的含量。Boehm 滴定法是目前最简便常用的活性炭表面化学分析方法。

11.2 吸附等温线

描述吸附等温线的数学表达式称为吸附等温式。在水处理中常用的有 Langmuir 等温式和 Freundlich 等温式。

11.2.1 Langmuir 等温式

Langmuir 假设吸附剂表面均一，各处的吸附能力相同；吸附是单分子层的，当吸附剂表面的吸附质饱和时，其吸附量达到最大值；在吸附剂表面上的各个吸附点间没有吸附质转移运动；达到动态平衡状态时，吸附和脱附速率相等。

Langmuir 等温式的表达式为

$$q_e=\frac{abc_e}{1+bc_e} \tag{11-5}$$

式中：a——与最大吸附量有关的常数；

b——与吸附能有关的常数。

为方便计算，式(11-5)可以变换为下面两种线性表达式：

$$\frac{1}{q_e}=\frac{1}{ab}\frac{1}{c_e}+\frac{1}{a} \tag{11-6}$$

$$\frac{c_e}{q_e}=\frac{1}{a}c_e+\frac{1}{ab} \tag{11-7}$$

根据吸附实验数据，按式(11-6)作图得一条直线(图 11-1)，可求得 a、b 值。式(11-7)适用于 c_e 值较大的情况。

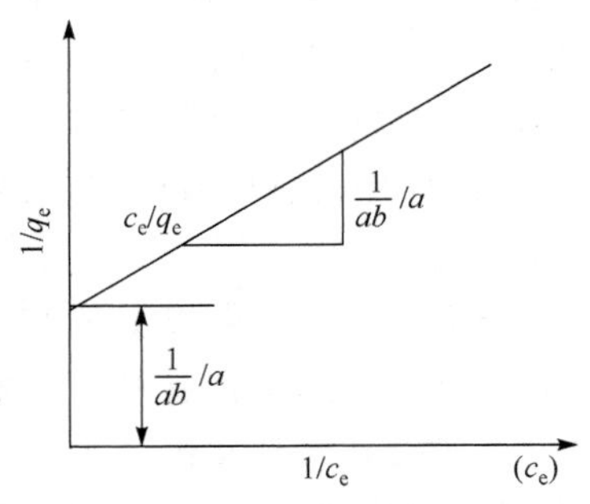

图 11-1 Langmuir 等温线

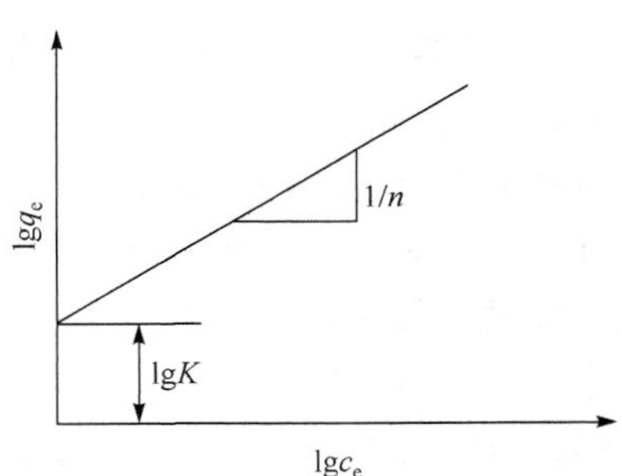

图 11-2 Freundlich 等温线

由式(11-7)可见，当吸附量很少，即当 $bc_e \ll 1$ 时，$q_e=abc_e$，即 q_e 与 c_e 成正比，吸附等温线近似于一条直线。

当吸附量很大，即 $bc_e \gg 1$，$q_e=a$，即平衡吸附量接近于定值，吸附等温线趋于水平。

11.2.2 Freundlich 等温式

Freundlich 等温式是一个经验公式，它与实验数据吻合较好，在水处理中应用很普遍。

Freundlich 等温式表达式为

$$q_e = Kc^{\frac{1}{n}} \tag{11-8}$$

式中：K——吸附系数；

n——常数，通常大于 1。

将式(11-8)两边取对数，得

$$\lg q_e = \lg K + \frac{1}{n}\lg c_e \tag{11-9}$$

根据实验数据 $\lg q_e$ 对 $\lg c_e$ 在对数坐标中作图得一条直线(图 11-2)，其斜率等于 $1/n$，截距等于 $\lg K$。一般认为，$1/n$ 值介于 0.1～0.5，易于吸附，$1/n$ 大于 2 时难以吸附。

11.3 吸附理论及应用

吸附发生在两相存在的情况下，当有两相存在时，相中的物质或者是在该相中所溶解的溶质，在相与相的界面附近出现浓度与内部不一样的现象。被吸附的物质称为吸附质，吸附的物质称为吸附剂。由于活性炭具有丰富的比表面积和孔隙率，所以常用它作吸附剂。

11.3.1 吸附的作用力

要产生吸附作用，必然会有吸附作用力的存在。吸附作用力是指吸附剂与吸附质之间在能量方面的相互作用，承担这种相互作用的是电子。在发生吸附时，随着吸附剂表面和吸附质分子中性质的不同，其相互作用的组合状况也不同。吸附过程相互作用力分为五类：伦敦分散力、偶极子、氢键、静电吸引力和共价键。

伦敦分散力是伦敦(F. London)发现的力，是五种相互作用力中最弱的。伦敦分散力普遍存在于原子和分子间，包括惰性原子、分子间也都存在，是活性炭吸附中非常重要的吸附作用力。由于其与可见光和紫外光领域中的光分散有关，所以称之为分散力。除了伦敦分散力之外，偶极子相互作用也是一种相当微弱的相互作用力。表面上负电性不同的原子化学结合在一起时，负电性的差异导致对电子吸引强弱的不同而产生电子的偏移，电子向负电性较大的一边集中分布，于是在相互结合的原子之间产生偶极矩 $\mu = qr$。在有这种偶极子的表面原子组或者有极性的表面官能团与具有偶极子的分子之间，引发力的作用，这种力就称为偶极子的相互作用诱导力。伦敦分散力和偶极子诱导力属于范德华力范畴。

氢键的强度一般为范德华力的 5～10 倍，其产生于一个氢原子与两个以上的其他原子结合的过程中。通常，固体表面上多少存在一些类似于羟基、羧基、氢键等具有氢原子的极性官能团，这些官能团中的氢原子易与吸附分子中负电性大的氧、硫、氮等非共价电子对形成直线形的氢键。同样，表面官能团中的氧、氮、氟等原子中非共价电子对的存在，使其易与吸附分子的极性官能团的氢原子形成氢键。

静电引力是很强的相互作用。目前对于产生电位的机理还不是很清楚，但即使固体、液体等是绝缘体，接触时表面仍会产生静电，虽然电量少但却能形成很强的电场。因此，这种表面经常带电的结果就使在发生吸附时产生了静电引力。表面能够发生氧化、还原、分解等反应的吸附剂，容易与吸附质之间形成共价键，是非常强有力的吸附作用。活性炭通过氧化还原等手段进行处理，可改变其官能团的形制、比表面积以及孔径。但是由于置换基的种类以及浓度能够改变表面的化学性质及物理性质，所以能够从多种溶剂、溶质所组成的溶液中有选择性地吸附某种溶质的表面。

11.3.2　物理吸附和化学吸附

根据吸附剂与吸附质之间相互作用力的不同，吸附可以分为物理吸附和化学吸附。从机理上讲，物理吸附是由范德华力即分子间作用力所引起的吸附，活性炭吸附剂与气体或者液体吸附质普遍存在着分子间引力，这种吸附速率极快。物理吸附不发生化学反应，是由分子作用力产生的，当吸附质的分压升高时，可以产生多分子层吸附，所以加压吸附将会增加吸附容量，而真空则有利于吸附气体的脱附。化学吸附是伴随着电荷移动相互作用或者生成化学键力的吸附。化学吸附的作用力大大超过物理吸附的范德华力。物理吸附中，吸附质与吸附媒体表面层不发生电子轨道的重叠；相反地，电子轨道的重叠对于化学吸附起着至关重要的作用。也就是说，物理吸附基本上是通过吸附质与吸附媒介表面原子间的微弱相互作用而发生的；而化学吸附则源自吸附质的分子轨道与吸附媒介表面的电子轨道特异的相互作用。所以，物理吸附中往往发生多分子层吸附；化学吸附则是单分子层。而且，化学吸附伴随着分子结合状态的变化，吸附导致振动、电子状态发生显著的变化，通过傅里叶变换红外光谱可以观察到吸附质在吸附前后发生了明显的变化，而物理吸附则没有这种变化。物理吸附与化学吸附的区别如表 11-1 所示。

表 11-1　物理吸附和化学吸附的区别

项目	物理吸附	化学吸附
吸附质	无选择性	有选择性
生成特异的化学键	无	有
固体表面的物化性质	可以忽略	显著
温度	低温下吸附量大	在比较高的温度下进行
吸附热	小，相当于冷凝热	大，相当于反应热
吸附量	单分子层吸附量以上	单分子层吸附量以下
吸附速率	快	慢
可逆性	有可逆性	有不可逆的场合

对于吸附现象的评价，物理吸附不是由于吸附质与吸附媒介表面体系相应的特异性作用而引起的，所以可以进行一般评价；而化学吸附则是源于特性作用，难以进行一般评价，需要进行与各个吸附体系相应的评价。

11.3.3　吸附影响因素

活性炭在吸附过程中既可能发生物理吸附，也可能发生化学吸附。物理吸附受吸附剂孔隙率的影响，化学吸附受吸附剂表面化学特性的影响。一般来说，影响吸附量的主要因素有吸附剂孔的分布结构、物理结构、表面官能团及吸附质等。

1. 孔分布结构

颗粒状活性炭，其孔隙结构呈三分散系统，即它们的孔径很不均匀，主要集中在三类尺寸范围：大孔、中孔和微孔。

大孔又称粗孔，指半径为 100～200nm 的孔隙。在大孔中，蒸气不会发生毛细管凝缩现象。大孔的内表面与非孔型炭表面之间无本质的区别，其所占比例又很小，可以忽略它对吸附量的影响。大孔在吸附过程中起吸附通道的作用。

中孔也称过渡孔，指蒸气能在其中发生毛细管凝缩而使吸附等温线出现滞后回线的孔隙，其有效半径常处于 2～100nm。中孔的尺寸相对大孔小很多，尽管其内表面与非孔型炭表面之间也无本质的差异，但由于其比表面已占一定的比例，所以对吸附量存在一定的影响。但一般情况下，它主要起粗、细吸附通道的作用。

微孔有着与被吸附物质的分子属同一量级的有效半径(小于 2nm)，是活性炭最重要的孔隙结构，决定其吸附量的大小。微孔内表面相对避免吸附力场重叠，致使它与非孔型炭表面之间出现本质差异，因此影响其吸附机制。

物理吸附首先发生在尺寸最小、势能最高的微孔中，然后逐渐扩展到尺寸较大、势能较低的微孔中。微孔的吸附并非沿着表面逐层进行，而是按溶剂填充的方式实现，而大孔、中孔却是表面吸附机制。所以活性炭的吸附性能主要取决于它的孔隙结构，特别是微孔结构，存在的大量中孔对吸附也有一定的影响。

2. 物理结构

活性炭的粒度大小也会影响其吸附性能。例如，用同一种活性炭从溶液中吸附同量亚甲基蓝的速率，因其粒度大小而快慢不同，50～75μm 的活性炭远比 1～2μm 的快。活性炭的吸附速率与其大小的平方成正比，如粒度为 325 目(直径 0.043mm)的活性炭要比粒度为 20 目(直径为 0.833mm)的吸附速率快 375 倍。

但是，不能认为研细的活性炭的表面积要大于同量粒度活性炭的表面积。因为表面积存在于广大丰富的内孔结构中，因此，研磨不影响其表面积，但影响达到平衡吸附值的时间。

3. 表面化学官能团

活性炭的吸附特性不但取决于它的孔隙结构，而且取决于其表面的化学性质，比表面积和孔结构影响活性炭的吸附容量，而表面化学性质影响活性炭同极性或非极性吸附质之间的相互作用力。表面化学性质主要由表面化学官能团、表面杂原子和化合物确定，不同的表面官能团、杂原子和化合物对不同的吸附质有明显的吸附差别。通常来说，表面官能团中酸性化合物越丰富，越有利于极性化合物的吸附，碱性化合物则有利于吸附弱极性或者是非极性物质。

活性炭在适当的条件下经过强氧化剂处理，可以提高其表面酸性基团的含量，从而增强其对极性化合物的吸附能力。实验研究通过对活性炭进行强氧化表面处理后，对 11 种不同气体和蒸气进行吸附，结果表明改性活性炭对苯、乙胺等的吸附容量大大降低，这主要是因为活性炭表面经过强氧化后缺失了大量的微孔；而对氨水和水的吸附能力却大大增强，这主要是因为活性炭表面氧化物的增加。因此，随着活性炭表面氧化物的增加，其对极性分子的化学吸附也增强。

通过还原剂对活性炭进行表面还原处理，从而提高碱性基团的相对含量，增加表面的非极性，提高活性炭对非极性物质的吸附能力。表面还原后的活性炭，在对染料处理时表现出不一样的特性。对于阴离子染料，活性炭表面碱度和吸附效果间有着密切的联系，吸附机理是活性炭表面无氧 Lewis 碱位与被吸附染料的自由电子的交互作用。对于阳离子染料，活性炭表面的含氧官能团起到了积极的作用，可是经过热处理的活性炭依然对阳离子染料有良好的吸附效果，这说明静电吸附和色散吸附是两种相当的吸附机制。

通过液相沉积的方法可以在活性炭表面引入特定的杂原子和化合物，利用这些物质与吸附质之间的结合作用，增加活性炭的吸附能力。在液相沉积时，浸渍剂的种类是影响吸附效果的主要因素。针对不同的吸附质，可以采用不同的浸渍剂对活性炭进行处理，以得到良好的吸附效果。

值得注意的是，在对活性炭进行表面官能团的改性时，也伴随着表面化学性质的变化，其表面积、孔容积以及孔径分布都会有一定的变化，这也会影响到活性炭的吸附。所以，在进行表面官能团的改性时，针对不同的吸附条件和吸附质采取不同的改性，要综合考虑物理结构和化学结构双重变化引起的影响。

4. 吸附质

活性炭的吸附效果跟吸附质本身的性质有着很大的关联性。通常，在不考虑活性炭自身孔径结构对大分子的“筛滤”作用时，由于大分子物质吸附能较高，所以大分子物质更易被吸附。对于水体中的小分子有机物，相对分子质量大的易被活性炭吸附。

对于挥发性有机物，相对分子质量越大，其去除率就越高；而可提取有机物则恰恰相反，其吸附效果是随着相对分子质量的减小而增强。这是由于挥发性有机物的极性小，而可提取的有机物的极性比较大，由于活性炭本身的性质，可以将其看作一个非极性吸附剂，所以更易吸附水中的非极性物质而不易吸附极性物质。而且，吸附质分子的大小与活性炭呈一定比例时，最有利于吸附。

易液化或高沸点的气体较易被吸附。混合气体中，纯净状态下易被吸附的气体优先被吸附。一般无机物不易被吸附，但钼酸盐、氯化金、氯化汞、银盐例外。

特劳贝定律指出：水溶液的表面活性与有机溶质的碳原子数成正比。根据吉布斯的吸附理论，越是能降低溶液表面张力的物质就越容易被吸附。因此，可得到关于醇类吸附量的递增顺序为：甲醇＜乙醇＜丙醇＜丁醇。脂肪类与醛类也如此。在相对分子质量相近的情况下，烯键结构的存在有利于活性炭吸附；直链有机物比支链有机物更容易被吸附。随着碳链的增长，活性炭的吸附量也相应地增加：乙酸＜丙酸＜丁酸。

5. 应用条件

活性炭的吸附性能不仅与上述几个因素直接相关，还和其应用条件有着密不可分的关系。

(1) 温度对吸附量的影响。目前，对于此项影响尚不能从理论上得出较圆满的结论。根据 Langmuir 假设，吸附为动态平衡反应，温度的变化使 K 值增加，说明吸附速率也增大，达到了新的平衡，因此会改变活性炭的吸附量。饱和吸附量吸附量 X_m 的含义是吸附剂表面吸满单分子层时的吸附量，所以 X_m 为一确定的值，不受其他因素影响。一般吸附为放热过程，因此温度升高使吸附量减少，吸附能力减弱。实际工作体系要根据不同的情况，综合考虑温度影响。

(2) 压力对吸附量的影响。压力增高，气体吸附量增大，尤其是对于在常压条件下，吸附性较小的气体，压力的增加对于吸附性能有积极的促进作用，这也是变压吸附的理论基础。

(3) 吸附质的浓度对吸附量的影响。从吸附质的性质而言，其溶解度大小、分子极性、相对分子质量大小对吸附性能都有一定的影响。对于同一种物质来说，开始时，吸附量随着吸附质的浓度增加而增大，呈一条直线，然后缓慢增大，达到一定的吸附量后将不再改变。分别对其用 Freundlich 公式和 Langmuir 等温吸附式处理，结果基本是一条直线，但不同的有机物与直线的吻合程度不同。

(4) pH 对吸附量的影响。pH 对不同的吸附质的影响也是不同的。对于非离子型的吸附质，其吸附量与 pH 没有太大的关系；对于吸附质是阳离子型的，其吸附量随着 pH 的升高而增加；对于吸附质是阴离子型的，其吸附量随着 pH 的升高而减少。同时，溶液的 pH 也影响活性炭表面含氧官能团对物质的吸附。

在使用活性炭时，要根据具体的应用对象、工艺过程和设备等情况进行综合的考虑，权衡这些因素的影响，通过实验研究，寻找到一个最佳的应用条件。

11.4　吸附设备设计

活性炭吸附分离过程用的设备有吸附塔和吸附器等几种常用设备。其中接触式吸附器的特点是溶液中活性炭的吸附能力强、吸附速率高，传质速率为液膜控制，在搅拌器的搅拌下短时间内活性炭迅速达到饱和，如活性炭加工油品脱色去除胶质、糖液用活性炭脱色，当不需要对组分有高的选择性时，粉末或颗粒活性炭用量一般为溶液处理量的 0.1%～10%（质量），一般时间为 10～120min，吸附处理后的溶液过滤放出，活性炭可考虑活化再生回收使用。这种接触过滤吸附器具有设备结构简单、操作容易的优点，其操作方式有单吸附、多次吸附、并流多段吸附等。在设计计算过程中，一般都认为吸附器内的溶液经充分搅拌后，液固两相已完全达到平衡，从而使计算方法大为简化。另一类型的活性炭吸附分离设备为连续（或间歇）接触式吸附塔，它分为固定床吸附塔、移动床吸附塔、流化床吸附塔等。根据其操作工艺或解吸方法的不同，它又分为变温吸附、变压吸附及模拟移动床吸附等各种吸附分离工艺。吸附塔的分离率高、回收效果好，在自动控制的操作条件下，原料的年处理量可达百万吨以上，从而使吸附分离过程成为大型操作单元。

11.4.1　恒温固定床吸附塔的连续性方程

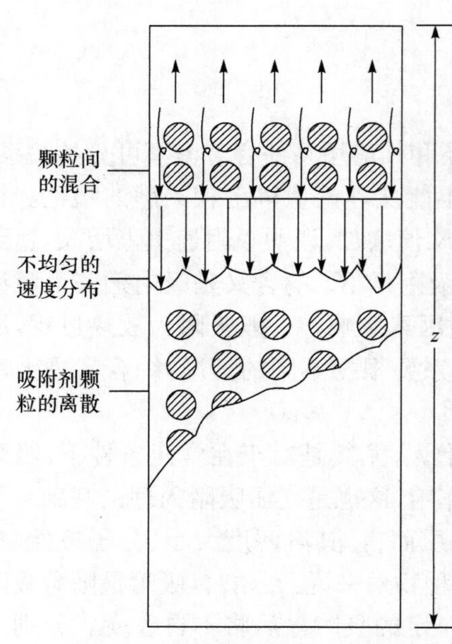

图 11-3　固定流动相速度分布示意图

恒温下固定床吸附分离在阶跃输入进料时是一个不稳态的分离过程。由于床层内的吸附剂颗粒形状、大小和装填方法不同，所以床层的间歇率 ε_b 不同。在操作过程中床层内各处的流体流速不等引起床层颗粒膨胀。流动相在床层中的流速、浓度以及固定相吸附剂的吸附容量等其他参数都随着床层的位置和时间而变化，即在恒温下床层内流体流动相的流速（线速 v）、浓度 c 和固定相吸附剂的吸附容量 q 都是时间 t 和床层轴向坐标的函数。床层内流动相的流速分布和轴向浓度分布同时还与径向弥散和轴向弥散的大小有关，如图 11-3 所示。如果是绝热的吸附分离过程，上述各物化参数同时还受到温度变化的影响。

描述固定床吸附分离过程的基本关系式应包括：①物料衡算方程（或称连续性方程）；②吸附相平衡关系式（吸附等温方程）；③传质速率方程；④热量衡算和传热速率方程，以及相应的边界条件和初始条件。如果固定床吸附分离过程在恒温下进行，可以不考虑最后一项热量衡算和传热速率方程。

最简单的体系是恒温、单波带的单痕量组分体系，此痕量组分的溶液用阶跃法注入固定床吸附塔(或用脉冲法将进料注入连续送入吸附塔的载气或载液中)，传质阻力可忽略不计(瞬间局部平衡)。为了简化固定床的吸附分离机理，再设如下理想状态。

(1) 恒温下流动相和固定相密切接触，并在流动方向连续。每单位容积床层内吸附剂颗粒的外表面积为 A，流动相在床层内占有恒定的容积分率。固定相和流动相的密度维持恒定不变。

(2) 流动相的线速度在床层的任一横截面上均为一定，溶质的浓度分布曲线不因床层装填吸附剂颗粒而影响其连续性。

依照固定床吸附塔的物料衡算关系，对床层的某一截面，取 A 组分输入的速率减去 A 组分输出的速率，等于 A 组分在床层微元区段间歇中流体和固定颗粒内积累的速率。

A 组分输入床层某截面的速率为

$$\varepsilon_B A\left[vc-D_L\left(\frac{\partial c}{\partial z}\right)\right]_{z,t} \tag{11-10}$$

则 A 组分输出床层某截面的速率为

$$\varepsilon_B A\left[vc-D_L\left(\frac{\partial c}{\partial z}\right)\right]_{z+\Delta z,t} \tag{11-11}$$

床层微元体积 $A\Delta z$ 内，A 组分的累计速率为

$$A\Delta z\left[\varepsilon_B\frac{\partial c}{\partial t}+(1-\varepsilon_B)\frac{\partial q}{\partial t}\right]_{z_{a_V},t} \tag{11-12}$$

从物料衡算关系得

$$\frac{D_L}{\Delta z}\left[\frac{\partial c}{\partial z}\bigg|_{z+\Delta z,t}-\frac{\partial c}{\partial z}\bigg|_{z,t}\right]=\frac{v}{\Delta z}\left[c|_{z+\Delta z,t}-c|_{z,t}\right]+\left[\frac{\partial c}{\partial t}+\frac{1-\varepsilon_B}{\varepsilon_B}\cdot\frac{\partial q}{\partial t}\right]_{z_{a_V},t} \tag{11-13}$$

则 A 组分的物料衡算式(连续性方程)为

$$D_L\frac{\partial^2 c}{\partial z^2}=v\frac{\partial c}{\partial z}+\frac{\partial c}{\partial t}+\frac{1-\varepsilon_B}{\varepsilon_B}\cdot\frac{\partial q}{\partial t} \tag{11-14}$$

式中：ε_B——床层间隙率，指颗粒间具有的空隙体积和同单位床层体积之比值；

D_L——组分 A 在流动相流动方向的轴向弥散系数，$D_L=D_{Am}+E_A$，其中包括流动相中 A 组分的有效双元扩散系数 D_{Am} 和弥散系数 E_A 两项。

轴向弥散效应是因流体在床层各颗粒间隙之间的混合，流体通过床层断面各处的速度不均一，如沟流和边壁效应所引起。组分浓度沿轴向变化，其浓度梯度也产生轴向弥散。在连续性方程中右边的第一项为 $v\partial b/\partial z$，实际上应为 $\partial(vc)/\partial z=v\partial c/\partial z+c\partial v/\partial z$，但是由于痕量组分 A 在溶剂或惰性载气中的含量很低，床层中的吸附过程不影响颗粒间隙的流动相线速度 v，v 为定值，所以 $c\partial v/\partial z$ 项可忽略不计。对于非痕量组分溶液的进料，随着吸附过程的进行，流动相的浓度不断减小，线速度 v 相应变化时，仍需考虑 $c\partial v/\partial z$ 项。此物料衡算式是恒温扩散模型的基础，要取得其数学解，除需吸附平衡关系式和传质速率方程外，还要加上一定的边界条件和初始条件，才能得出在一定范围内的数学分析解。

固定床吸附分离操作是各种不同吸附分离工艺(固定床、移动床、模拟移动床、变压吸附等)的基础。为此，深入了解恒温下固定床吸附分离操作的机理和计算方法是必要的。科技工作者做了大量的研究工作，根据不同的机理、操作条件和原料输入方式提出了各种不同的数

学模型，其中主要的有传质区模型、平衡级段模型、扩散模型和混合池模型等几种模型。本章重点介绍传质区模型及其在一定条件下的数学分析解，以作为固定床吸附塔设计的依据。

11.4.2　传质模型

在接触过滤釜式和间歇或连续接触塔式的吸附器中，固定床吸附塔是最常用的吸附设备之一。它具有结构简单、加工容易、操作灵活等各种优点。固定床吸附塔根据其安装的方法和装填方式的不同可分为三种类型，如图 11-4 所示。

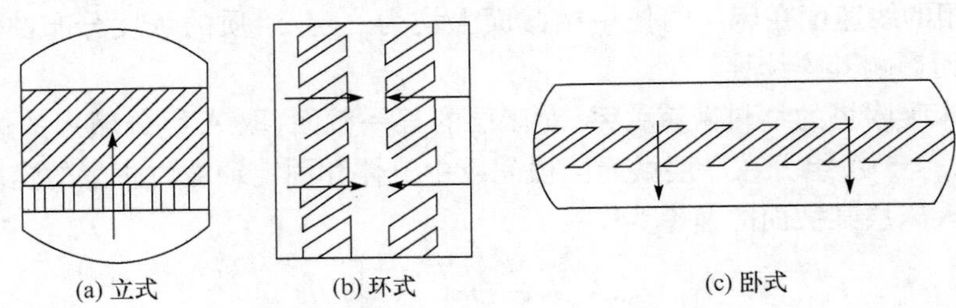

图 11-4　固定床的填装方式

图 11-4(a)为立式固定床吸附塔，是一般的装填方式，用于液体精制、气体干燥和分离等。图 11-4(b)为环式的装填方式，具有接触面积大、厚度小、可减少床层压力降的优点。大型的空调设备或气体处理装置常采用环式的固定床吸附塔。图 11-4(c)为卧式固定床，常用于从气体中回收溶剂。

所用吸附剂颗粒的粒径与所处理原料溶液的浓度有关。粒径大的颗粒，装填的床层流体阻力小，整个床层的压力降减小，适用于低浓度溶液或气体的吸附处理。如原料的浓度高即所谓本体分离时，为了提高颗粒的传质速率，吸附剂颗粒宜小，且粒度的大小均一、有一定的分布，使床层的装填量增加，以提高吸附塔的生产能力。床层经装填紧实后，先用纯溶剂冲洗，将床层颗粒间隙内的空气驱赶干净，以免溶液和气泡在床层内造成涡流和返混，降低分离的效果，甚至破坏床层的分离操作。吸附剂装填方法和床层装填情况很重要。粒径小的吸附剂装填得过于紧实时，床层的压力降很大，造成进料困难和能耗增大；但是颗粒装填得松散时，难以保证流体在床层内的流速分配均匀一致，甚至产生严重的涡流和返混。填充物粒度和装填方法对吸附塔的分离效果有很大影响。

例如，直径为 7.8cm、长为 1m 的色谱柱，用硅油涂渍于惰性多孔载体颗粒上作为填充物，当载气(氮气)流速为 38L/h、室温为 22℃，脉冲注入正戊烷时，其分离效果因填充物的粒度分布和装填方法的不同有很大的差异，其理论塔板数可相差 4～5 倍之多，如表 11-2 所示。工业生产用的大型吸附塔在装填过程中难以敲打和振荡，需控制其装填速度并用人力逐层踏实，踏实的程度由经验决定。整个床层装填得要均匀一致，以免床层径向的流体速度分布相差过大，影响吸附塔的分离效果。

表 11-2　装填方法和力度对色谱柱效率的影响

吸附剂力度/目	理论板平均数	装填方法
30～40	250	吸附剂颗粒直接倒入柱内
30～40	120	倒入随后轻微敲打
30～40	220	吸附剂倒入时，摇荡柱

续表

吸附剂力度/目	理论板平均数	装填方法
30～40	330	敲打柱
30～40	500	吸附剂装填速度为 20g/min,敲打
30～40	400	装填时,摇荡和敲打柱
50～80	315	装填时,摇荡和敲打柱
20～70	300	装填时,摇荡和敲打柱

固定床吸附过程的机理是假设在恒温下,浓度为 c_0 的稀溶液迅速阶跃注入吸附塔内，并以恒速 v 通过床层。在流动状态下,床层内吸附剂吸附的溶质量随时间和床层位置而改变,此吸附量变化的浓度曲线称为负荷曲线。如床层内吸附剂和流动的溶液之间没有传质阻力,即吸附速率无限大时,吸附负荷曲线为直角形。此曲线内的面积为该吸附剂的吸附负荷量,即吸附饱和量,如图 11-5(a)所示。在实际体系中,由于存在着传质阻力、进料溶液流速、流速分布、温度、两相间相平衡和吸附机理等各种条件的限制,传质阻力不为零,传质速率因而不可能无限大。流动相溶液在床层某一点的停留时间比达到相平衡所需要的时间短,使吸附负荷曲线成为抛物线的形状,如图 11-5(b)所示。

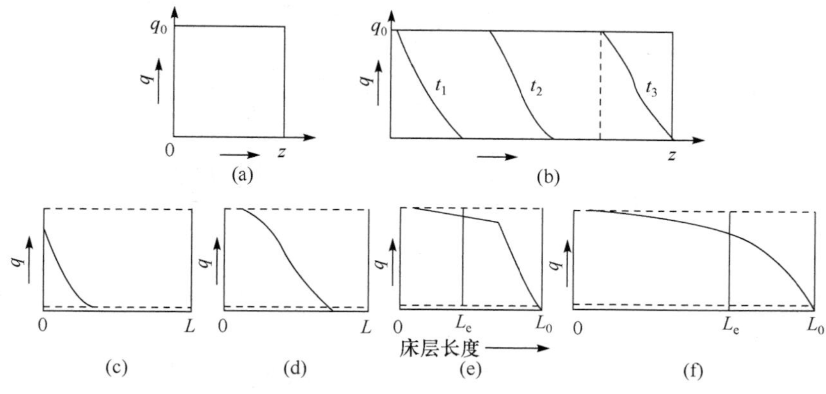

图 11-5　负荷曲线前沿的形成和移动

最初,在床层入口处送入原料溶液,经过一段时间 t_1 后,在入口端形成负荷曲线,随着不断地送入恒定浓度的溶液,负荷曲线向前移动。由于吸附等温线斜率的影响,床层内各点吸附剂的吸附量随溶液的浓度而变化,此抛物线形负荷曲线中“S”形的一段曲线为传质前沿。继续送溶液入塔,传质前沿继续向前移动,经过时间 t_3 后,传质前沿的前端到达床层的出口端时，应该停止进料,以免要脱除的组分溢出床层以外。“S”形传质前沿所占据的床层长度为吸附床层的长度,称为吸附的传质区(MTZ)。传质区越短,表示传质阻力越小,床层的利用率越大。传质区前一段平坦直线(平台)所包含的区域为饱和区,流动相溶液中的溶质和固定相吸附剂内的溶质处于动态的平衡状态,吸附剂不再吸附溶质,使通过该饱和区的溶液保持原始浓度 c_0。在实际操作中,为了操作安全,传质前沿尚未到达床层出口端的一定距离内,就要停止继续送入原料溶液,将原有吸附剂加以再生或更换。一般采用活性炭为吸附剂时,操作用的吸附量为饱和吸附量的 85%～95%。

床层内吸附剂的负荷曲线显示出了床层内吸附剂的吸附量(溶质浓度)随时间或床层位置的分布,可以直观地反映吸附操作的情况。但是,若直接从床层中取出吸附剂颗粒,不仅测定其吸附量较难，而且在取样过程中会干扰床层的装填密度，影响床层中流体的流速分布和浓度分布。因此，一般采用在一定的时间内分析床层中流出液体的浓度变化，即用流出时间 t 或流出溶液体积 V 与流出溶液浓度的关系(即透过曲线)，来反映床层中吸附剂负荷的变化。

将浓度为 c_0 的稀溶液阶跃注入恒温固定床吸附塔中，床层装填良好，流动相的流速分布均匀，溶液中溶质浓度低，吸附热小，吸附塔可看作在恒温下操作。由于受两相间传质阻力、流动相的流速分布和吸附等温线斜率等因素的影响，流动相内溶质的浓度随时间或流出溶液体积的增加而变化，形成一定的浓度曲线，称为透过曲线。在吸附初期，溶质为床层的上一段吸附，从床层下一段流出的液体浓度为零。当再生吸附剂未全部再生、保留一定的残余吸附量时，流出液的浓度不为零，为相应的浓度。当透过曲线的传质前沿到达出口端时，流出溶液的浓度突然上升，如图 11-6 中的 a 点称为透过点。如流出溶液的浓度缓慢地改变，然后渐次上升时，可取其变化的浓度为进料浓度 c_0 的 5%为透过点，随着传质前沿慢慢移出床层末端，流出溶液的浓度逐步增大，直至传质前沿离开床层，如图 11-6 中 $q=0$ 点称为流干点。

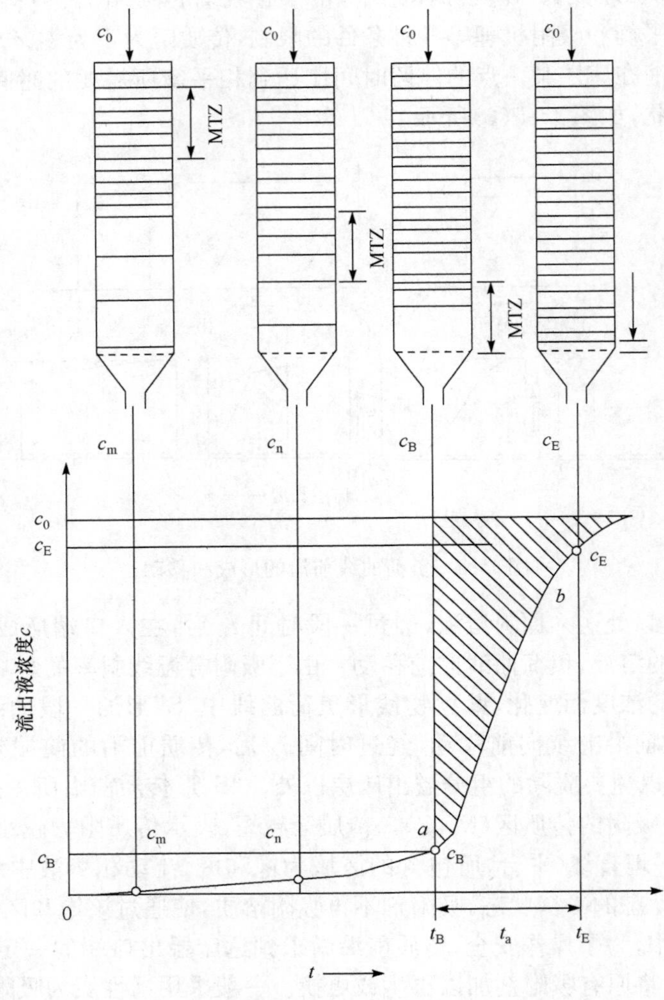

图 11-6　恒温固定床的透过曲线

吸附负荷曲线和透过曲线前沿所占有的波幅(传质区，MTZ)比吸附塔床层要小得多。在恒速进料的情况下，形成稳定的透过曲线向前移动。吸附负荷曲线和透过曲线按照吸附相平衡关系成为镜面相似，如图 11-7 所示。该图中面积 $abde$ 代表传质区的总吸附容量。图 11-7(a) 的负荷曲线中前沿上方的面积 $agdef$ 为传质区内具有吸附能力的容量。传质区的吸附饱和率可用面积分率 $agdcb/abdgf$ 表示，剩余吸附能力分率 f 可用面积 $agdef/abcdef$ 表示。图 11-7(b)中的透过曲线和负荷曲线的形状相对应，吸附饱和率可用面积分率 $agdcb/abcef$ 表示，剩余吸附能力分率 f 也可用面积分率 $agdef/abcef$ 表示。吸附饱和率越高，表示床层的利用效率越大。吸附剂因受再生费用和吸附剂的特性所限制，所以再生后的吸附剂还可能残留部分溶质在内，q_R 指吸附剂再生后残余的吸附量。

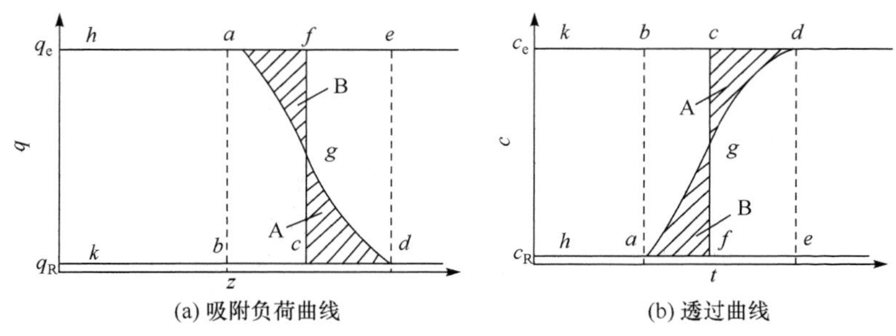

图 11-7　固定床的吸附曲线和透过曲线

透过曲线的形状和前沿的波幅长短，即传质区的大小与传质阻力吸附剂活性的大小和吸附等温线的形状等因素有密切的关系。传质阻力越大，吸附剂的活性越低，则传质区加大，透过曲线前沿的波幅延长。反之，传质阻力越小，吸附剂的活性越高，透过曲线前沿的波幅越小。在极端的理想情况下，透过曲线前沿为垂直的直线。在实际操作中，影响透过曲线形状的因素很多，如溶液的浓度和性质、吸附剂的性质、颗粒的形状大小、吸附等温线和吸附机理，甚至床层温度和溶液的流速等都影响透过曲线的形状。因此，研究透过曲线或表征透过曲线的微分方程，可以评价或了解吸附剂的吸附性能，了解床层的操作状态和测取体系的传递系数。

11.4.3　多组分的固定床吸附

在实际固定床吸附处理操作中，多数情况是同时吸附两种以上吸附质的多组分的吸附操作。例如，在废水中含有种类繁多的溶质，要全部了解这些组分的吸附特性是困难的。因此在设计吸附装置时，一般都以相当于单一组分的总指标 BOD、COD 和 TOC 的浓度来考虑。然而这种做法只是权宜之计，人们期待着能创立更合理的设计理论。利用 TOC 和 COD 表示废水的吸附平衡时，用 Freundlich 公式存在着相关性，但这时指数 β 比 1 要大。这种平衡浓度和吸附量 q 的关系曲线呈现凹形，属于所谓的“不理想的平衡关系”范畴，不能使用固定形状浓度分布的近似法。因此近似设计法和改进的近似设计法都不适用，而必须采用不用固定形状浓度分布近似法的数值解法。

多组分吸附操作的设计理论非常复杂，因此迄今还未能提出一个通用的设计法。库尼(Cooney)等找到了近似解法，他们采用 Langmuir 展开式来表示两组分的吸附平衡，现概略地加以叙述。吸附两组分的固定床内的吸附质浓度分布的形状如图 11-8 所示，共分为五个区域。假定组分 2 的吸附力比组分 1 大，在区域Ⅰ中，组分 1 和组分 2 都将呈现饱和状态，其浓度分别等于各入口的浓度。由于在区域Ⅱ中吸附力大的组分 2 首先被吸附，所以其浓度将会减小。此时，组分 1 的浓度 c_1 比入口浓度 c_1^0 还要高，并在 c_2 成为零的位置处达到 c_1^∞ 的最高值。在区域Ⅲ中，各组分的浓度都将保持一定的值($c_1=c_1^{\infty}$，$c_2=0$)。在区域Ⅳ中，由于组分1被吸附，从而使 c_1 的浓度下降。在区域Ⅳ中 $c_2=0$，因此可以认为是单组分的吸附，但因为最高浓度不是入口浓度 c_1^0，而是比 c_1^0 浓度还要高的 c_1^{∞}。因此在区域Ⅴ中，组分1和组分2的浓度为零。

以上所叙述的都是吸附床层内浓度分布的形态，而吸附床层出口的穿透曲线可按图11-8来确定，其形状如图11-9所示。

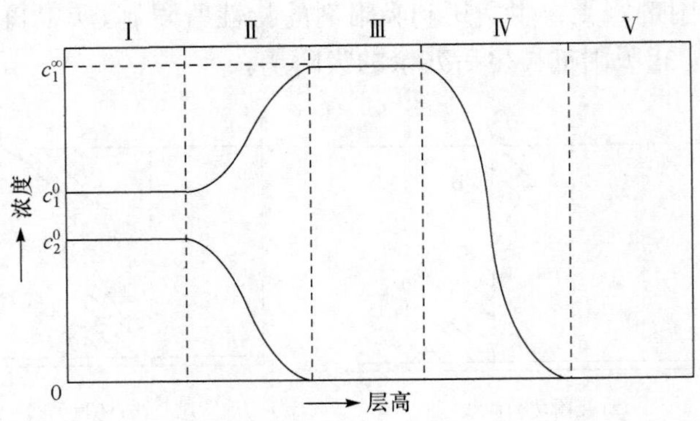

图11-8　两组分吸附层内浓度分布

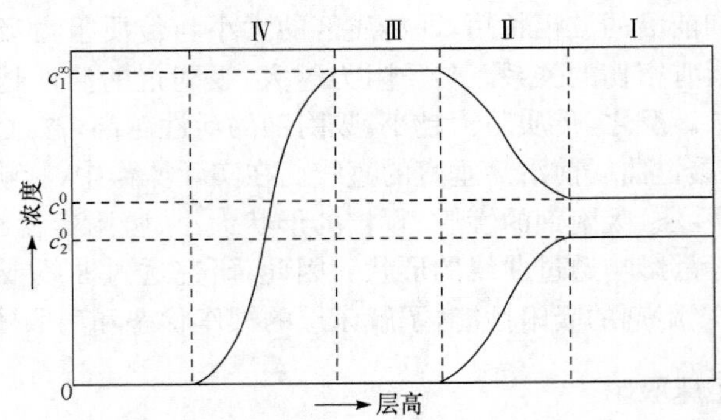

图11-9　两组分吸附的透过曲线

首先分析区域Ⅱ内的浓度分布。对于一定组分的总容量系数大致近似相等时，可以发现 c_1 和 c_2 之间近似地呈立线形关系。根据这一关系，则 c_2 可用 c_1 来表示，从而与第一组分相对应的Langmuir平衡式，就可只用 c_1 来表达。所以区域Ⅱ中的浓度分布可按单一组分的条件和类似的方法进行计算。库尼等导出了适用于区域Ⅱ的解析解。关于区域Ⅳ，库尼等没有进行任何的叙述，但获得了解析解。

11.5　典型案例分析

11.5.1　德国慕尼黑多奈自来水厂

多奈水厂的水是从莱茵河下游取的地表水，多年来一直沿用折点氯化法处理，用常规水处理工艺进行处理，但出水水质中的有机氯化物和三卤甲烷的含量，最高时分别达到200μm/L和25μm/L，去除效果不是很理想。1978年多奈水厂水处理新流程(图11-10)投入使用，新、旧水处理装置工艺运行参数见表 11-3。

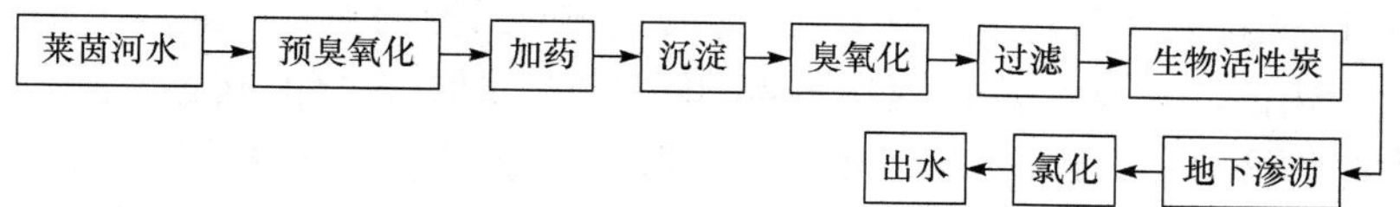

图 11-10　德国慕尼黑多奈水厂新工艺流程

表 11-3　多奈水厂新、旧水处理装置工艺对比

处理阶段	旧处理工艺	新处理工艺
预氯化或预臭氧化/(mg/L)	10～50(Cl_2)	1.0(O_3)
混凝剂投入量/(mg/L)	3～4	4～6
电耗(接触池)/(kW/m)	0.1	2.5
混合时间/min	0.5	0.5
絮凝剂[$Ca(OH)_2$]/(mg/L)	5～15	5～15
沉淀时间/h	1.5	1.5
臭氧氧化量/(mg/L)	—	2.0
臭氧氧化时间/min	—	5
砂滤池滤速/(m/h)	10.7	10.7
活性炭滤池滤速/(m/h)	22	18
活性炭滤池层高/m	2	2
地下传送时间/h	12～50	12～50
安全投氯量/(mg/L)	0.4～0.8	0.2～0.3

实践证明，水中溶解性有机碳在采用新的水处理工艺流程后，比原来水处理工艺减少 50%，而且因预氯化工艺被取代，水中无有机氯化物的产生，活性炭再生周期从原来 2～4 个月延长到 2 年以上。此外，出水中氨氮含量显著降低。

11.5.2　大庆石化总厂

为保证该地区饮用水水质达标，大庆石化总厂对回用水进行了深度处理技术的研究与实验，开发臭氧-生物活性炭处理工艺。经过一年多的研究实验工作，取得了令人满意的结果，确定了滤后水→臭氧→生物活性炭→石英砂过滤→出水的工艺流程，采用饮用水处理新工艺流程的大庆石化总厂化肥厂饮用水深度净化水厂于 1995 年投产，处理规模 800m^3/h；1996 年，同样采用新工艺流程的大庆龙凤净水厂和大庆乙烯净水厂投产。这三套饮用水深度处理工艺流程基本相同，图 11-11 示出大庆化肥厂生活水处理系统工艺流程。

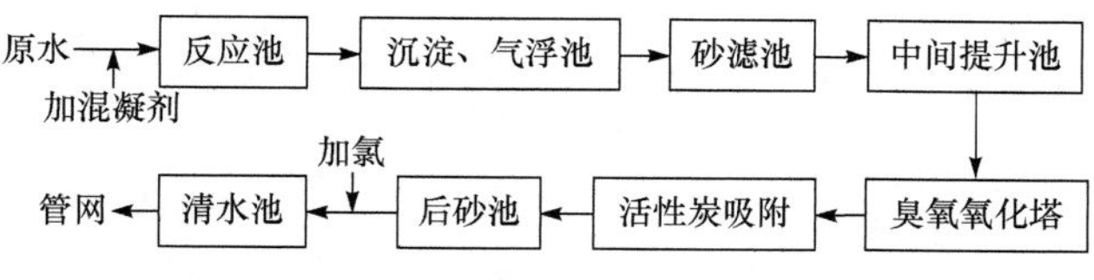

图 11-11　大庆化肥厂生活水处理系统工艺流程图

多年来大庆三个水厂运行状况良好，臭氧-生物活性炭工艺可将水中 COD_{Mn} 由常规工艺处理后原水的 4～6mg/L 降低到 0.5～2.0mg/L，小于设计指标(2.5mg/L)的要求。同时，通过采用工程菌活化活性炭技术，水温在 0～4℃时 COD_{Mn} 时有超标的问题得到了解决。出水浊度和煮沸浊度分别降到 0～1.0 NTU 和 1～2 NTU，很大程度上改善了水质。

对原水进行色质联机检测，发现水中有机物含量达 120 种，并确认其中 5 种有机物为美国环境保护局规定的重点污染物，另有 30 种为潜在的有毒物质。经臭氧-生物活性炭工艺处理后，再氯化消毒，发现出水中只含有 6 种有机化合物，且无毒害作用，其中检不出三氯甲烷和四氯化碳，说明水质经臭氧-生物活性炭工艺深度处理后得到很大改善。

思考题及习题

11-1 炭材料应用在哪些方面？

11-2 为什么活性炭具有强大的吸附性能？

11-3 简述活性炭的吸附作用力。

11-4 影响活性炭吸附效率的因素有哪些？

11-5 活性炭表面含有哪些官能团？

11-6 活性炭物理吸附和化学吸附有哪些区别？

11-7 活性炭吸附塔操作方式对透过曲线有什么影响？

第12章　活性污泥法

12.1　活性污泥法概述

在当前的污水处理技术领域中，活性污泥法是应用最为广泛的技术之一。活性污泥法由英国的克拉克(Clark)和盖奇(Gage)于1912年发明以来，已有100年历史，随着在实际生产上的广泛应用和技术上的不断革新改进，特别是近几十年来，在对其生物反应和净化机理进行深入研究探讨的基础上，活性污泥法在生物学、反应动力学的理论方面以及工艺方面都得到了长足的发展，出现了多种能够适应各种条件的工艺流程，当前，活性污泥法已成为生活污水、城市污水以及有机性工业废水的主体处理技术。

12.1.1　活性污泥处理法的基本概念与流程

活性污泥法是以活性污泥为主体的污水生物处理技术。向生活污水注入空气进行曝气，每天保留沉淀物，更换新鲜污水。这样持续一段时间后，在污水中即形成一种呈黄褐色的絮凝体。这种絮凝体主要是由大量繁殖的微生物群体所构成，它易于沉淀与水分离，并使污水得到净化、澄清。这种絮凝体就是称为“活性污泥”的生物污泥。

图12-1所示为活性污泥法处理系统的基本流程。系统是以活性污泥反应器——曝气池为核心处理设备，此外还有二次沉淀池、污泥回流系统和曝气与空气扩散系统。

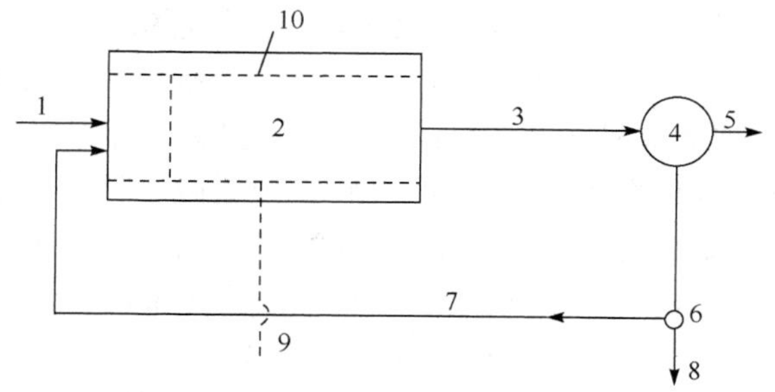

图12-1　活性污泥法处理系统的基本流程

1. 经预处理后的污水；2. 曝气池；3. 从曝气池流出的混合液；4. 二次沉淀池；5. 处理水；6. 污泥井；7. 回流污泥系统；8. 剩余污泥；9. 来自空压机站的空气；10. 曝气系统与空气扩散装置

投入正式运行前，在曝气池内必须进行以污水作为培养基的活性污泥培养与驯化工作。经初次沉淀池处理后的水从一端进入曝气池，与此同时，从二次沉淀池连续回流的活性污泥作为接种污泥，也与其同步进入曝气池。此外空压机站送来的压缩空气，通过干管和支管的管道系统和铺设在曝气池底部的空气扩散装置，以细小气泡的形式进入污水中，其作用除向污水充氧外，还使曝气池内的污水、活性污泥处于剧烈搅动的状态。活性污泥与污水互相混合、充分接触，使活性污泥反应得以正常运行。这样，由污水、回流污泥和空气互相混合形成的液体，称为混合液。

活性污泥反应进行的结果，污水中有机污染物得到降解、去除，污水得以净化，由于微生物的繁衍增殖，活性污泥本身也得到增长。经活性污泥净化作用后的混合液由曝气池的另一端进入二次沉淀池，在这里进行固液分离，活性污泥通过沉淀与污水分离，澄清后的污水作为处理水排出系统。经过沉淀浓缩的污泥从沉淀池底部排出，其中一部分作为接种污泥回流曝气池，多余的一部分作为剩余污泥排出系统。剩余污泥与在曝气池内增长的污泥，在数量上应保持平衡，使曝气池内的污泥浓度相对地保持在一个较为恒定的范围内。

活性污泥法处理系统，实质上是自然界水体自净的人工模拟。该模拟不是简单的模拟，而是经过人工强化的模拟。

12.1.2 活性污泥形态与活性污泥微生物

1. 活性污泥形态

活性污泥的絮体形态取决于微生物组成、数量、污水中污染物的特性及外部条件等，絮体大小一般介于0.02～0.2mm，呈不定形状，微具土壤味。活性污泥具有较大的比表面积，可达(2000～10000)m^2/m^3。活性污泥含水率很高，一般都在99%以上，其比重因含水率不同而异，一般介于1.002～1.006。活性污泥中固体物质仅占1%以下，其固相组分主要为有机物，占75%～85%。

活性污泥主要由四部分组成：具有代谢功能的活性微生物群体；微生物内源呼吸和自身氧化的残留物；被污泥絮体吸附的难降解有机物；被污泥絮体吸附的无机物。

2. 活性污泥微生物

活性污泥的净化功能主要取决于栖息在活性污泥上的微生物。活性污泥微生物以好氧细菌为主，也存活着真菌、原生动物和后生动物等。这些微生物群体组成了一个相对稳定的生态系。活性污泥中的细菌以异养型的原核细菌为主，对正常成熟的活性污泥，每毫升活性污泥中的细菌数大致为10^7～10^9个。细菌虽是微生物主要的组成部分，但是活性污泥中哪些种属的细菌占优势，要看污水中所含有机物的成分以及活性污泥法运行操作条件等因素。

真菌构造较为复杂而且种类繁多，是多细胞的异养型微生物。与活性污泥法处理有关的真菌主要是霉菌。霉菌是微小的腐生或寄生的丝状真菌，它能够分解碳水化合物、脂肪、蛋白质及其他含氮化合物。但是，真菌大量的增殖会产生污泥膨胀现象，严重影响活性污泥系统的正常工作。真菌在活性污泥法中的出现往往与水质有关。

原生动物的主要摄食对象是细菌。活性污泥中的原生动物主要有肉足虫、鞭毛虫和纤毛虫三类。原生动物为单细胞生物，大多为好氧化能异养型。在活性污泥法的应用中，常通过观察原生动物的种类和数量，间接地判断污水处理的效果，所以原生动物又称为活性污泥系统的指示性动物。

以细菌、原生动物以及活性污泥碎片为食的后生动物（如轮虫、线虫等）在活性污泥中不经常出现，特别是轮虫仅在有机物含量低且水质好的系统（即完全氧化型的活性污泥系统）中才较多出现，因此轮虫又称为活性污泥系统的指示性动物，是出水水质好的标志。

在活性污泥处理系统中，净化污水的第一承担者即主要承担者是细菌，而摄食处理水中的游离细菌、使污水进一步净化的原生动物则是污水净化的第二承担者。通过显微镜检，活性污泥原生动物的生物相，是对活性污泥质量评价的重要手段之一。

3. 活性污泥微生物的增殖

活性污泥微生物是多菌种混合群体，其生长规律比较复杂，但是也可用其增长曲线表示一定的规律。该曲线表达的是，在温度和溶解氧等环境条件满足微生物的生长要求，并有一定量初始微生物接种时，营养物质一次充分投加后，微生物数量随时间的增殖和衰减规律。活性污泥增长速率的变化主要是营养物或有机物与微生物的比值（通常用 F/M 表示）所致，F/M 值也是有机底物降解速率、氧利用速率、活性污泥的凝聚、吸附性能的重要影响因素。根据微生物的生长情况，微生物的增殖可以分成以下四个阶段，如图 12-2 所示。

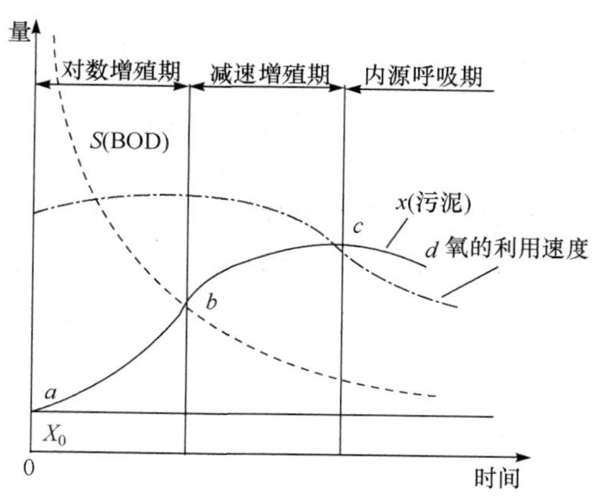

图 12-2　微生物增长规律

第一阶段：停滞期（适应期）。本阶段是微生物培养的初期，活性污泥微生物没有增殖，微生物刚进入新的培养环境中，细胞中的酶系统开始适应环境。本阶段微生物细胞的特点是分裂迟缓、代谢活跃、一般数量不增加但细胞体积增长较快，易产生诱导酶。停滞期对于后续微生物功能的发挥是非常重要的。在实际应用中活性污泥法的启动初期会遇到这一阶段。

第二阶段：对数增殖期。本阶段营养物质过剩，F/M 值大于 2.2。微生物的生长特点是代谢活性最强，组成微生物新细胞物质最快，微生物以最大速率把有机物氧化和转换成细胞物质。在这种情况下，活性污泥有很高的能量水平，特别表现在其活性很强、吸附有机物能力强、速率快，另外也因能量水平高，导致活性污泥质地松散，絮凝性能不佳。

第三阶段：减速增殖期。在本阶段由于营养物质不断消耗和新细胞的不断合成，F/M 值降低，培养液中的有机物已被大量消耗，代谢产物积累过多，使得细胞的增殖速率逐渐减慢，活性污泥从对数增殖期过渡到减速增殖期，营养物质减少，微生物能量水平降低，细菌开始结合在一起，活性污泥的絮凝体开始形成，活性开始减弱，凝聚、吸附和沉降性能都有所提升。在此阶段，如果再添加有机物等营养物质，并排出代谢物，则微生物又可以恢复到对数增殖期，大多数活性污泥处理厂是将曝气池的运行工况控制在减速增殖期。

第四阶段：内源呼吸期。经过减速增殖期后，培养液中的有机物含量继续下降，F/M 值降到最低并保持一常数，微生物已不能从其周围环境中获取足够的能够满足自身生理需要的营养，并开始分解代谢自身的细胞物质，以维持生命活动，活性污泥微生物的增殖便进入了内源呼吸期。在本阶段的初期，微生物虽然仍在增殖，但其速率远低于自身氧化的消耗，活性污泥减少；在中期，营养物质几乎消耗殆尽，能量水平极低，絮凝体形成速率提高，这时细菌凝聚性能最强，细菌处于“饥饿状态”，吸附有机物能力显著，游离的细菌被栖息在活性污泥菌胶团表面上的原生动物所捕食,使处理水的水质显著澄清。

F/M 值的高低影响微生物的代谢,当 F/M 值高时,营养物质相对过剩,微生物繁殖快,活力很强,处理污水的能力高,如在对数增殖期就是这种状况。但是,由于微生物活性高,细胞之间存在的电斥力大于范德华引力,导致微生物的絮凝和沉淀效果差,出水中所含的有机物含量高,因此,在污水的生物处理中,为了取得比较稳定和高效的有机物处理效果,一般不选用处于对数期的工况条件,而常采用处于减速增殖期或内源呼吸期的工况条件。F/M 值的高低影响微生物的增殖过程,影响微生物的絮凝和沉降性能,同时也影响溶解氧的消耗速率,是非常重要的活性污泥法工艺设计和运行指标。

4. 活性污泥絮凝体的形成

活性污泥是活性污泥处理技术的核心。在活性污泥反应器——曝气池内形成发育良好的活性污泥絮凝体,是使活性污泥处理系统保持正常净化功能的关键。

活性污泥絮凝体,也称生物絮凝体,其骨干部分是由千万个细菌为主体结合形成的通称为"菌胶团"的团粒。菌胶团对活性污泥的形成及各项功能的发挥起着十分重要的作用,只有在它发育正常的条件下,活性污泥絮凝体才能很好地形成,其对周围的有机污染物的吸附功能以及絮凝、沉降性能,才能得到正常发挥。

12.1.3 活性污泥净化反应过程

1. 初期吸附去除

活性污泥有很大的比表面积,可以较高的速率吸附悬浮或胶体状污染物。一般在 5～10min,污水中的有机物可被大量去除,该过程为物理吸附与生物吸附的交织作用。生活污水处理中活性污泥在 10～30min 可因吸附作用除去 85%～90%的 BOD;废水中的金属离子,有 30%～90%能被活性污泥通过吸附除去。

2. 微生物的代谢

氧化分解:

$$C_xH_yO_z+\left(x+\frac{y}{4}-\frac{z}{2}\right)O_2\xrightarrow{\text{酶}}xCO_2+\frac{y}{2}H_2O+\Delta H \tag{12-1}$$

合成代谢(合成新细胞):

$$nC_xH_yO_z+nNH_3+n\left(x+\frac{y}{4}-\frac{z}{2}-5\right)O_2\xrightarrow{\text{酶}}$$

$$\underset{\text{微生物细胞组织的化学式}}{(C_5H_7NO_2)_n}+n(x-5)CO_2+\frac{n}{2}(y-4)H_2O-\Delta H \tag{12-2}$$

内源代谢:

$$(C_5H_7NO_2)_n+5nO_2\xrightarrow{\text{酶}}5nCO_2+2nH_2O+nNH_3+\Delta H \tag{12-3}$$

微生物代谢:微生物对有机物的氧化分解或代谢过程。

三项代谢活动之间的数量关系如图 12-3 所示。

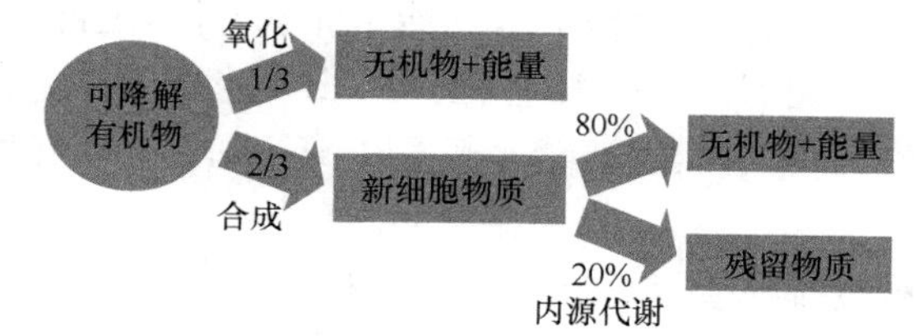

图12-3 微生物三项代谢活动之间的数量关系(麦金尼提出)

12.2 CSTR型活性污泥法及设计

12.2.1 完全混合连续式活性污泥法系统

本工艺的主要特征是应用完全混合式曝气池。污水与回流污泥进入曝气池后,立即与池内混合液充分混合,可以认为池内混合液是已经处理而未经分离的处理水。

本工艺具有如下各项特点:

(1) 进入曝气池的污水很快被池内已存在的混合液稀释、均化,原污水在水质、水量方面的变化,对活性污泥产生的影响将降到极小程度,正因为如此,这种工艺对冲击负荷有较强的适应能力,适用于处理工业废水,特别是浓度较高的工业废水。

(2) 污水在曝气池内分布均匀,各部位水质相同,F/M值相等,因此,有可能通过对F/M值的调整,将整个曝气池的工况控制在最佳条件,活性污泥净化功能得以良好发挥。在处理效果相同的条件下,其负荷率较高于推流式曝气池。

(3) 曝气池内混合液需氧速率均衡,动力消耗低于推流式曝气池。

完全混合连续式活性污泥法系统存在的主要问题是:在曝气池混合液内,各部位有机污染物质量相同、能量相同、活性污泥微生物质与量相同,在这种情况下,微生物对有机物降解动力低下,因此,活性污泥易于产生污泥膨胀。与此相对,在推流式曝气池内,相邻的两个过水断面,由于后一断面上的有机物浓度、微生物质与量均高于前者,存在着有机物的降解动力,因此,活性污泥产生膨胀的可能性较低。此外,在一般情况下,其处理水质低于采用推流式曝气池的活性污泥法系统。

12.2.2 完全混合式曝气池

完全混合式曝气池多采用表面机械曝气装置,但也可以用鼓风曝气系统。完全混合曝气池首推合建式完全混合曝气池,简称曝气沉淀池。其主要特点是曝气反应与沉淀固液分离在同一处理构筑物内完成,如图12-4所示。

曝气沉淀池有多种结构形式,为我国从20世纪70年代广泛使用的一种形式。从图可见,曝气沉淀池由曝气区、导流区和沉淀区3部分所组成。

曝气区——深度一般在4m为宜。曝气装置设于池顶部中央,并深入水下某一深度。

导流区——位于曝气区与沉淀区之间,其宽度一般在0.6m左右,内设竖向整流板。导流区高度在1.5m以上。

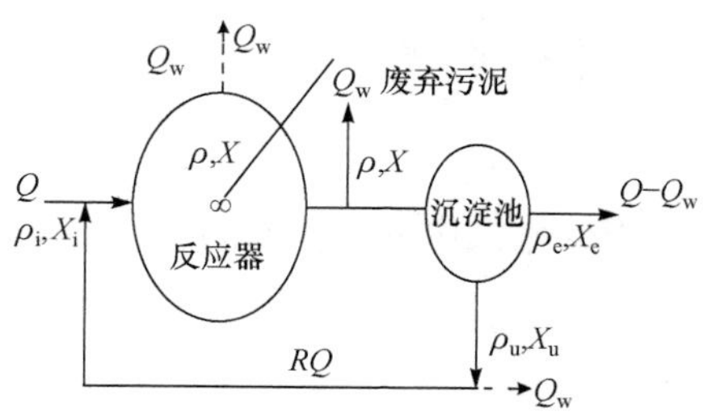

图12-4 完全混合式活性污泥法示意图

沉淀区——位于导流区和曝气区外侧，其功能是泥水分离，上部为澄清区，下部为污泥区。澄清区深度不小于 1.5m，污泥区容积一般应不小于 2h 的存泥量。

污泥通过回流缝回流到曝气区，回流缝一般宽 0.15～0.20m。在回流缝上侧设池裙，以避免死角。

在污泥区的一定深度设排泥管，以排出剩余污泥。

12.2.3 CSTR 型活性污泥法的工艺设计参数

进入反应器的原废水流量为 Q，其中有机物浓度为 ρ_i、细菌质量浓度为 X_i。回流比为 R，流量 Q 与沉淀池回流流量 RQ 汇合后进入反应器。

回流中的有机物浓度为 ρ_u、细菌质量浓度为 X_u 的反应器中由空气或纯氧进行曝气，其容积为 V，有机物及细菌浓度分别为 ρ 和 X。

废弃污泥流量为 Q_w，由反应器的出水中排出，其中所含有机物及细菌浓度也和反应器内的浓度一样，分别为 ρ 和 X。反应器出水中废弃污泥也和反应器中直接废弃污泥的效果完全一样。以 R_0、R_g 分别表示反应器容积内以 BOD_L 表示的有机物去除速率及以 MLSS 表示的细菌增殖率，根据公式写出容积 V 内的有机物及细菌的物料衡算方程式，得出下列两个基本关系：

$$Q\rho_i + RQ\rho_u + VR_0 = (1+R)Q\rho + V\frac{d\rho}{dt} \tag{12-4}$$

$$QX_i + RQX_u + VR_g = (1+R)QX + V\frac{dX}{dt} \tag{12-5}$$

在稳定状态下，$d\rho/dt$ 及 dX/dt 等于零，因此得

$$Q\rho_i + RQ\rho_u + VR_0 = (1+R)Q\rho \tag{12-6}$$

$$QX_i + RQX_u + VR_g = (1+R)QX \tag{12-7}$$

1. 细菌的平均停留时间 θ_c 和增殖率 R_g

MCRT θ_c 的定义为

$$\theta_c = \frac{\text{反应器中的活细菌总量}}{\text{每日从系统中流走的活细菌总量}}$$

MCRT 也称为污泥停留时间(SRT)，固体停留时间(solids retention time)或简称污泥龄(sludge age)。

按废弃污泥位置，θ_c 可表示为

$$\theta_c = \frac{VX}{Q_wX + (Q-Q_w)X_e - QX_i} \tag{12-8}$$

当无回流，即 $Q_w = 0$ 时，得

$$\theta_c = \frac{VX}{QX} = \frac{V}{Q}\theta \tag{12-9}$$

当忽略式中的 $(Q-Q_w)X_e - QX_1$ 项时，则分别得下列 θ_c 的简化公式：

$$\theta_c = \frac{VX}{QX} = \frac{V}{Q} = \theta\frac{Q}{Q_m} \tag{12-10}$$

$$\theta_c = \frac{VX}{Q_wX_u} \tag{12-11}$$

利用 θ_c 的表达式，可从稳定状态的式(12-5)推导出细菌的增殖率 R_g 和 θ_c 的关系。由于式(12-5)中 $X_i \ll X_u$，可以忽略 Q 及 X_i 项。得出下列关系：

$$R_g=\frac{Q}{V}[(1+R)X-RX_u] \tag{12-12}$$

进行一系列推算，得

$$R_g=\frac{Q}{V}\left[\frac{Q_w}{Q}X+\left(1-\frac{Q_w}{Q}X_e\right)\right]=\left[\frac{Q_wX+(Q-Q_w)X_e}{VX}\right]\cdot X \tag{12-13}$$

比较式(12-13)即可得出下列重要关系：

$$R_g=\frac{Q_wX}{V}=\frac{X}{\theta_c} \tag{12-14}$$

仿照式(12-14)得比增殖率 r_g 公式为

$$r_g=\frac{Q_w}{V}=\frac{1}{\theta_c} \tag{12-15}$$

当由沉淀池底排走 Q_w 时，按照同样的推导过程可得出下列类似关系：

$$R_g=\frac{Q_wX_u}{V}=\frac{Q_wX_u}{VX}X=\frac{X}{\theta_c} \tag{12-16}$$

$$r_g=\frac{Q_wX_u}{VX}=\frac{1}{\theta_c} \tag{12-17}$$

污泥龄是活性污泥法设计和运行的重要参数。它起到代替食料与微生物量比 F/M 或称食料与生物量比的作用。F/M 定义为每天对单位挥发性悬浮固体质量所施加的有机物量，用式(12-18)计算：

$$\frac{F}{M}=\frac{Q\rho_i}{VX} \tag{12-18}$$

F/M 虽然也称为单位质量的负荷率(unit mass loading rate)，但它的单位实际是 d^{-1}，恰好是污泥龄量纲的倒数。另外，F/M 参数不像 MCRT 那样，没有在稳定条件下才能使用的限制，用起来似乎简单一些，这就是一些使用者所强调之处。

2. θ_c 和有机物的去除速率 R_0

$$R_0=-\frac{Q}{V}[\rho_i+R\rho_u-(1+R)\rho]=-\frac{1}{\theta}[\rho_i+R\rho_u-(1+R)\rho] \tag{12-19}$$

式中，V/Q——反应器的名义水力停留时间。ρ_i、ρ_u 与 ρ 均按有机物的 BOD_L 计。ρ_u 约等于 ρ。

在二次沉淀池中，对于溶解性的有机物(包括胶体物质)，则不存在沉淀的问题，也不会有浓缩的现象。因此，底流中有机物浓度 ρ_u 应该基本上和近水的有机物浓度相等。这样式(12-19)可化为

$$R_0=-\frac{\rho_i-\rho}{\theta} \tag{12-20}$$

利用式(12-17)，可由式(12-18)得到 θ_c 和有机物的去除速率 R_0 的关系式：

$$R_0=-\frac{Q}{\theta_cQ_w}(\rho_i-\rho) \tag{12-21}$$

3. θ_c 和产率因数 Y

产率因数 Y 与污泥龄 θ_c 间也存在一个简单的关系：

$$R_g=-Y_G R_0-bX \tag{12-22}$$

由下式：

$$\frac{R_0}{R_g}=-\frac{1}{Y} \qquad \frac{X}{R_g}=\theta_c$$

代入上式整理得

$$\frac{1}{Y}=\frac{1}{Y_G}+\frac{b}{Y_G}\theta_c \tag{12-23}$$

这样就可以根据式子绘成一条直线，从而求出 Y_G 和 b 的值。

4. *反应器中有机物浓度 ρ 和微生物浓度 X*

$$R_g=Y_G\frac{k_0\rho X}{K+\rho}-bX \tag{12-24}$$

$$\frac{R_g}{X}=\frac{1}{\theta_c}=\frac{Y_G k_0\rho}{K+\rho}-b \tag{12-25}$$

由式(12-25)可解出有机物浓度 ρ 的表达式：

$$\rho=\frac{K(1+b\theta_c)}{Y_G k_0\theta_c-(1+b\theta_c)} \tag{12-26}$$

化简后得

$$\rho=\frac{K}{Y_G k_0\theta_c-1} \tag{12-27}$$

微生物浓度 X 的表达式：

$$R_g=\frac{X}{\theta_c}=-Y_G R_0-bX$$

代入上式得

$$\frac{X}{\theta_c}=Y_G\frac{\rho_i-\rho}{\theta}-bX$$

由上式得出反应器中细菌质量浓度 X 的表达式：

$$X=Y_G\frac{\rho_i-\rho}{1+b\theta_c}\cdot\frac{\theta_c}{\theta}=Y(\rho_i-\rho)\cdot\frac{\theta_c}{\theta} \tag{12-28}$$

由本章公式可知，活性污泥法的实验就是求出有关废水处理的 b、K、Y_G、k_0 四个动力学参数，从式(12-27)看出，当分母趋近于零时，反应器的有机物浓度 ρ 趋近于无穷大，相应的极小值为

$$\theta_{c,\min}=\frac{1}{Y_G k_0-b} \tag{12-29}$$

ρ 不可能超过 ρ_i 变成无穷大，这是因为：在污泥龄 $\theta_{c,\min}$ 保持为进水 ρ_i 的值，即实际上未来得及发生生化过程。在这一 $\theta_{c,\min}$ 值时，相应地出现了最小的 X 值，由式(12-28)可看出，当 $\rho=\rho_i$ 时 $X=0$，说明细菌尚未增殖。

θ_c 必须大于 $\theta_{c,\min}$，否则反应器不能起到去除有机物和增殖细菌的作用。虽然 θ_c 小于 $\theta_{c,\min}$ 时也可以算出 Y 值来，但由于小于 $\theta_{c,\min}$ 的 θ_c 值实际上不可能存在，所以相应的 Y 值也是不存在的。

12.2.4　CSTR 型活性污泥法的工艺设计步骤

1. 确定最短的污泥龄 $\theta_{c,\min}$ 并选用 θ_c 设计值

最短的污泥龄为

$$\theta_{c,\min}=\frac{K+\rho}{Y_G k_0 \rho-b(K+\rho)} \tag{12-30}$$

得出 $\theta_{c,\min}$ 后，即可按条件 $\theta_c>\theta_{c,\min}$，选用几个设计的值，进行下列一系列计算。根据计算结果，最后进行比较选择。

2. 计算反应器容积

反应器容积 V 为

$$V=\frac{Y_G\theta_c Q(\rho_i-\rho)}{X(1+b\theta_c)}=\frac{Y\theta_c Q(\rho_i-\rho)}{X} \tag{12-31}$$

式中：

$$\rho=\frac{K(1+b\theta_c)}{Y_G k_0\theta_c-(1+b\theta_c)}=\frac{K}{Yk_0\theta_c-1} \tag{12-32}$$

从式(12-32)看出，在 ρ 已知后（θ_c 值已选定），对不同的微生物质量浓度 X，相应地存在一个反应器容积 V。因此，对于一个选定的 θ_c 值，还要同时选择几个 X 值构成一组，这样就计算出对应的一组反应器容积 V 来。选择几个 θ_c 值就得出几组容积 V。

3. 计算反应器内氧的摄入率 R_0

本书中以 BOD_L 代表有机物的浓度，它的去除速率 R_0 为负值，所以 $-R_0$ 代表去除速率的绝对值，应为正值。如果不考虑 R_0 符号，氧的摄入率可表示为

$$R_{O_2}=R_0(1-1.14Y) \tag{12-33}$$

式(12-33)中 R_0 取下式的绝对值：

$$R_0=-\frac{X}{Y\theta_c} \tag{12-34}$$

式(12-34)可用于计算 R_0。对于不同的 X 值有一个相应的 R_{O_2}。选择几个 θ_c 值就得出几组容积 V，也相应地存在一组 R_{O_2} 值。

4. 二次沉淀池的设计

先根据沉淀实验所得的固体下沉速率 v 及固体浓度 ρ 的数据计算固体通量，然后再假定几个不同的底流速度 u，作总固体通量曲线，得出几个不同的底流固体通量 ϕ 构成一组。沉淀池的面积 A_c 可由下列物料衡算关系略去项得出：

$$A_c=\frac{[(1+R)Q-Q_w]X}{\phi} \tag{12-35}$$

回流比 R 可利用二沉池的下列近似的物料衡算关系得出：

$$[(1+R)Q-Q_w]X=RQX_u \tag{12-36}$$

$$R=\frac{QX-Q_w}{QX_u-QX}=\frac{1-\dfrac{Q_w}{Q}}{\dfrac{X_u}{X}-1}=\frac{1-\dfrac{\theta}{\theta_c}}{\dfrac{X_u}{X}-1} \tag{12-37}$$

当由沉淀池底流排出 Q_w 时，相应的 A_c 及 R 的表达式为

$$A_c=\frac{[(1+R)Q]X}{\phi} \tag{12-38}$$

$$R=\frac{1-\left(\frac{X_u}{X}\right)\left(\frac{Q_w}{Q}\right)}{\frac{X_u}{X}} \tag{12-39}$$

在大多数情况下，$Q_w<Q$ 时，上式分别化简成

$$A_c=\frac{[(1+R)Q]X}{\phi} \tag{12-40}$$

$$R=\frac{X}{X_u-X} \tag{12-41}$$

二次沉淀池的面积已知后，根据经验选用沉淀池深度后可以得出它的容积 V_c。

5. 设计统合(design integration)

为了对活性污泥法进行整体的评价比较，应将各种条件下的总池容(反应器容积＋二沉池容积)计算出来，这种过程称为设计统合，也即 $V+V_c$ 的值。

12.3　活塞流型活性污泥法及设计

12.3.1　活塞流型活性污泥法

活塞流型活性污泥法又称传统活性污泥法，其特点是采用长方形曝气池，运行时进水和回流污泥从长方形的一端沿池长均匀向前推进，直到池的末端；曝气池中存在一个有机物浓度梯度，在曝气池的前端，污水中有机物浓度高，污泥中细菌处于对数生长期，随着混合液水流的推进，有机物不断被吸附和降解，污泥中微生物生命状态逐渐进入静止期；到曝气池末端，有机物基本被耗尽，细菌进入内源生长期。活塞流型活性污泥处理效果好，但易受到水质波动冲击的影响，运行不稳定。

12.3.2　活塞流式曝气池

1. 关于曝气系统与空气扩散装置

活塞流式曝气池多采用鼓风曝气系统，但也可以考虑采用表面机械曝气装置。采用鼓风曝气系统时，传统做法是将空气扩散装置安装在曝气池廊道底部的一侧，这样的做法可以使水流在池内呈旋转状流动，提高气泡与混合液的接触时间。如果曝气池宽度较大，则考虑将空气扩散装置安设在廊道两侧。

2. 关于曝气池的数目及廊道的排列与组合

曝气池的数目随污水处理厂的规模而定，一般在结构上分成若干单元，每个单元包括一座或几座曝气池，每个曝气池常由 1 个廊道或 2～5 个廊道组成。当廊道为单数时，污水的进出口分别位于曝气池的两端；而当廊道数为双数时则位于廊道同一端，如图 12-5 所示。

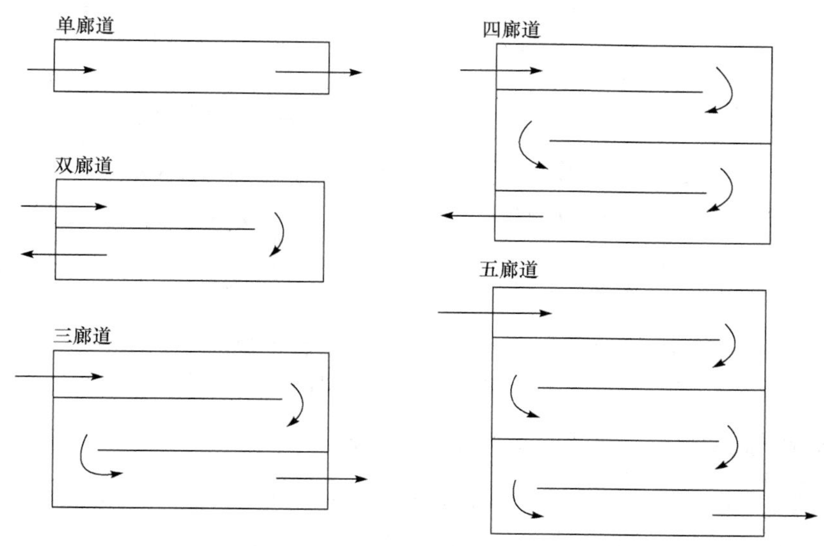

图 12-5　曝气池的廊道组合

3. 关于曝气池廊道的长度、宽度和深度

曝气池廊道的长度，主要根据污水处理厂所在地址的地形条件与总体布置而定。在水流运动方面则应考虑不产生短流，因此，长度可达 100m，但以 50～70m 为宜。

长度(L)与宽度(B)之间以保持下列关系为宜：$L \geqslant (5 \sim 10)B$；当空气扩散装置安装在廊道底部一侧时，池宽度与池深度(H)宜于保持下列关系：$B=(1 \sim 2)H$。

4. 关于在曝气池内设横向隔墙分室问题

在曝气池内沿其长度设若干横向隔墙，将曝气池分为若干个小室，混合液逐室串联流动，混合液在每个小室内呈完全混合式流态，而从曝气池整体来看则是推流式流态。

采用这种技术措施能够产生以下效益：①消除混合液在曝气池内的纵向混合，并使混合液在曝气池的整体内形成真正的推流流态；②消除水流死角；③处理水水质稳定。

5. 关于曝气池的顶部与底部

为了使混合液在池内的旋转流动能够减少阻力，并避免形成死角，将廊道横剖面的四个角作为 45°斜面。在曝气池水面以上应在墙面上考虑 0.5m 的超高。

6. 关于曝气池进水、进泥与出水设备

推流式曝气池的进水口与进泥口均设于水下，采用淹没出流方式，以避免形成短路，并设闸门，以调节流量。推流式曝气池的出水，一般都采用溢流堰的方式，处理水流过堰顶，溢流流入排水。

12.3.3　活塞流型活性污泥法工艺设计参数

如图 12-6 所示，废弃污泥仍然表示为从反应器出水排走及从沉淀池回流排走两种情况。反应器为长条形池子，横断面积为 A，长度为 L。反应器的水平流速 $U=Q/A$。

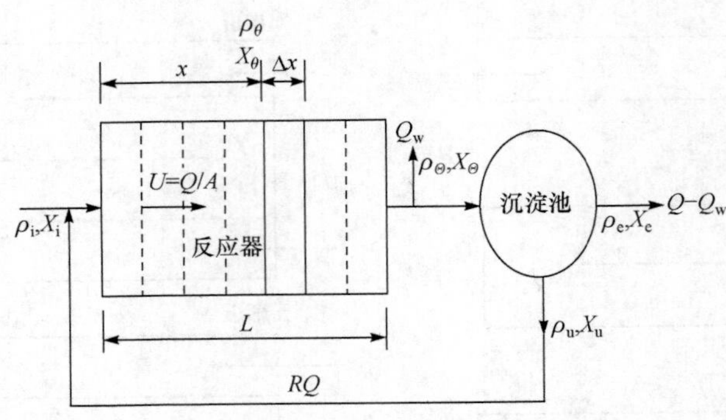

图 12-6　反应器模型图

写出容积 $A\cdot\Delta X$ 的有机物物料衡算方程式化简得

$$-(1+R)\frac{\partial\rho}{\partial\theta}+R_0=\frac{\partial\rho}{\partial t} \tag{12-42}$$

同样，由容积 $A\cdot\Delta X$ 的有机物物料衡算方程式可得出 MLSS 浓度 X 的下列关系：

$$-(1+R)\frac{\partial X}{\partial\theta}+R_g=\frac{\partial X}{\partial t} \tag{12-43}$$

式中：R_g——细菌的增殖率。在稳定状态下将式(12-43)分别化简成

$$-(1+R)\frac{\partial\rho}{\partial\theta}+R_0=0 \tag{12-44}$$

$$-(1+R)\frac{\partial X}{\partial\theta}+R_g=0 \tag{12-45}$$

把 R_0 和 R_g 的关系带入可得

$$-\frac{k_0\rho X}{K+\rho}=(1+R)\frac{\partial\rho}{\partial\theta} \tag{12-46}$$

$$\frac{k_g\rho X}{K+\rho}=(1+R)\frac{\partial X}{\partial\theta} \tag{12-47}$$

1. 细菌的平均停留时间与增殖率 R_g

活塞流反应器的 MLSS 浓度 X 值是沿池长变化的，因此，应该按这个特点来定义。假定把反应器的容积沿池长分成 n 段相等的微容积 V/n，以 X_1、X_2、…、X_n 分别表示每段微体积中的 MLSS 浓度，则得 MCRT θ_c 的定义为

$$\theta_c=\frac{\frac{V}{n}(X_1+X_2+\cdots+X_n)}{Q_m X_\Theta}=\frac{V\overline{X}}{Q_w X_\Theta} \tag{12-48}$$

当从沉淀池底流出废弃污泥时：

$$\theta_c=\frac{V\overline{X}}{Q_w X_u} \tag{12-49}$$

假定 $\overline{X}\approx X_\Theta$，得出与 CSTR 系统同样的 θ_c 公式：

$$\theta_c=\frac{V}{Q_w} \tag{12-50}$$

由式(12-48)同样把反应器沿池长分 n 段，得出以下式子

$$\frac{(1+R)Q}{V}(\Delta X_1+\Delta X_2+\cdots+\Delta X_n)=\overline{R}_g \tag{12-51}$$

式中以 V 代替 $n(A\cdot\Delta X)$。X^* 可表示为

$$X^*=\frac{QX_1+RQX_u}{Q+RQ}=\frac{X_i+RX_u}{1+R} \tag{12-52}$$

当忽略原废水的 MLSS 浓度 X_i 时得

$$X^*=\frac{RX_u}{1+R} \tag{12-53}$$

$$\Delta X_1+\Delta X_2+\cdots+\Delta X_n=X_\Theta-X^*=X_\Theta-\frac{RX_u}{1+R} \tag{12-54}$$

$$\frac{(1+R)Q}{V}\left(X_\Theta-\frac{RX_u}{1+R}\right)=\overline{R}_g \tag{12-55}$$

当忽略二次沉淀池所流出的 MLSS 量 $(Q-Q_w)X_e$，则得出二次沉淀的物料衡算关系为

$$[(1+R)Q-Q_w]X_\Theta=RQX_u \tag{12-56}$$

$$(1+R)QX_\Theta-RQX_u=(1+R)Q\left(X_\Theta-\frac{RX_u}{1+R}\right)=Q_wX_\Theta \tag{12-57}$$

比较式(12-57)的左边，可以得出下列关系：

$$\frac{Q_wX_\Theta}{V}\overline{R}_g \tag{12-58}$$

由前面的假定 $\overline{X}\approx X_\Theta$ 得

$$\overline{R}_g=\frac{\dot{X}}{\dot{\theta}_c} \tag{12-59}$$

$$\overline{r}_g=\frac{1}{\theta_c} \tag{12-60}$$

式中：$\overline{r}_g$——平均比增殖率。

2. 产率系数 Y

仿照 CSTR 模型式的推导可得下列关系：

$$\overline{R}_g=-Y\overline{R}_0=-Y_G\overline{R}_0-bX$$

化简最后得

$$Y=\frac{Y_c}{1+b\theta_c} \tag{12-61}$$

3. θ_c 和有机物去除率 R_0

根据关系式：

$$\overline{R}_g=-Y\overline{R}_0$$

得

$$\overline{R}_0=-\frac{\dot{X}(1+b\theta_c)}{\theta_cY_G} \tag{12-62}$$

4. 微生物浓度 X 和反应器中有机物浓度

先求反应器进口处的有机物浓度 ρ^* 得

$$\rho^{*}=\frac{\rho_{i}Q+RQ\rho_{u}}{Q+RQ}=\frac{\rho_{i}+R\rho_{u}}{1+R} \tag{12-63}$$

假定 ρ_u 可以忽略，得

$$\rho^{*}=\frac{\rho_{i}}{1+R} \tag{12-64}$$

由此得出 MLSS 的浓度 X 的表达式为

$$X=-Y(\rho-\rho^{*})=X-X^{*}$$

X 是停留时间为 θ 时的 MLSS 浓度，当 $\theta=\Theta$，且忽略 ρ_{Θ} 时得

$$X_{\Theta}=X^{*}+Y\rho^{*}$$

$V/Q_w=\theta_c$；$V/Q=$水力停留时间 Θ，因此 X^* 可表示为

$$X^{*}=\frac{(1+R)\theta_{c}-\Theta}{\Theta}\cdot Y\rho^{*} \tag{12-65}$$

$$\frac{k_{0}}{1+R}\Theta=\frac{K}{Y\rho^{*}+X^{*}}\ln\frac{\rho^{*}(X^{*}+Y\rho^{*}-Y\rho\Theta)}{X^{*}\rho}+\frac{1}{Y}\ln\frac{X^{*}+Y\rho^{*}-Y\rho}{X^{*}} \tag{12-66}$$

当 $\theta=\Theta$，即在反应器出口处的浓度 ρ_{Θ} 可表示为

$$\frac{k_{0}}{1+R}\Theta=\frac{K}{Y\rho^{*}+X^{*}}\ln\frac{\rho^{*}(X^{*}+Y\rho^{*}-Y\rho\Theta)}{X^{*}\rho_{\Theta}}+\frac{1}{Y}\ln\frac{X^{*}+Y\rho^{*}-Y\rho_{\Theta}}{X^{*}} \tag{12-67}$$

由式(12-67)可看出，当给定一 ρ 值时，可以直接算出停留时间 θ，然后可算出 X 值。但是，如果反过来由给定的 θ 值求 ρ 值必须通过迭代法计算。

思考题及习题

12-1 活性污泥降解有机污染物的规律包括哪几种主要关系？试从理论上予以推导和说明。

12-2 试比较推流式曝气池和完全混合式曝气池的优缺点。

12-3 曝气池设计的主要方法有哪几种？各有什么特点？

第三篇

固体废物污染控制及资源化工程

第 13 章　固体废物的收集、储存及清运

13.1　城市生活垃圾的收集与清运

13.1.1　城市生活垃圾的概述

生活垃圾是指在日常生活中或者为日常生活提供服务的活动中产生的固体废物及法律、行政法规规定的视为生活垃圾的固体废物。在该定义中，生活垃圾包括了城市生活垃圾和农村生活垃圾。《中华人民共和国固体废物污染环境防治法》(以下简称《固体法》)规定：城市生活垃圾应当按照环境卫生行政部门的规定，在指定的地点放置，不得随意倾倒、抛洒或者堆放，农村生活垃圾污染环境防治的具体办法由地方性法规规定。

13.1.2　城市生活垃圾的收集和运输系统

1. 收集和运输系统的概述

目前，城市生活垃圾的收集和运输属于一种正常的收运系统，应该同其他收运系统(如分配收运)一样对待。仔细分析一下各种收运系统就会发现，在大多数情况下，通过改进相应的系统可以降低收运成本。

2. 中国城市生活垃圾收集和运输系统的发展情况

1) 城市生活垃圾运输系统的需求不断增长

最近几年，我国环卫车辆的技术发展和装备都有了很大的进步。过去认为不适合中国国情的后装压缩式垃圾车，近年来发展很快。只是由于我国城市垃圾成分的变化导致了垃圾密度的降低，加上垃圾袋装化的推广，采用过去的垃圾收运车辆会出现严重亏载，造成巨大浪费，而采用压缩装载可以装载更多的垃圾，提高垃圾车的运转效率。

2) 环卫设备车辆仅依靠环卫系统制造商生产的格局已被打破

近几年来，许多大型国有企业、军工企业进入环卫机具和设备市场。这些生产商善于经营、管理水平高、生产设备精良、质保手段齐全、拥有雄厚的技术力量，发挥了自己的优势。他们通过合资或者独资等形式开发、制造环卫设备，已在环卫市场中站住了脚。

3) 某些方面仍落后于发达国家

(1) 有的产品虽然技术指标先进，但制造质量水平较低，表现为质量不稳定、工作可靠性差。如有的产品液压系统漏油或者动作失灵、电脑故障，还不如手动操作可靠。

(2) 生产厂家多，生产规模小，系列化程度低，用户选择范围小。不同厂家和同一厂家不同时间生产的产品其配套、易损件不一致，无法通用互换，对用户使用维修造成不便。

(3) 有些产品技术上、工艺上还存在问题。如吸粪车的除臭问题、罐体内壁防腐问题、真空泵寿命低的问题等，都需要进一步提高技术水平。

4) 垃圾收运技术和设备的发展步伐将加快

由于垃圾收运技术和机具的水平直接影响垃圾收运的效率和市容环境卫生面貌，同时，环卫机械化首先是垃圾收运的机械化，所以今后，垃圾收运技术和设备的发展步伐需要加快。

13.1.3　城市垃圾的收集原则及收集方式

1. 概述

对于城市生活垃圾的收运，主要包括以下三个阶段。

第一阶段是从垃圾发生源到垃圾桶的过程，以及搬运与储存。

第二阶段是垃圾的清除、清运。通常指垃圾的近距离运输。清运车辆沿着一定路线收集清除储存设备中的垃圾，并运至垃圾转运站，有时也可就近直接送至垃圾处理处置场。

第三阶段为转运，特质垃圾的远距离运输，即在转运站将垃圾转载到大容器运输工具上，运往远处的处理处置场。

2. 分类收集

工业化国家城市生活垃圾处理的发展历程表明，分类收集是垃圾再利用的最有效的方式。分类收集不仅有助于回收大量废弃材料、减少垃圾，而且可以降低垃圾处理和运输费用，简化垃圾处理的过程。

1）分类收集的方式

大部分的分类垃圾往往采用“上门收集”（表 13-1）或“直接送来”（表 13-2）的方式收集。这两种方式各有不同特征。此外，还有一种被称为“供应商回收”（表 13-3）的方式。这些不同方式都旨在为居民提供良好服务，提高垃圾收集的效率。

表 13-1　适合采用上门收集方式的垃圾特征

特征	垃圾成分
数量多	有机垃圾
不易于存放的材料	玻璃
大件材料	大件垃圾
	纸、纸板

表 13-2　适合采用直接送来方式的垃圾特征

特征	垃圾成分
数量少	玻璃
易于在家里存放的材料	金属碎片
易于携带的材料	废油
	纺织品
	石子、泥土、瓷器
	家庭危险废物

表 13-3　适合采用供应商回收方式的垃圾特征

特征	垃圾成分
易于存放	瓶子
难以处理的	汽车
可再利用的包装物	容器
含有危险废物的材料	电池
有供应商提供资金处理的	电器产品
	荧光灯、水银灯

在许多情况下，“供应商回收”原则是分类收集中最有效的方式，因为供应商可以通过收运供应把材料返回到回收公司，而回收公司往往同时也是供应商。

2）分类收集的实施

（1）在填埋场捡拾垃圾。

在许多国家，城市里的垃圾收集点或填埋场进行人工捡拾垃圾是很正常的。但是在现代化的填埋场，有卡车、推土机和压实机等车辆，司机必须要高度集中于自己的工作，为保证环境和安全操作，不允许有人员在填埋场里捡拾垃圾。

（2）私人分类收集。

某些分类的可回收物可由私人收集。例如，直接从住户收集纸张、玻璃、金属和塑料制品，从餐馆收集厨余垃圾等。当从住户收集垃圾时，仅需支付很少的钱。

（3）由公司分类收集。

由公司分类收集是一种组织和实施垃圾分类收集的较好方式。它的收集范围可以覆盖整个城区，保证职员的稳定收入。

（4）由市政部门组织分类收集。

市政管理部门组织分类收集，也许可以最好地保证城市清洁以及收集像电池这类的特殊垃圾。

3）混合收集

根据操作的不同，混合收集主要有两种收运方式：固定式和移动式。固定式收运的容器始终放在原地不动，收集车把垃圾装入车中运走，空的垃圾容器则留在原地；移动式收运是把装满垃圾的容器整体运往转运站或处理厂，卸空后把容器拉回原处或拉至其他地点（图13-1）。

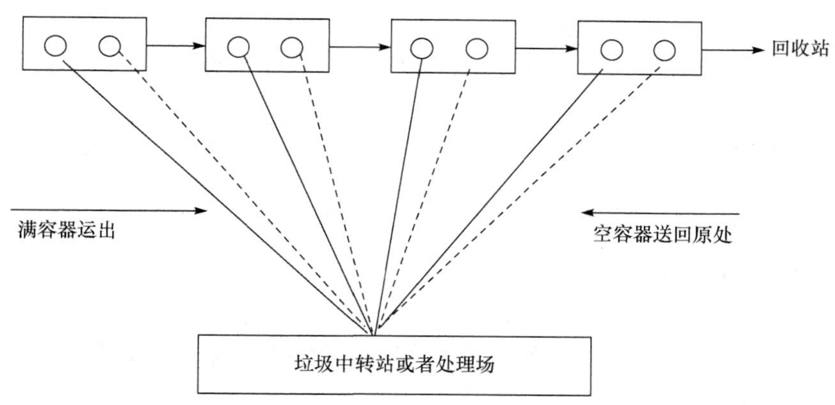

图13-1 移动式收运的一般模式

下面是几种生活垃圾收运的典型形式：

（1）垃圾桶与侧装垃圾车匹配式。

垃圾桶与侧装垃圾车匹配式作业流程（图13-2）的方式目前在我国使用较多，特点是垃圾桶底部设有轮子，比较灵活，垃圾桶摆放位置的选择性大，十分方便居民倾倒垃圾。

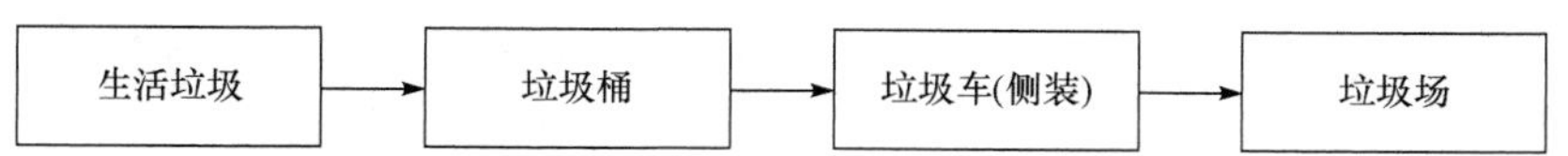

图13-2 垃圾桶与侧装垃圾车匹配式作业流程

(2) 高位垃圾箱收运方式。

所谓高位垃圾箱就是将垃圾箱设置在较高处，通常其箱底距离地面高度约为 4m，要求居民通过扶梯自行将垃圾投入垃圾箱。作业流程见图 13-3。

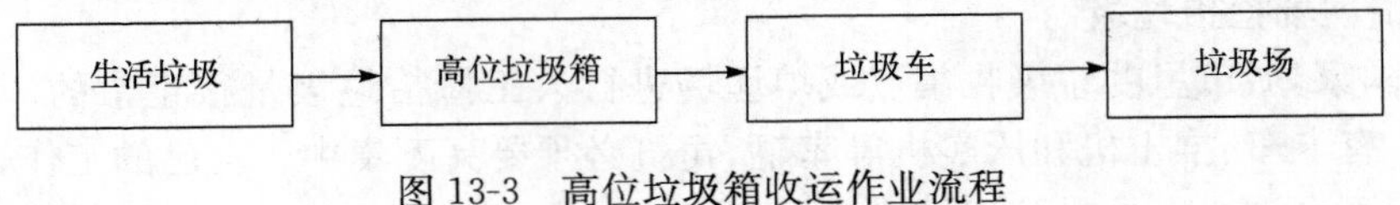

图 13-3　高位垃圾箱收运作业流程

(3) 垃圾箱与叉车匹配式。

活底铁制垃圾箱设置在固定位置，由叉车定时将垃圾箱内的垃圾装入用作垃圾车的普通车车厢里，垃圾车一次可装运若干垃圾箱垃圾，作业流程见图 13-4。

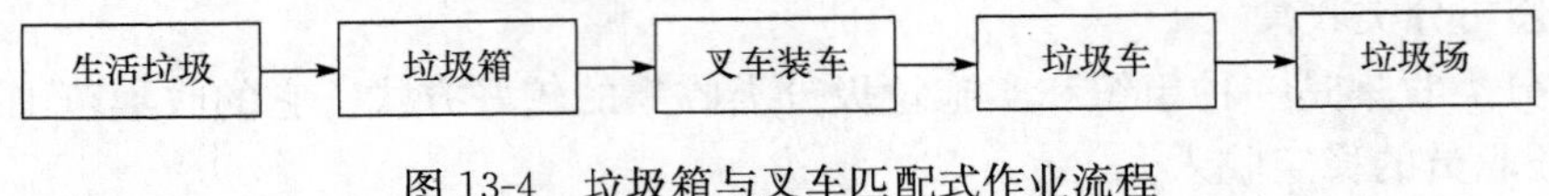

图 13-4　垃圾箱与叉车匹配式作业流程

(4) 后装式压缩车收运方式。

这种收运方式可分为两类，即直接收运式和中转收运式。直接收运式是把后装式垃圾压缩车开到居民住的街道中直接收集生活垃圾，这就减少了垃圾滞留时间与暴露过程，控制了垃圾对环境的污染，作业流程见图 13-5。中转收运方式将后装式压缩车定时停放在垃圾收集点，由人力车收集生活垃圾，通过专用的平台将垃圾倒入垃圾车后装口，作业流程见图 13-6。

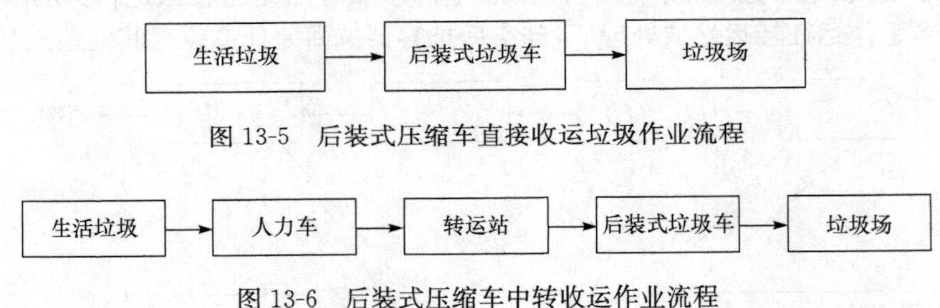

图 13-5　后装式压缩车直接收运垃圾作业流程

图 13-6　后装式压缩车中转收运作业流程

(5) 集装箱与收集站匹配式。

集装箱与收集站相匹配的垃圾收运方式是目前使用较多的收运方式。它先用人力车收集居民生后垃圾送到收集站，装入密封的垃圾集装箱内，然后通过转运站的吊装设备把集装箱放到垃圾运输车上，运送到转运站或垃圾场，作业流程见图 13-7。

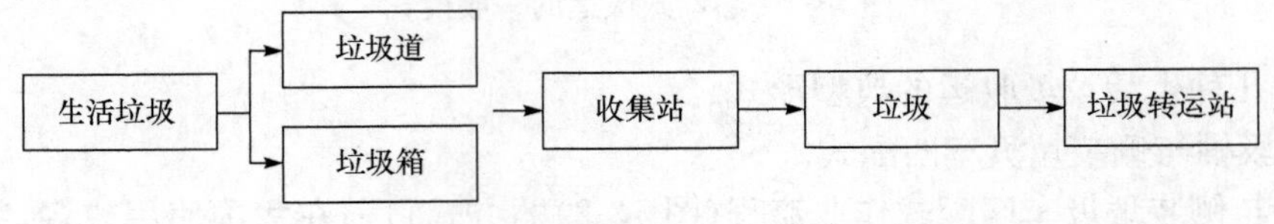

图 13-7　集装箱与收集站匹配式作业流程

3. 收集规划

垃圾收集必须有详细的地理规划，确定哪些收集队伍或收集车辆负责城市的哪些区域，确定收集点、卸货点等。这样的计划是确保收集效率的基础。在软件市场上有许多种可用于垃圾收集规划的电脑软件。同时,收集规划还应包括员工规划、确定员工队伍及其工作时间。

4. 垃圾投放点

垃圾投放点的设置有几种不同的地点:①在每户住宅前;②容器式(图13-8);③垃圾道(图13-9);④设于每家门前的容器式投放;⑤设于每家房门前的塑料袋投放;⑥几家住户共用的垃圾投放点。

图13-8 垃圾箱和垃圾桶

图13-9 垃圾道

5. 路旁收集

在欧美大多数地方采用的是路旁收集方式。垃圾车依次收集在容器或塑料袋里的垃圾,当垃圾车装满时就运至垃圾处理场。

6. 收集点

在我国许多城市,收集者用人力小车把垃圾收集起来,然后运至收集点。设置收集点的目的是把小车里的垃圾卸下并装入垃圾运输车。

13.1.4 城市垃圾的运输和转运

1. 城市生活垃圾的运输

城市垃圾的运输指的是垃圾从收集点到转运站(某些情况下直接到处理厂)的运送过程。它是城市垃圾收运管理系统中最复杂、耗资最大的阶段。目前实用的城市垃圾收运方式有车辆运输和管道运输两种。

2. 城市生活垃圾的转运

转运是指利用中转站将从各分散收集点较小的收集车清运的垃圾,转装到大型运输工具并将其远距离运输到垃圾处理利用设施或者处置场的过程。转运站就是指进行上述转运过程的建筑设施与设备。

13.2 工业固体废物的收集、储存及清运

13.2.1 工业固体废物的概述

根据2012年环境公报的数据,全国工业固体废物产生量为329 046万t,综合利用量(含利用往年储存量)为202 384万t,综合利用率仅为60.9%。工业固体废物是指在工业、交通等生产过程中产生的固体废物。工业固体废物根据行业主要包括以下几类:

(1) 冶金工业固体废物。

(2) 能源工业固体废物。

(3) 石油化学工业固体废物。

(4) 矿业固体废物。

(5) 轻工业固体废物。

(6) 其他工业固体废物。

13.2.2 工业固体废物的收集、运输的特点

工业固体废物收集、运输的目的为通过一定的手段和措施,迅速地将工业固体废物运到中间处理场所和最终处置场,防止环境污染以及保护人们的生活环境。为达到这一目的,要把废物收集、运输、中间处理和最终处置作为一个整体来把握。特别要充分认识收集、运输在整个工业固体废物全过程管理中的作用。因此,必须建立一套适合未来日益多样化的工业固体废物收集和运输系统。通常,工业固体废物的收集需遵循以下5个原则。

(1) 工业固体废物的收集要以工业区规划为基础。

(2) 工业固体废物的收集必须以企业为负责人,同时服从工业区域的整体规划或者工业固体废物管理机构的宏观调控。

(3) 在资源综合利用基础上实行规模处理和处置,建立厂商或者企业之间的资源综合利用线路图和集中处理处置运输路线图。

(4) 建立固体废物收集运输调度机构。

(5) 对于危险性或者是有毒有害废物,必须对运输路线进行科学的规划。

13.2.3 工业固体废物的运输方式

工业固体废物的收集、运输方式有车辆运输、铁路运输、管道运输和船舶运输等方式。工业固体废物的收集、运输机械应与废物的性质、状态、排放单位、处理设施等的规模和结构相适应。

13.2.4　工业固体废物的收集和运输机械

工业固体废物的收集和运输要做到以下两个方面:其一,选择适合废物的性质、状况及排放单位处理、处置状况的机械设备,符合有关的法律法规所规定的收集运输标准(运输车以及运输容器不能产生废物飞溅、溢出及人为泄漏);其二,要充分做好机械的维修护理,保证机械性能良好;要注意保持清洁,将对周围环境的不良影响降至最低。

工业固体废物是从各行各业产生的,性质、状态多种多样。一般根据工业国体废物的外观性状和物理化学性质,将其分为液体、泥状、粉粒状和固体(残渣)等几类,如表 13-4 所示。

表 13-4　工业固体废物的性质与车辆搭配

<table>
<tr><th>形态</th><th>种类</th><th colspan="2">具体实例方式</th></tr>
<tr><td rowspan="6">液体</td><td rowspan="3">吸引车</td><td>真空清洁车</td><td rowspan="3">—</td></tr>
<tr><td>污泥吸引车</td></tr>
<tr><td>强力吸引车</td></tr>
<tr><td rowspan="3">油罐汽车</td><td>重力方式</td><td rowspan="3">—</td></tr>
<tr><td>真空方式</td></tr>
<tr><td>液体泵方式</td></tr>
<tr><td rowspan="3">污泥</td><td rowspan="2">吸引车</td><td>污泥吸引车</td><td rowspan="3">—</td></tr>
<tr><td>强力吸引车</td></tr>
<tr><td>自卸车</td><td>水密自动卸货车</td></tr>
<tr><td rowspan="3">粉粒状</td><td>吸引车</td><td>吸引方式</td><td>强力吸引车</td></tr>
<tr><td rowspan="2">散装车</td><td rowspan="2">排出方式</td><td>螺旋式</td></tr>
<tr><td>空气式</td></tr>
<tr><td rowspan="13">固体</td><td rowspan="4">自卸车</td><td>砂土自卸车</td><td>—</td></tr>
<tr><td rowspan="3">清扫自卸车</td><td>带提升装置</td></tr>
<tr><td>带盖</td></tr>
<tr><td>带起重机</td></tr>
<tr><td rowspan="3">机械式收集车</td><td>旋转板式</td><td rowspan="3">带倾倒装置</td></tr>
<tr><td>压缩板式</td></tr>
<tr><td>车厢旋转式</td></tr>
<tr><td rowspan="2">带装卸装置的集装箱专用车</td><td>起重臂</td><td rowspan="3">—</td></tr>
<tr><td>绞盘</td></tr>
<tr><td>集装箱水平装卸板车</td><td>—</td></tr>
<tr><td rowspan="2">平板车</td><td colspan="2">带提升机</td></tr>
<tr><td colspan="2">带起重机</td></tr>
<tr><td>篷车</td><td colspan="2">带提升机</td></tr>
</table>

注:本表来自郭殿福编写的《产业废物通用手册》。

13.3 危险废物的收集、储存及清运

13.3.1 危险废物的概述

危险废物的特性通常包括急性毒性、易燃性、反应性、腐蚀性、浸出毒性和疾病传染性。我国《固体法》中规定："危险废物是指列入国家危险废物名录或者国家规定的危险废物鉴别标准和鉴别方法认定的具有危险特性的废物。"

危险废物由于其特有的性质，对环境的污染程度严重，危害显著。因此，对它的严格管理具有特殊意义。

13.3.2 危险废物的收集和运输

在日常生活中，包括工、农、商业部门甚至家庭生活，都会产生危险废物，来源甚为广泛。这类废物具有易燃性、腐蚀性、反应性和毒性以及感染性等危险特性中的一种或多种，而这些属性都会对人类健康或环境产生危害。所以，在这类废物的收集、储存和运输过程中必须采取与一般废物不同的特殊管理。

13.3.3 危险废物的盛装容器

危险废物的产生部门、单位或个人，都必须备有安全存放此类废物的容器，一旦这种废物产生出来，迅速将其妥善地放进该容器内，并加以妥善保管，直至运出产生地做进一步的处理处置。盛装危险废物的容器装置可以是钢圆筒(图 13-10)、钢管或者塑料制品。所有盛装废物待运走的容器或者储藏罐，都应该清楚地标明内盛装物品的分类与危害说明，以及数量和装进日期。

图 13-10 钢圆筒

13.3.4 危险废物的收集

放置在场内的桶或者袋装危险废物可直接运往场外的收集中心或资源回收站，也可以通过专用运输车按规定路线运往指定的地点储存或处理处置。

典型的收集站由砌筑的防火墙及铺设有混凝地面的若干库房构筑物所组成，储存废物的仓库应保证空气流通，以防具有毒性和爆炸性的气体积聚产生危险。收进的废物应该按其类型、数量和特殊性质等不同分别妥善存放。

13.3.5　危险废物的储存

1）危险废物储存现状

储存指将危险废物临时置于特定设施或者场所中的活动。储存通常以综合利用或处置为目的暂时性储存方式或堆放，并有一定的措施防止雨雪。储存危险废物的主要行业是化工和金属制品业。

2）危险废物的储存方式

对于已经产生的危险废物，若暂时不能回收利用或进行处理处置的，其产生单位必须建设专门的危险废物储存设施进行储存，并设立危险废物标志，或者委托具有专门危险废物储存设施的单位进行储存，储存期不得超过规定年限 1 年。储存危险废物的单位需拥有相应的许可证。禁止将危险废物以任何形式转移给无许可证的单位，或转移带非危险废物储存设施中，危险废物储存设施应有相应的配套设施并按照有关规定进行管理。

13.3.6　危险废物的运输

一般情况下采用公路运输作为危险废物的主要运输方式。在公路运输危险废物的系统中，必须按照下列要求进行操作：

（1）危险废物的运输必须经过主管单位检查，并持有运输管理部门签发的许可证，负责运输的司机应该通过专门的培训，持有证明文件。

（2）装载危险废物的车辆必须有明显的标志或适当的危险符号以引起注意。

（3）载有危险废物的车辆在公路上行驶时，须持有运输许可证，其上应注明废物来源、性质和运往地点。此外，必要时有专门单位人员负责押运工作。

（4）组织危险废物运输的单位，事先应该做出周密的运输计划和行驶路线，其中包括废物泄漏情况下的紧急补救措施。

13.3.7　发达国家危险废物的收集、运输

瑞士作为欧洲最富裕的国家，危险废物收集工作做得较好，有很多公司从事危险废物的收集、分类分拣、储存和预处理工作。例如，苏黎世 ERZ 公司就是其中一个较为成功的企业。

该公司位于高速公路附近，设计最大废物容纳量是 1000 t，接收苏黎世产生的 170 多类法律规定的危险废物，主要接收的废物类别有 14 种。有些废物虽然不在公司接受范围，如果有人自愿送来，也暂为接收保管，再转交给合适接受的部门。公司有专门收集系统，定期派装有各种容器的回收卡车到居民点收集废物，有些小型公司和政府部门产生的废物也送往该公司。该公司收集到的上述废物一般不送填埋场进行处置，主要采用的处理方式为物化处理、循环利用、一般焚烧和水泥窑焚烧。

思考题及习题

13-1　试分析城市生活垃圾、工业固体废物和危险废物三类废弃物的收集和储存的异同点。

13-2　简述城市生活垃圾、工业固体废物和危险废物三类废弃物在运输过程中的注意点。

13-3　在资源日益紧张的大背景下，请从循环经济的角度出发结合家乡的实际情况，试提出对城市生活垃圾、工业固体废物和危险废物三类废弃物具有建设性的处理处置意见。

第 14 章　固体废物的预处理方法

固体废物的种类多种多样，其形状、大小、结构和性质各不相同，因此，固体废物资源化之前，往往需要对固体废物进行预处理，以使它的形状、大小、结构和性质符合资源化要求。固体废物预处理技术主要包括压实、破碎、分选、脱水及热处理等。

14.1 固体废物的压实

压实又称压缩，即用机械方法增加固体废物聚集程度，增大容重和减少固体废物表观体积，使固体废物变得密实，提高运输与管理效率的一种操作技术。固体废物经过压实处理，一方面可增大容重、减少固体废物体积以便于装卸和运输，确保运输安全与卫生，降低运输成本；另一方面可制取高密度惰性块料，便于储存、填埋或作为建筑材料使用。

14.1.1　固体废物的压实原理

大多数固体废物是由不同颗粒与颗粒间的孔隙组成的集合体。一堆自然堆放的固体废物，其表观体积是废物颗粒有效体积与孔隙占有的体积之和，即

$$V_m = V_s + V_v \tag{14-1}$$

式中：V_m——固体废物的表观体积；

V_s——颗粒物体积(包括水分)；

V_v——孔隙体积。

当对固体废物实施压实操作时，随压力强度的增大，孔隙体积 V_v 减少，表观体积 V_m 随之减少，而容重增大。所谓容重就是固体废物的干密度，用 ρ 表示。容重可用式(14-2)计算：

$$\rho = \frac{W_s}{W_m} = \frac{W_m - W_{H_2O}}{W_m} \tag{14-2}$$

式中：W_s——固体废物颗粒重；

W_m——固体废物总重，包括水分重；

W_{H_2O}——固体废物中水分重。

压实操作的具体压力大小可根据处理废物的物理性质(如易压缩性、脆性等)而定。一般开始阶段，随压力增加，物料容重较迅速增加，以后这种变化会逐渐减弱，且有一定限度。即使增加外压，也不能使废物容重无限增大。比较经济的办法是先破碎再压实，可提高压实效率，即用较小的压力取得相同的容重增加效果。

因此，固体废物压实的实质可以看作是消耗一定压力能，提高废物容重的过程。当固体废物受到外界压力时，各颗粒物间相互挤压，变形或破碎，从而达到重新组合的效果。在压实过程中，当某些可塑性废物解除压力后不能恢复原状，而有些弹性废物在解除压力后的几秒内，体积膨胀 20%，几分钟后达到 50%。因此，固体废物中适合压实处理的主要是压缩性能大而复原性小的物质，如冰箱、洗衣机、纸箱、纸袋、纤维、废金属细丝等，有些固体废物如木头、玻璃、金属、塑料块等本身已经很密实的固体或焦油、污泥等半固体废物不宜做压实处理。

固体废物经压实处理后体积减小的程度称为压缩比：

$$R=\frac{V_i}{V_f} \tag{14-3}$$

式中：R——固体废物体积压缩比；

V_i——废物压缩前的原始体积；

V_f——废物压缩后的体积。

固体废物的压缩比取决于废物的种类及施加的压力。一般地，施加的压力可在几至几百千克每平方厘米（$1kg/cm^2=98066.5Pa$）。当固体废物为均匀松散物料时，其压缩比可达到 3～10。

14.1.2　固体废物的压实设备

根据操作情况的不同，固体废物的压实设备可分为固定式和移动式两大类。凡用人工或机械方法（液压方式为主）把废物送入压实机械中进行压实的设备称为固定式压实器，如各种家用小型压实器、废物收集车上配备的压实器、转运站配置的专用压实机等均属于固定式压实设备。而移动式压实器是指在填埋现场使用的轮胎式或履带式压土机、钢轮式布料压实机以及其他专门设计的压实机具。

这两类压实器工作原理大体相同，主要由容器单元和压实单元两部分组成。容器单元负责接受废物原料；压实单元具有液压或气压操作的压头，利用高压使废物致密化。

1. 固定式压实器

固定式压实器分为小型家用压实器和大型工业压缩机两类。小型家用压实器的压实机械装在垃圾压缩箱内，常用电动驱动。例如，用某种金属制成长方体压缩箱，其大小为 85cm×45cm×60cm，外观类似冰箱，可以置入瓶子、玻璃制品、纸盒、纸板箱、塑料和纸包装器等，在家庭即可就地进行垃圾的压缩或破碎。这种压缩方法比较经济，可以节省垃圾容积，便于搬运。

大型工业压缩机可以将汽车压缩，每日可以压缩数千吨垃圾，一般安装在废物转运站、高层住宅垃圾滑道的底部以及其他需要压实废物的场合。常用的固定式压实器主要包括水平压实器、三向联合压实器、回转式压实器等。

水平压实器一般是一个矩形或方形的钢制容器，它有一个水平压头。将废物置入装料室，启动具有压面的水平压头，使废物致密化和定型化，然后将坯块推出。推出过程中，坯块表面的杂乱废物受破碎杆作用而被破碎，不致妨碍坯块移出。但当它作为生活垃圾压实器时，为了防止垃圾中有机腐败对它的腐蚀，要求在压实器的四周涂覆沥青予以保护。水平压实器作为转运站固定型压实操作使用。

三向联合压实器适合于压实松散的金属废物和松散的垃圾。

回转式压实器适用于压实体积小、质量轻的固体废物。

除了以上形式的压实器外，还有袋式压实器。这类压实器中装填一个袋子，当废物压满时必须移走，并换上另一个空的袋子。它们适合于工厂中某些均匀类型废物的收集和压缩。

2. 移动式压实设备

带有行驶轮或可在轨道上行驶的压实器称为移动式压实器。移动式压实器主要用于填埋场压实所填埋的废物，也安装在垃圾车上压实垃圾车所接受的废物。

为压实固体废物，增加填埋容量，可采用多种方式和各种类型的压实机具。最简单的办法是将废物布料平整后，以装载废物的运输车辆来回行驶将废物压实。废物达到的密度由废物性质、运输车辆来回次数、车辆型号和载重量而定，平均可达 500～600kg/m^3。如果用压实机具来压实填埋废物，大约可将这个数值提高 10%～30%（适当喷水可改善废物的压紧状态，易于提高其密度）。

移动式压实器按压实过程工作原理不同，可分为碾(滚)压、夯实、振动三种，相应的压实器分为碾(滚)压实器、夯实压实机、振动压实机三大类，固体废物压实处理主要采用碾(滚)压方式。

14.1.3 固体废物的压实流程与应用

国外较先进的城市垃圾压缩处理工艺流程具体为：垃圾先装入四周垫有铁丝网的容器中，然后送入压缩机压缩，压力为 16～20MPa，压缩比可达 5 : 1。压缩后的压块由推动活塞向上推出压缩腔，送入 180～200℃沥青浸渍池 10s 涂浸沥青进行防漏处理，冷却后经运输皮带装入汽车运往垃圾填埋场。压缩污水经油水分离器入活性污泥处理系统，处理水灭菌后排放。

14.2 固体废物的破碎

通过人力或机械等外力的作用，破坏物体内部的凝聚力和分子间的作用力而使物体破裂变碎的操作过程统称破碎。破碎是固体废物处理技术中最常用的预处理工艺。固体废物经过破碎，不但可减少颗粒尺寸，而且可降低其孔隙率、增大废物的容重，使固体废物有利于后续处理与资源化利用。

14.2.1 固体废物的破碎原理

1. 固体废物破碎的目的

(1) 使固体废物的容积减小，便于运输和储存。

(2) 为固体废物的分选提供所要求的入选粒度，以便有效地回收固体废物中的有用成分。

(3) 使固体废物的比表面积增加，提高焚烧、热分解、熔融等作业的稳定性和热效率。

(4) 为固体废物的下一步加工作准备。例如，煤矸石制砖、制水泥等，都要求把煤矸石破碎到一定粒度以下，以便进一步加工制备。

(5) 用破碎后的生活垃圾进行填埋处置时，压实密度高而均匀，可以加快复土还原。

(6) 防止粗大、锋利的固体废物损坏分选、焚烧和热解等设备或炉膛。

2. 破碎难易程度的衡量

固体废物种类很多，不同的固体废物，其破碎的难易程度是不同的。破碎的难易程度通常用机械强度或硬度来衡量。

(1) 机械强度。固体废物的机械强度是指固体废物抗破碎的阻力，通常用静载下测定的抗压强度为标准来衡量。一般，抗压强度大于 250MPa 者称为坚硬的固体废物；40～250MPa 者为中硬固体废物；小于 40MPa 者称为软固体废物。对机械强度越大的固体废物，破碎越困难。固体废物的机械强度与其颗粒粒度有关，粒度小的废物颗粒，其宏观和微观裂隙比大粒度颗粒要小，因而机械强度高，破碎较困难。

(2) 硬度。固体废物的硬度指固体废物抗外力机械侵入的能力。一般硬度越大的固体废物，其破碎难度越大。固体废物的硬度有两种表示方法。一种是对照矿物硬度确定。矿物的硬度可按莫氏硬度分为十级，其软硬排列顺序如下：滑石、石膏、方解石、萤石、磷灰石、长石、石英、黄玉石、刚玉和金刚石。各种固体废物的硬度通过与这些矿物相比较来确定。另一种按废物破碎时的性状，固体废物可分为最坚硬物料、坚硬物料、中硬物料和软质物料四种。

3. *破碎方法*

破碎方法分为干式、湿式和半湿式破碎三种。其中，湿式破碎和半湿式破碎在破碎的同时兼有分级的处理，干式破碎即通常所说的破碎。

1）干式破碎

按破碎时所用的外力不同，分为机械能破碎和非机械能破碎两种方法。机械能破碎是利用破碎工具如破碎机的齿板、锤子、球磨机和钢球等对固体废物施力而将其破碎的方法。非机械能破碎是利用电能、热能等对固体废物进行破碎的新方法，如低温破碎、热力破碎、减压破碎及超声破碎等。目前广泛应用的是机械能破碎，图 14-1 所示为常用破碎机所具有的机械破碎方法。

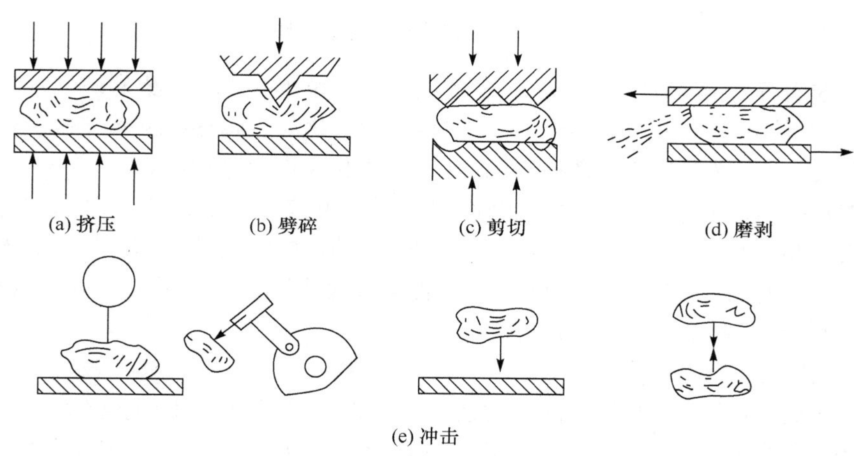

图 14-1 常用破碎机所具有的破碎方法

破碎作用力包括加压、磨剥、剪切、冲击、劈碎等几种，各种作用力存在于不同的破碎设备中。挤压破碎是指将废物置于破碎机的两块坚硬破碎板之间进行破碎，两块破碎板可以都是移动的或是一块静止一块移动。剪切破碎是指利用破碎机的齿板切开或割裂废物，这种破碎方法特别适合于二氧化硅含量低的松软物料的破碎。磨剥破碎是指将废物置于两个坚硬的破碎板表面的中间进行碾碎。冲击破碎包括重力冲击破碎和动力冲击破碎两种形式，前者是指废物在钢球作用下被破碎、废物落到一块坚硬的破碎板上或废物在自重作用下被撞碎；后者则是指废物碰到一个比它硬且快速旋转的破碎锤而被锤碎，废物无支撑，冲击力使破碎的颗粒向破碎板以及向另外的锤头和机器的出口速度进行加速。一般地，破碎机破碎固体废物时，都有两种或两种以上的破碎力同时作用于固体废物，如挤压和折断、冲击破碎和磨剥等。

2）湿式破碎

湿式破碎是利用特制的破碎机将投入机内的含纸垃圾和大量水流一起剧烈搅拌而破碎成为浆液的方法。它是基于回收城市垃圾中的大量纸类为目的而发展起来的一种破碎方法。图 14-2所示为湿式破碎机的构造原理图。

垃圾用传送带送入湿式破碎机。该破碎机的圆形槽底上安装有多孔筛，筛上安装有旋转

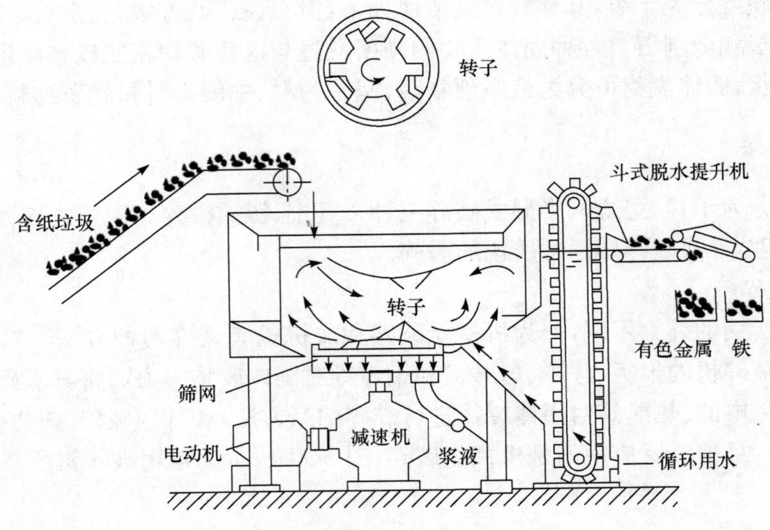

图 14-2　湿式破碎机的构造原理图

破碎辊，辊上装有 6 把破碎刀。破碎辊将旋转式投入的垃圾和水一起激烈回旋，废纸被破碎成浆状并通过筛孔流入筛下由底部排出，难以破碎的筛上物如金属等则从破碎机侧口排出，再用斗式提升机送至装有磁选器的皮带运输机，以分离铁和非铁金属物质。

湿式破碎具有以下优点：①垃圾变成均质浆状物，可按流体处理法处理；②不会滋生蚊蝇和恶臭，符合卫生条件；③不会产生噪声、发热和爆炸的危险性；④脱水有机残渣，无论质量、粒度大小、水分等变化都小；⑤在化学物质、纸和纸浆、矿物等处理中均可使用，可以回收纸纤维、玻璃、铁和有色金属，剩余泥土等可做堆肥。

3）半湿式破碎

破碎和分选同时进行。利用不同物质在一定均匀湿度下其强度、脆性（耐冲击性、耐压缩性、耐剪切力）不同而破碎成不同粒度。图 14-3 所示为半湿式破碎机的构造原理图。

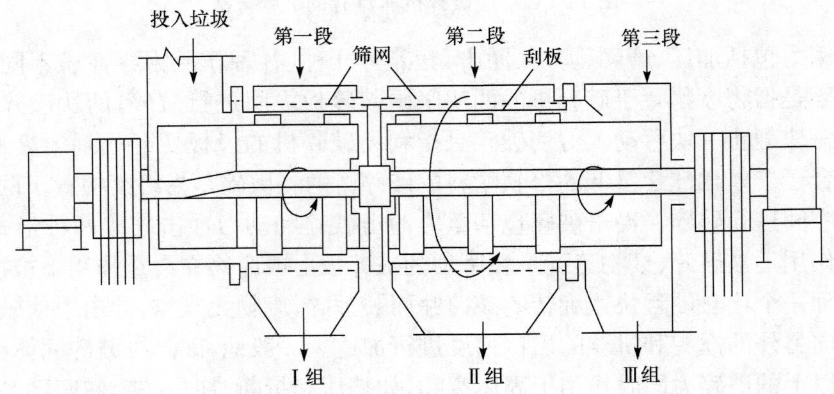

图 14-3　半湿式破碎机构造原理图

该装置由两段具有不同尺寸筛孔的外旋转圆筒筛和筛内与之反方向旋转的破碎板组成。垃圾给入圆筒筛首端，并随筛壁上升而后又在重力作用下抛落，同时被反向旋转的破碎板撞击，垃圾中易脆物质（如玻璃、陶瓷等）首先破碎，通过第一段筛网分离排出。剩余垃圾进入第二段筛筒，此段喷射水分，中等强度的纸类在水喷射下先被破碎板破碎，由第二段筛网排出。最后剩余的垃圾（主要有金属、塑料、橡胶、木材、皮革等）由不设筛网的第三段排出。

半湿式选择性破碎技术具有以下特点：①在同一设备工序中实现破碎分选同时作业。②能充分有效地回收垃圾中有用物质，例如，从分选出的第一段物料中可分别去除玻璃、塑料等，有望得到以厨余垃圾为主（含量可达到 80%）的堆肥沼气发酵原料；第二段物料中可回收含量为 85%～95%的纸类；难以分选的塑料类废物可在三段后经分选达到 95%的纯度，废铁可达 98%。③对进料适应性好，易破碎物及时排出，不会出现过破碎现象。④动力消耗低，磨损小，易修复。⑤当投入的垃圾在组成上有所变化及以后的处理系统另有要求时可改变滚筒长度、破碎板段数、筛网孔径等，以适应其变化。

4. 破碎比和破碎段

不同的破碎机的处理能力是不同的。不同粒度的废物颗粒，需要破碎的程度也是不同的。实际破碎过程必须根据废物需破碎的程度和破碎机的处理能力来选择破碎机和破碎段。

1）破碎比

在破碎过程中，原废物粒度与破碎产物粒度的比值称为破碎比。破碎比表示废物粒度在破碎过程中减少的倍数，也表征废物被破碎的程度。破碎机的能量消耗和处理能力都与破碎比有关。破碎比的计算方法有以下两种。

（1）用废物破碎前的最大粒度（$D_{\max}$）与破碎后的最大粒度（$d_{\max}$）的比值来确定破碎比（i）：

$$i=\frac{D_{\max}}{d_{\max}} \tag{14-4}$$

这一破碎比称为极限破碎比，在工程设计中常被采用。通常根据最大废物直径来选择破碎机给料口的宽度。

（2）用废物破碎前的平均粒度（D_{cp}）与破碎后的平均粒度（d_{cp}）的比值来确定破碎比（i）：

$$i=\frac{D_{cp}}{d_{cp}} \tag{14-5}$$

这一破碎比称为真实破碎比，能较真实地反映废物的破碎程度。在科研和理论研究中常被采用。

一般破碎机的破碎比在 3～30。磨碎机破碎比可达 40～400 及以上。

2）破碎段

固体废物每经过一次不同破碎机或磨碎机称为一个破碎段。若要求的破碎比不大，则一段破碎即可。但对有些固体废物，如矿业固体废物的分选工艺（浮选、磁选等），要求入料的粒度很细，破碎比很大，往往根据实际需要将几台破碎机或磨碎机一次串联起来组成破碎流程。对固体废物进行多次（段）破碎，其总破碎比等于各段破碎比（$i_1, i_2, \cdots, i_n$）的乘积，即

$$i=i_1\times i_2\times i_3\times\cdots\times i_n \tag{14-6}$$

破碎段数是决定破碎工艺流程的基本指标，它主要取决于破碎废物的原始粒度和最终粒度。破碎段数越多，破碎流程越复杂，工程投资相应增加。因此，条件允许的话，应尽量减少破碎段数。

5. 破碎流程

根据固体废物的性质、粒度的大小、要求的破碎比和破碎机的类型，每段破碎流程可以有

不同的组合方式,其基本的工艺流程如图 14-4 所示。

破碎流程的选择根据废物破碎后产品的要求决定。图 14-4(a)流程适合对产品粒度均匀性要求不高的破碎。图 14-4(b)流程在图 14-4(a)流程基础上设置了预先筛分,便于及时筛出粒度合格的产品,提高破碎机的处理能力或降低破碎能耗。图 14-4(c)流程在图 14-4(a)流程基础上设置了检查筛分,可获得粒度均匀的破碎产品。图 14-4(d)流程是 14-4(b)和 14-4(c)的结合,具有两者共同的优点。

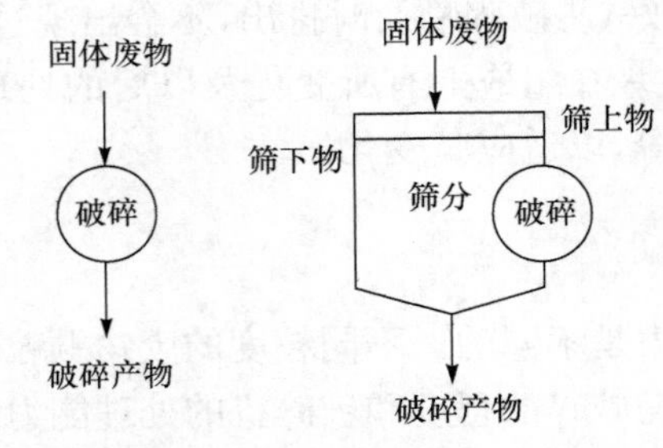

(a) 单纯破碎工艺　　(b) 带预先筛分的破碎工艺

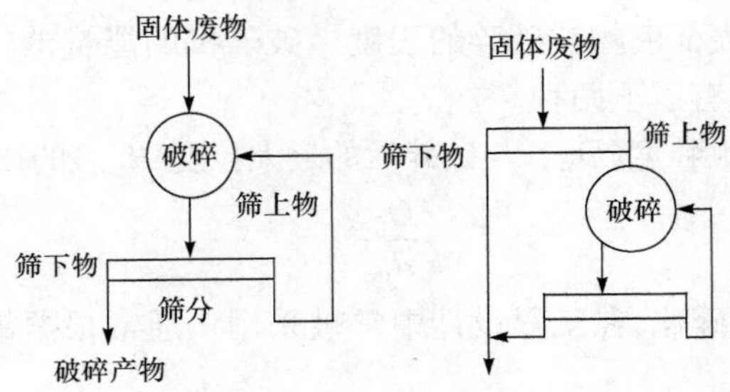

(c) 带检查筛分的破碎工艺　　(d) 带预先和检查筛分的破碎工艺

图 14-4　破碎的基本工艺流程

14.2.2　固体废物的破碎设备

固体废物破碎常用的破碎设备包括锤式、冲击式、剪切式、颚式、辊式破碎机和粉磨机。每种类型还包括多种不同的结构形式,各种形式的破碎机械的应用范围也不尽相同。

1. 锤式破碎机

锤式破碎机是最普通的一种工业破碎设备,按转子数目不同可分为单转子(只有一个转子)和双转子(有两个做相对运动回转的转子)两类。锤式破碎机按破碎轴安装方式不同可分为卧轴和立轴两种,常见的是卧轴锤式破碎机,即水平轴式破碎机。图 14-5 所示为不可逆式单转子卧轴式破碎机示意图。

2. 冲击式破碎机

冲击式破碎机是一种新型高效破碎设备,它具有破碎比大,适应性广,可以破碎中硬、软、脆、韧性、纤维性废物的特点,且结构简单、外形尺寸小、安全方便、易于维护等特点。冲击式破碎机主要包括 Universa 型和 Hazemag 型两种。

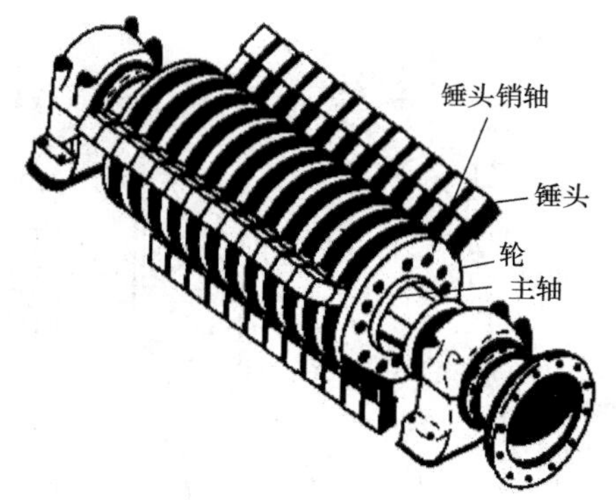

图 14-5　不可逆式单转子卧轴式破碎机示意图

3. 剪切式破碎

剪切式破碎机是以剪切作用为主的破碎机，它是靠一组固定刀与一组(或两组)活动刀之间的剪切作用将固体废物破碎成适宜的形状和尺寸的破碎机，剪切式破碎机属于低速破碎机，转速一般为 20～60r/min。根据活动刀的运动方式，剪切式破碎机可分为往复式和回转式两种。

图 14-6 所示为旋转剪切式破碎机结构示意图。

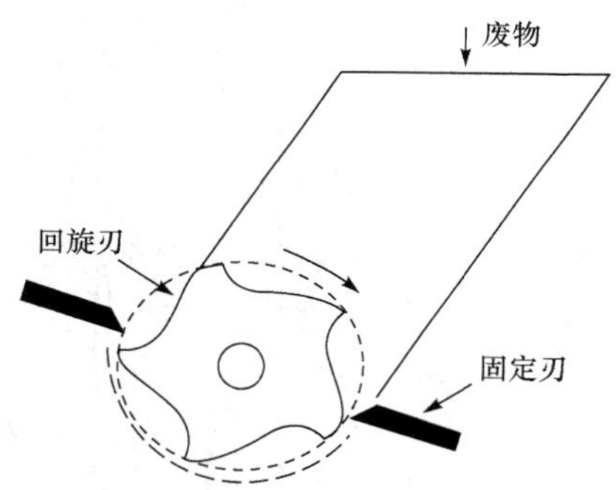

图 14-6　旋转剪切式破碎机结构示意图

4. 颚式破碎机

颚式破碎机属于挤压型破碎机械，是一种古老的破碎设备，但由于构造简单、工作可靠、制造容易、维修方便，至今仍广泛应用于冶金、建材和化学工业等部门。它适用于坚硬和中硬废物的破碎。根据可动颚板的运动特性分为简单摆动型与复式摆动型两种。图 14-7 所示为简单摆动型颚式破碎机结构示意图。图 14-8 所示为复杂摆动型颚式破碎机结构示意图。

5. 辊式破碎机

辊式破碎机主要靠剪切和挤压作用破碎废物。根据辊子的特点，可将辊式破碎机分为光辊破碎机和齿辊破碎机。齿辊破碎机，按齿据数目的多少可分为单齿辊和双齿辊两种。

6. 粉磨机

粉磨对于矿业固体废物和许多工业废物来说，是一种非常重要的破碎方式，在固体废物资源化中也得到了广泛的应用，如煤矸石制砖、生产水泥，硫酸渣炼铁制造球团、回收金属等。常用的粉磨机主要有球磨机和自磨机两种类型。

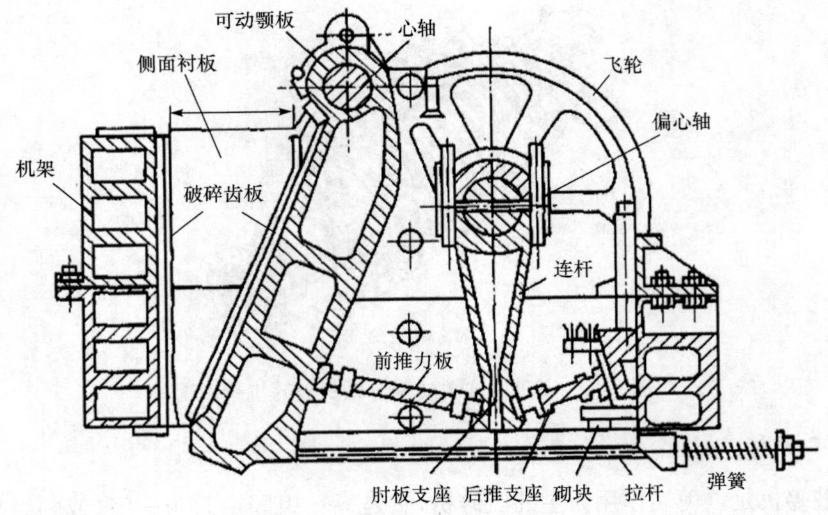

图 14-7　简单摆动型颚式破碎机结构示意图

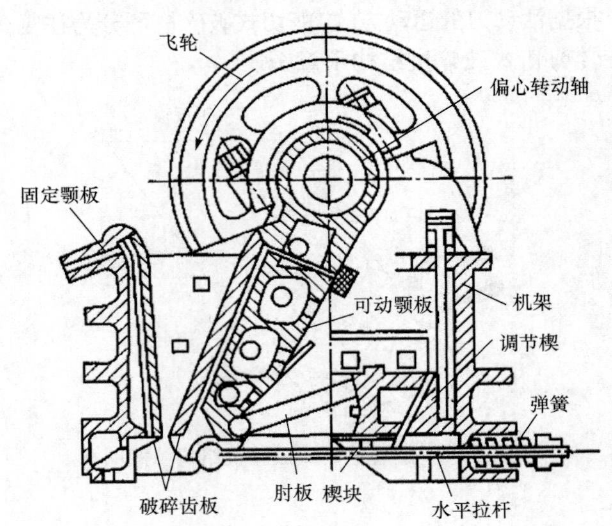

图 14-8　复杂摆动型颚式破碎机结构示意图

自磨机又称无介质磨机，分干磨和湿磨。图 14-9 所示为干式自磨机的工作原理图。

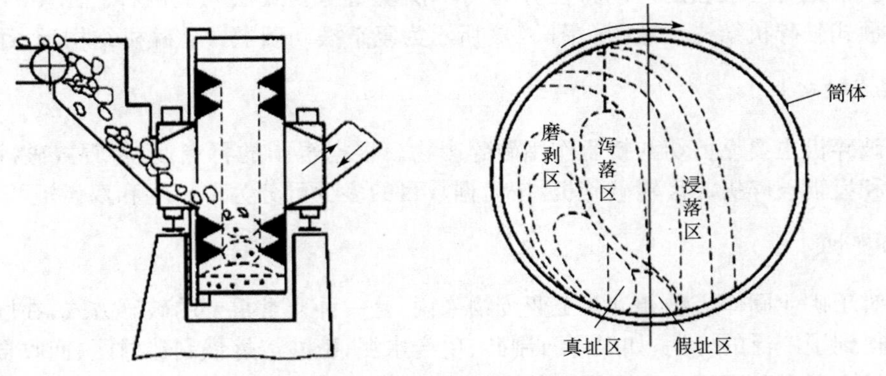

图 14-9　干式自磨机的工作原理图

14.2.3　固体废物的破碎流程与应用

固体废物的破碎应用相当广泛，尤其是粉碎，一般固体废物再利用之前都要用到破碎或粉碎，矿业固体废物的再利用尤其如此。

1. 废石的破碎

矿山开采过程中剥离及掘进时产生的无工业应用价值的矿床围岩及夹石称为废石。废石的排放量很大，目前我国废石主要用途是生产建筑材料和矿井充填料。无论是作为建筑材料还是作为矿井充填料，都必须将废石破碎到一定的粒度，以满足不同用途的要求。图 14-10 所示为广东凡口铅锌矿劳动服务公司破碎废石作为井下胶结充填骨料的工艺流程。

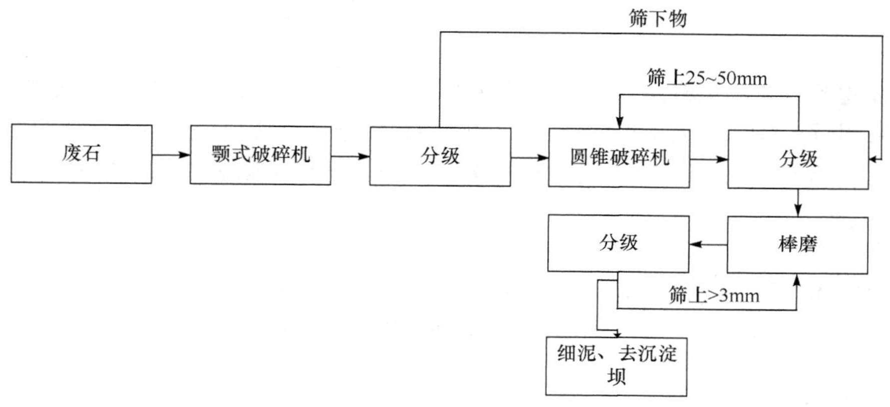

图 14-10　用废石加工成充填材料的工艺流程

2. 废汽车轮胎的低温破碎

对于一些在常温下难以破碎的固体废物如汽车轮胎、包覆电线、废家用电器等，可以利用其低温变脆的性能而有效地实行破碎，也可利用不同废物脆化温度的差异进行低温下的选择性破碎。低温破碎通常需要配置制冷系统，液氮是常用的制冷剂。液氮制冷效果好、无毒、无爆炸性且货源充足。但是该方法所需的液氮量较大，且制备液氮需要消耗大量的能量，故出于经济上的考虑，低温破碎对象仅限于常温下破碎机回收成本高的合成材料，如橡胶和塑料。

图 14-11 所示为废旧电料低温破碎回收铜的工艺流程。从废旧电料中回收铜，多数采用化学处理或破坏绝缘(即将绝缘体烧掉)的方法。采用图 14-11 工艺，则既可回收铜，又可回收绝缘体。

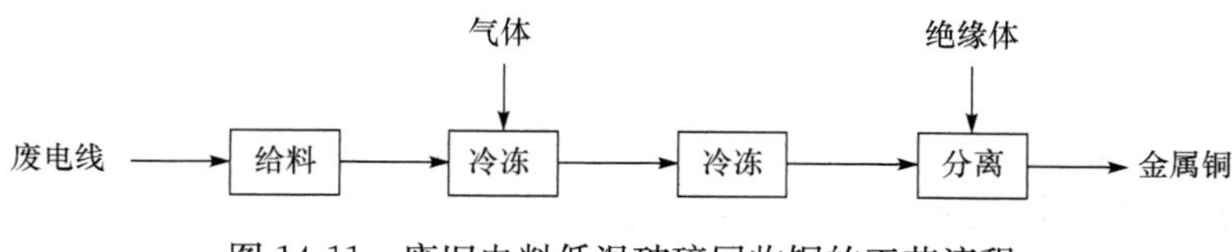

图 14-11　废旧电料低温破碎回收铜的工艺流程

3. 废纸的破碎再生

造纸工业不管是用木材还是草制浆做原料，都是污染严重的工业。这种污染从技术上来说是可以解决的，但投资太大。而利用废纸造浆，没有大气污染，水的污染也容易处理。1t 废纸相当于下径 17cm、上径 10cm、高 8cm 的木材 20 根，用废纸做原料造纸，每吨可节约木材 2～3m^3，不仅可减少环境污染，还可保护森林资源，减少对生态环境的破坏。

4. 高炉渣微粉的粉磨工艺

所谓高炉渣微粉是指高炉水渣经烘干、破碎、粉磨、筛分而得到的比表面积在 3000cm^2/g 以上的超细高炉渣粉末。目前，日本将比表面积 3000cm^2/g 以上的高炉渣微粉分为三个等级：4000、6000、8000 三种规格。美国将其分为 80、100、120 三个规格。比表面积为 4000～10000cm^2/g 的高炉渣微粉平均粒径为 15～20μm。

14.3　固体废物的分选

固体废物的分选就是将固体废物中各种可回收利用的废物或不符合后续处理工艺要求的废物组分采用适当技术分离出来的过程。常采用机械分选方法，且分选前一般需经破碎处理。常见的机械分选方法包括筛选、风选、浮选、光选、磁选、静电分选和摩擦与弹跳分选等。

14.3.1　筛选

筛选是固体废物分选常用的技术，无论是城市生活垃圾还是工业废物都有应用，包括湿式筛选和干式筛选两种操作类型。其中，干式筛选在固体废物分选中的应用更加广泛。

1. 筛选原理

利用一个或两个以上的筛面，将不同粒径颗粒的混合废物分成两组或两组以上颗粒组的过程称为筛选。要实现粗细物料通过筛面分离，必须使物料和筛面之间具有适当的相对运动，使筛面上的物料层处于松散状态，即按颗粒大小分层，形成粗粒位于上层，细粒位于下层的规则排列，细粒到达筛面并透过筛孔。同时物料和筛面之间的相对运动还可以使堵在筛孔上的颗粒脱离筛孔，以利于细粒透过筛孔。细粒透筛时，尽管粒度都小于筛孔，但它们透筛的难易程度却不同。粒度小于筛孔 3/4 的颗粒，很容易通过粗粒形成的间隙到达筛面而透筛，这类颗粒称为易筛粒；粒度大于筛孔 3/4 的颗粒，则很难通过粗粒形成的间隙到达筛面而透筛，而且粒度越接近筛孔尺寸的颗粒就越难透筛，这类颗粒称为难筛粒。

筛分效率是筛选时实际得到的筛下产品的质量与原料中所含粒度小于筛孔尺寸的物料的质量比，用百分数表示，其简易表达式为

$$E=\frac{Q_1\beta}{Q\alpha}\times 100\% \tag{14-7}$$

式中：E——筛分效率，%；

Q_1——筛下产品的质量，kg；

β——筛下产品中小于筛孔尺寸的细粒含量，%；

Q——入筛固体废物质量，kg；

α——入筛固体废物中小于筛孔尺寸的细粒含量，%。

但实际筛选过程中要测定 Q、Q_1 比较困难，因此，必须变换成便于应用的计算式。

根据图 14-12 可列出两个方程式：

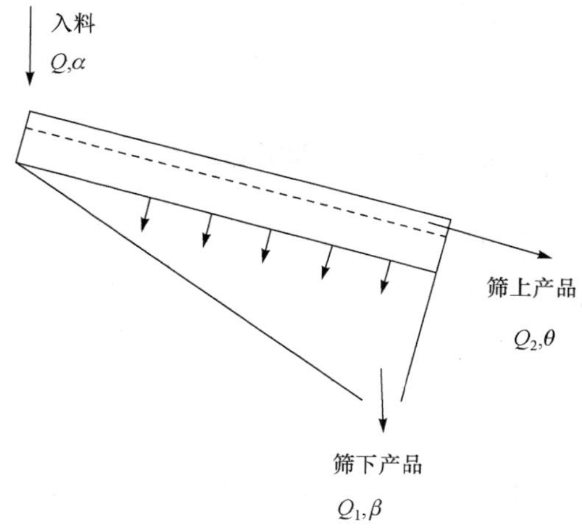

图 14-12　筛分效率的计算图

$$Q=Q_1+Q_2 \tag{14-8}$$

$$Q\alpha=Q_1\beta+Q_2\theta \tag{14-9}$$

式中：Q_2——筛上产品质量，kg；

θ——筛上产品中小于筛孔的细粒含量，%。

将式(14-8)代入式(14-9)，得

$$Q_1=\frac{(\alpha-\theta)Q}{\beta-\theta} \tag{14-10}$$

将 Q_1 代入式(14-7)，得

$$E=\frac{\beta(\alpha-\theta)}{\alpha(\beta-\theta)}\times 100\% \tag{14-11}$$

如果筛下产品中没有大于筛孔尺寸的粗粒（即 $\beta=100\%$），则 $E=\frac{\alpha-\theta}{\alpha(1-\theta)}\times 100\%$。

2. 筛分设备

适用于固体废物筛选的设备很多，但用得较多的主要有固定筛、滚筒筛和振动筛。

1）固定筛

筛分物料时，筛面固定不动的筛分设备称为固定筛。它的筛面由许多平行排列的筛条组成，可以水平安装或倾斜安装，构造简单，无运动部件（不耗用动力），设备制造费用低，维修方便，因此，在固体废物资源化过程中被广泛应用。缺点是易于堵塞。

2）滚筒筛

滚筒筛亦称转筒筛，具有带孔的圆柱形筛面或截头的圆锥体筛面，如图 14-13 所示。

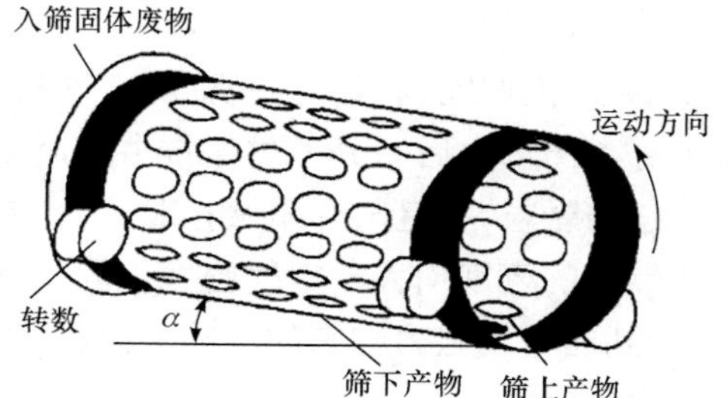

图 14-13　滚筒筛结构示意图

3）振动筛

振动筛主要有惯性振动筛和共振筛两种。

惯性振动筛是通过不平衡物体（重块）的旋转所产生的离心惯性力使筛箱产生振动的一种筛

子，其构造及工作原理如图 14-14 所示。

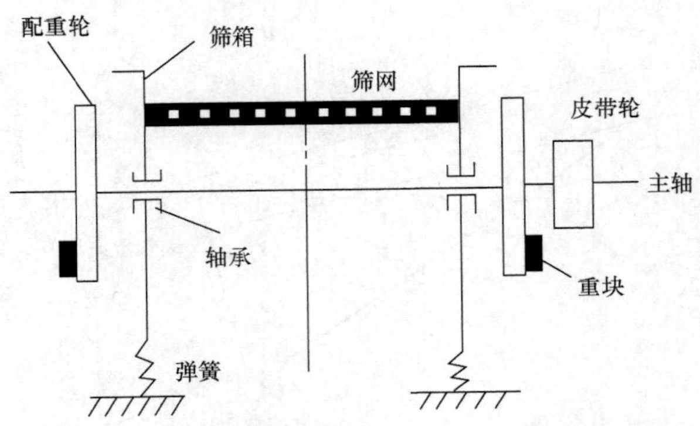

图 14-14 惯性振动筛的构造及工作原理

共振筛是利用连杆上装有弹簧的曲柄连杆机构驱动，使筛子在共振状态下进行筛分的。其构造及工作原理如图 14-15 所示。

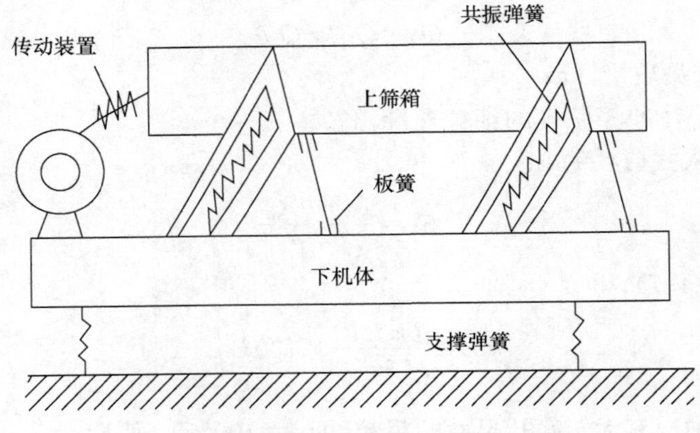

图 14-15 共振筛的原理与结构示意图

14.3.2 风选

风选又称气流分选，是最常用的一种按固体废物密度分离固体废物中不同组分的重选方法，被许多国家广泛地用在城市垃圾的分选中。

1. 风选原理

风选是以空气为分选介质，实质上包含两个过程：一是分离出具有低密度、空气阻力大的轻质部分(提取物)和具有高密度、空气阻力小的重质部分(排出物)；二是进一步将轻颗粒从气流中分离出来。后一分离过程常由旋流器完成，旋流器工作原理与除尘原理相似。

任何颗粒，一旦与介质做相对运动，就会受到介质阻力的作用。在空气介质中，任何固体废物颗粒的密度均大于空气密度。因此，任何固体废物颗粒在静止空气中都做向下的沉降运动，受到的空气阻力与它的运动方向相反，图 14-16 所示为颗粒在静止介质中的受力分析。

空气阻力：

$$R=\psi d^2 v^2 \rho \tag{14-12}$$

有效重力：

$$G_0=\frac{\pi}{6}d^3(\rho_s-\rho)g\approx\frac{\pi}{6}d^3\rho_s g \qquad (14\text{-}13)$$

式中：ψ——阻力系数；

d——颗粒粒度；

v——沉降速度；

ρ——空气密度；

ρ_s——颗粒密度；

g——重力加速度。

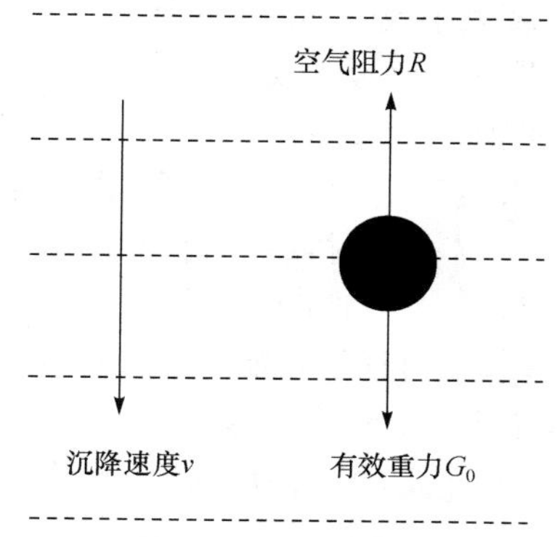

图 14-16　颗粒在静止介质中的受力分析

根据牛顿定律

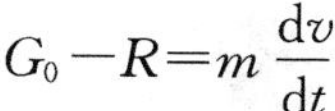

$$G_0-R=m\frac{\mathrm{d}v}{\mathrm{d}t}$$

则有

$$\frac{\mathrm{d}v}{\mathrm{d}t}=g-\frac{6\phi v^2\rho}{\pi \mathrm{d}\rho_s}$$

因此，刚开始沉降时，$v=0$，此时$\frac{\mathrm{d}v}{\mathrm{d}t}=g$，为球形颗粒的初加速度，也是最大加速度。随着沉降时间的延长，v 逐渐增大，导致$\frac{\mathrm{d}v}{\mathrm{d}t}=g-\frac{6\phi v^2\rho}{\pi d\rho_s}$逐渐减少。当$\frac{\mathrm{d}v}{\mathrm{d}t}=0$ 时，沉降速度达到最大，固体颗粒在 G_0、R 的作用下达到动态平衡而做等速沉降运动。设最大沉降速度为 v_0，称为沉降末速，则有

$$v_0=\sqrt{\frac{\pi d\rho_s g}{6\phi\rho}}=f(d,\rho_s) \qquad (14\text{-}14)$$

可见，当颗粒粒度一定时，密度大的颗粒沉降末速大，因此，可借助于沉降末速的不同分离不同密度的固体颗粒；当颗粒密度相同时，直径大的颗粒沉降末速大，因此，可借助于沉降末速的不同分离不同粒度的固体颗粒，也即风力分级。

由于颗粒的沉降末速同时与颗粒的密度、粒度及形状有关，因此在同一介质中，密度、粒度和形状不同的颗粒在特定的条件下可以具有相同的沉降速度，这样的颗粒称为等降颗粒。其中，密度小的颗粒粒度（d_1）与密度大的颗粒粒度（d_2）之比，称为等降比，以 e_0 表示，即 $e_0=\frac{d_1}{d_2}>1$。

若两颗粒等降，根据 $v_{01}=v_{02}$，有$\sqrt{\frac{\pi d_1\rho_{s1}g}{6\phi_1\rho}}=\sqrt{\frac{\pi d_2\rho_{s2}g}{6\phi_2\rho}}$，因此有 $e_0=\frac{d_1}{d_2}=\frac{\psi_1\rho_{s2}}{\psi_2\rho_{s1}}$。可见，等降比 e_0 将随两种颗粒的密度差（$\rho_{s2}-\rho_{s1}$）的增大而增大；而且 e_0 还是阻力系数 ψ 的函数。理论与实践都表明，e_0 将随颗粒粒度变细而减小。因此，为了提高分选效率，在风选之前需要将废物进行窄分级，或经破碎使粒度均匀后，使其按密度差异进行分选。

固体颗粒在静止介质中具有不同的沉降末速，可借助于沉降末速的不同分离不同密度的固体颗粒，但固体废物中大多数颗粒 ρ_s 的差别不大，因此，它们的沉降末速差别不会很大。为了扩大固体颗粒间沉降末速的差异，提高不同颗粒的分离精度，风选常在运动气流中进行，气流运动方向常向上（称为上升气流）或水平（称为水平气流）。增加了运动气流，固体颗粒的沉

降速度大小或方向就会有所改变，从而提高分离精度。

图 14-17 所示为增加了上升气流时，球形颗粒在上升气流中的受力分析。此时，固体颗粒实际沉降速度 $v=v_0-u_a$。

当 $v_0>u_a$ 时，$v>0$，颗粒向下做沉降运动；

当 $v_0=u_a$ 时，$v=0$，颗粒做悬浮运动；

当 $v_0<u_a$ 时，$v<0$，颗粒向上做漂浮运动。

因此，可通过控制上升气流速度，控制固体废物中不同密度颗粒的运动状态，使有的固体颗粒上浮，有的下沉，从而将这些不同密度的固体颗粒分离。

图 14-18 所示为增加了水平气流时，球形颗粒在水平气流中的受力分析。

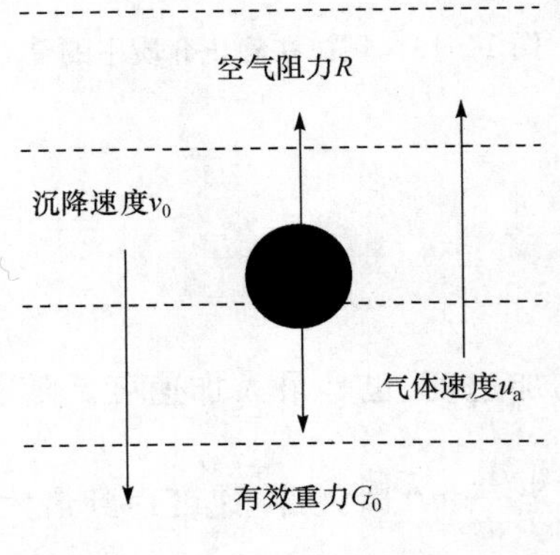

图 14-17　球形颗粒在上升气流中的受力分析

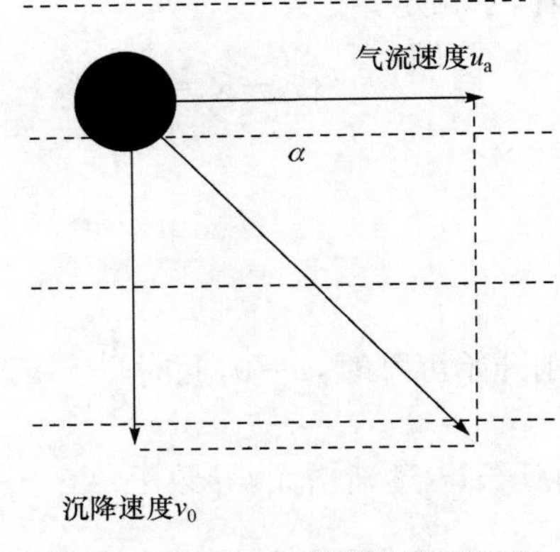

图 14-18　球形颗粒在水平气流中的受力分析

固体颗粒在实际运动方向为

$$\tan\alpha=\frac{v_0}{u_a}=\frac{\sqrt{\frac{\pi d\rho_s}{6\phi\rho}g}}{u_a} \tag{14-15}$$

在 u_a 一定时，对窄级别固体颗粒，其密度 ρ_s 越大，沉降距离离出发点越近。沿着气流运动方向，获得的固体颗粒的密度逐渐减小。因此，通过控制水平气流速度，就可控制不同密度颗粒的沉降位置，从而有效地分离不同密度的固体颗粒。

综上所述，风选就是利用气流将较轻的物料向上带走或在水平方向带向较远的地方，而重物料则由于向上气流不能支承而沉降，或是由于重物料的足够惯性而不被剧烈改变方向得以穿过气流沉降。被气流带走的轻物料再进一步从气流中分离出来，常采用旋流器。

2. 风选设备

按气流吹入分选设备内的方向不同，风选设备可分成水平气流风选机（又称卧式风力分选机）和上升气流风选机（又称立式风力分选机）两种类型。

图 14-19 所示为卧式风力分选机结构和工作原理示意图。气流由侧面送入，固体废物经破碎和筛分后，定量均匀地给入机内。当废物在机内下落时，被鼓风机鼓入的水平气流吹散，固体废物中各种组分沿着不同运动轨迹分别落入重质组分、中重质组分和轻质组分收集糟中。经验表明，水平气流分选机的最佳风速为 20m/s。

卧式风力分选机构造简单，维修方便，但分选精度不高。一般很少单独使用，常与破碎、筛

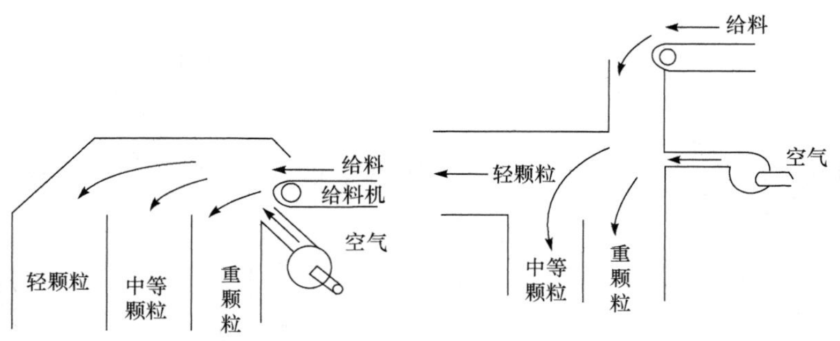

图 14-19　卧式风力分选机结构和工作原理示意图

分、立式风力分选机联合使用。

图 14-20 所示为立式风力分选机结构和工作原理示意图。根据风机和旋流器安装位置不同，有三种不同的结构形式，但其工作原理大同小异。经破碎后的固体废物从中部给入机内，物料在上升气流作用下，各组分按密度进行分离，重质组分从底部排出，轻质组分从顶部排出，经旋风除尘器进行气固分离。与卧式风力分选机相比，立式风力分选机分离精度较高。

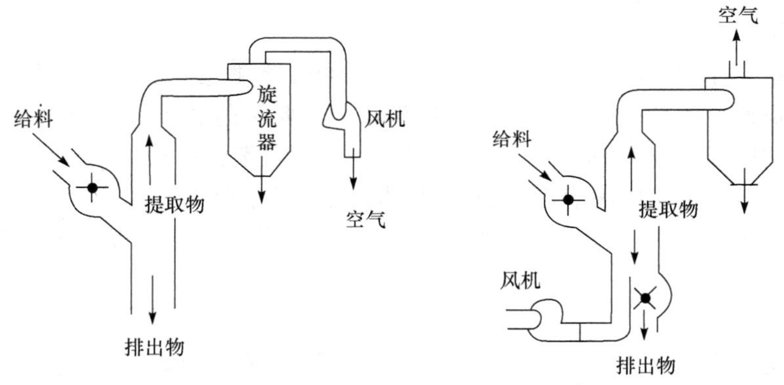

图 14-20　立式风力分选机结构和工作原理示意图

风力分选机有效识别轻、重组分的一个重要条件就是使气流在分选筒中产生湍流和剪切力，借此分散废物团块，以达到较好的分选效果。为强化风选机对废物的分散作用，通常采用锯齿形、振动式风选机或回转式分选筒的气流通道，它是让气流通过一个垂直放置的、具有一系列直角或 60°转折的筒体，如图 14-21 所示。

14.3.3　浮选

浮选是在水介质中进行的。物质是否可浮或其可浮性的好坏主要取决于这种物质被润湿的程度，也即这种物质的润湿性。易被水润湿的物质，称为亲水性物质；不易被水润湿的物质，称为疏水性物质。浮选就是根据不同物质被水润湿程度的差异而对其进行分离的。

1. 浮选原理

任何物质的天然可浮性差异均较小，若仅利用它们的天然可浮性差异进行分选，分选效率很低。浮选的发展主要靠人为改变物质的可浮性，目前最有效的方法是加浮选药剂处理废物

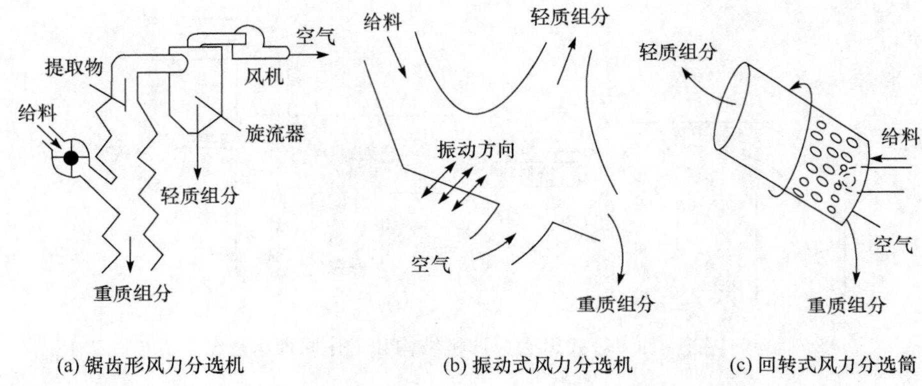

(a) 锯齿形风力分选机 (b) 振动式风力分选机 (c) 回转式风力分选筒

图 14-21 锯齿形、振动式和回旋式风力分选机

组分，扩大目的组分和非目的组分的可浮性差异。因此，浮选是通过在固体废物与水调成的料浆中加入浮选药剂以扩大不同组分可浮性的差异，再通入空气形成无数细小气泡，使目的颗粒黏附在气泡上，并随气泡上浮于料浆表面成为泡沫层刮出，成为泡沫产品；不浮的颗粒则仍留在料浆内，通过适当处理后废弃。

1）捕收剂

捕收剂的主要作用是使目的颗粒表面疏水，增加可浮性，使其易于向气泡附着。常用的捕收剂主要有异极性捕收剂和非极性油类捕收剂两类。典型的异极性捕收剂分子由极性基（亲固基）和非极性基（疏水基）两部分组成。非极性油类捕收剂没有极性基。极性基活泼，能在废物表面发生作用而吸附于废物表面，饱和废物表面未饱和的键能。非极性基起疏水作用，具有石蜡或烃类的疏水性，朝外排水而造成废物表面的“人为可浮性”，这就是捕收剂与废物表面作用的基本原理。

2）起泡剂

起泡剂的主要作用是促进泡沫形成，增加分选界面，它与捕收剂有联合作用。起泡剂的共同结构特征是：①它是一种异极性的有机物质，极性基亲水，非极性基亲气，使起泡剂分子在空气和水的界面上产生定向排列；②大部分起泡剂是表面活性物质，能够强烈地降低水的表面张力；③起泡剂应有适当的溶解度。溶解度过大，则药耗大或迅速产生大量泡沫，但不耐久；溶解度过小，来不及溶解即随泡沫流失或起泡速度缓慢，延续时间较长，难以控制。常用的起泡剂有松醇油、脂肪醇等。松醇油的主要成分为α-萜烯醇（$C_{10}H_{17}OH$）。

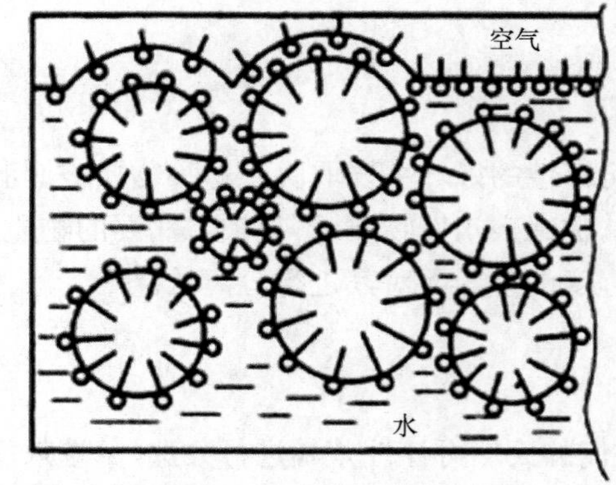

图 14-22 起泡剂在气泡表面的吸附作用

图 14-22 所示为起泡剂在气泡表面的吸附作用。起泡剂分子的极性端朝外，对水偶极有引力作用，使水膜稳定而不易流失。有些离子型表面活性起泡剂带有电荷，于是各个气泡因为同名电荷而相互排斥阻止兼并，增加了气泡的稳定性。

起泡剂与捕收剂不仅在气泡表面有联合作用，在废物表面也有联合作用，这种联合作用称为共吸附。由于废物表面和气泡表面都有起泡剂与捕收剂的共吸附，因而产生共吸附界面的“相互穿插”，这是颗粒向气泡附着的机制之一。

3）调整剂

调整剂主要用于调整捕收剂的作用及介质条件。其中促进目的颗粒与捕收剂作用的称为活化剂，抑制非目的颗粒可浮性的称为抑制剂，调整介质 pH 的称为 pH 调整剂，促使料浆中目的细粒联合变成较大团粒的称为絮凝剂，促使料浆中非目的细粒成分散状态的药剂称为分散剂。表 14-1 所示为常用的调整剂种类。

表 14-1　常用的调整剂种类

调整剂系列	pH 调整剂	活化剂	抑制剂	絮凝剂	分散剂
典型代表	酸、碱	金属阳离子、阴离子 HS^-、$HSiO_3^-$ 等	O_2、SO_2 和淀粉、单宁等	腐殖酸、聚丙烯酰胺	水玻璃、磷酸盐

2. 浮选设备

浮选机是实现浮选过程的重要设备。浮选时，废物与浮选药剂调和后送入浮选机，在其中经搅拌和充气，使欲浮的目的废物附着于气泡，形成矿化气泡，浮到矿浆表面，便形成矿化泡沫层。泡沫用刮板（或以自溢的方式）刮出，即得泡沫产品，而非泡沫产品自槽底排出。浮选技术经济指标的好坏，与所用浮选机的性能密切相关。

浮选机种类很多，按充气和搅拌方式的不同，目前生产中使用的浮选机主要有机械搅拌式浮选机、充气搅拌式浮选机、充气式浮选机和气体析出式浮选机四类，其中机械搅拌式浮选机的使用最为广泛。图 14-23 所示为机械搅拌式浮选机的结构示意图。

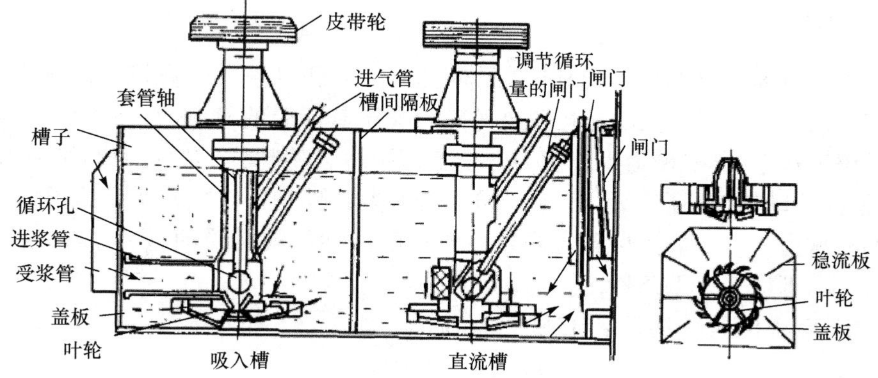

图 14-23　XJK 型机械搅拌式浮选机的结构示意图

图 14-24 所示为气泡在机械搅拌式浮选机内的运动状况示意图。气泡在机械搅拌式浮选机内的运动大体可分为三区：充气搅拌区、分离区和泡沫区。

3. 浮选工艺流程

浮选工艺过程主要包括调浆、调药、调泡三个程序。调浆即浮选前料浆浓度的调节，它是浮选过程的一个重要作业。调药为浮选过程药剂的调整，包括提高药效、合理添加、混合用药、料浆中药剂浓度调节与控制等。调泡为浮选气泡的调节。

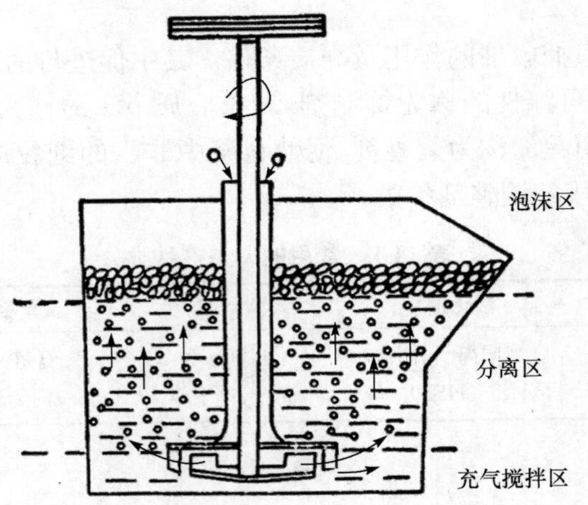

图 14-24　气泡在浮选机内的运动示意图

14.3.4　磁选

磁选是利用固体废物中各种物质的磁性差异在匀磁场中进行分选的一种处理方法。

固体废物进入磁选机后，磁性颗粒在不均匀磁场作用下被磁化，从而受磁场吸引力的作用，使磁性颗粒吸在圆筒上，并随圆筒进入排料端排出；非磁性颗粒由于所受的磁场作用力很小，仍留在废物中而被排出。

1. *磁选原理*

固体废物颗粒通过磁选机的磁场时，同时受到磁力和机械力(包括重力、离心力、介质阻力、摩擦力等)的作用。磁性强的颗粒所受的磁力大于其所受的机械力，而磁性弱的或非磁性颗粒所受的磁力很小，其机械力大于磁力。由于作用在各种颗粒上的磁力和机械力的合力不同，所以它们的运动轨迹不同。因此，磁选分离的必要条件是磁性颗粒所受的磁力 $f_{磁}$ 必须大于它所受的机械力 $f_{机}$，而非磁性颗粒或磁性较小的磁性颗粒所受的磁力 $f_{非磁}$ 必须小于它所受的机械力 $f_{机}$，即满足以下条件 $f_{磁}>f_{机}>f_{非磁}$。

可见，磁选分离的关键是确定合适的 $f_{磁}$，而

$$f_{磁}=mx_0H\text{grad}H$$

式中：m——废物颗粒的质量，g；

x_0——废物颗粒的比磁化系数，cm^3/g；

H——磁选机的磁场强度，Oe；

grad$H$——磁选机的磁场梯度，Oe/cm。

mx_0 反映废物颗粒本身的性质。根据 x_0 的大小，废物可分成三类：①强磁性物质，$x_0>38\times10^{-6}cm^3/g$；②弱磁性物质，$x_0=0.19\sim7.5cm^3/g$；③非磁性物质，$x_0<0.19\times10^{-6}cm^3/g$。此外，$m$ 大的颗粒，其磁性也大。

Hgrad$H$ 反映磁选设备特性。根据 H 的大小，磁选设备可分为三类：①弱磁场磁选设备，磁极表面 $1700Oe\leqslant H<2000Oe$，用于选别 x_0 大的颗粒；②强磁场磁选设备，磁极表面 $H=6000\sim26000Oe$，用于选别 x_0 小的颗粒；③中等磁场磁选设备，磁极表面 $H=2000\sim6000Oe$，用于选别 x_0 居中的颗粒。此外，grad$H\neq0$，也就是说磁选必须在非均匀磁场中进行。

2. 常用磁选机

磁选是在磁选设备中进行的，磁选工艺流程是由磁选设备组成的，设备对于选别指标的好坏起着重要作用。磁选设备种类很多，固体废物磁选时常用的磁选设备主要有以下几种类型。

1）吸持型磁选机

吸持型磁选机有两种类型，如图 14-25 所示，废物颗粒通过输送带直接送至收集面上。

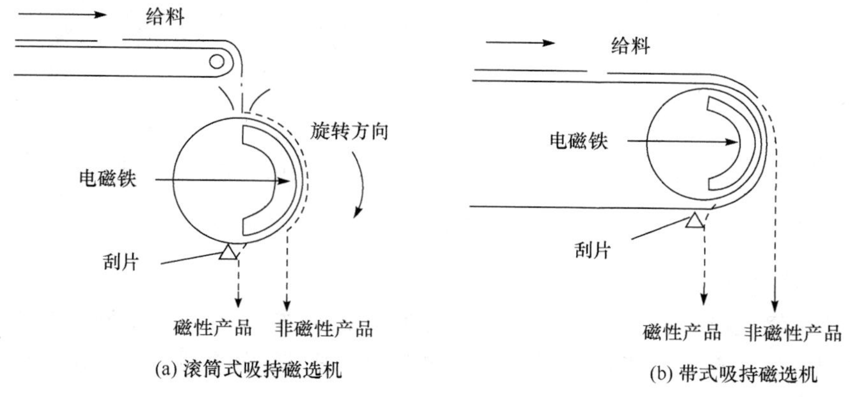

图 14-25　吸持型磁选机的结构示意图

滚筒式吸持磁选机的水平滚筒外壳由黄铜或不锈钢制造，内包有半环形磁铁。废物颗粒由传送带上落至滚筒表面时，磁铁产品被吸引，至下部刮板处被刮脱至收集斗，非铁金属与其他非磁性产品由滚筒面直接落入另一集料斗。

带式吸持磁选机的磁性滚筒与废物传送带合为一体，当传送带随滚筒旋转而移动时，带上废物颗粒至磁性面，即发生如图 14-25(a)所示的分选作用。

2）悬吸型磁选机

悬吸型磁选机主要用于除去城市垃圾中的铁磁物质，保护破碎设备及其他设备免受损坏。它有两种类型，如图 14-26 所示。

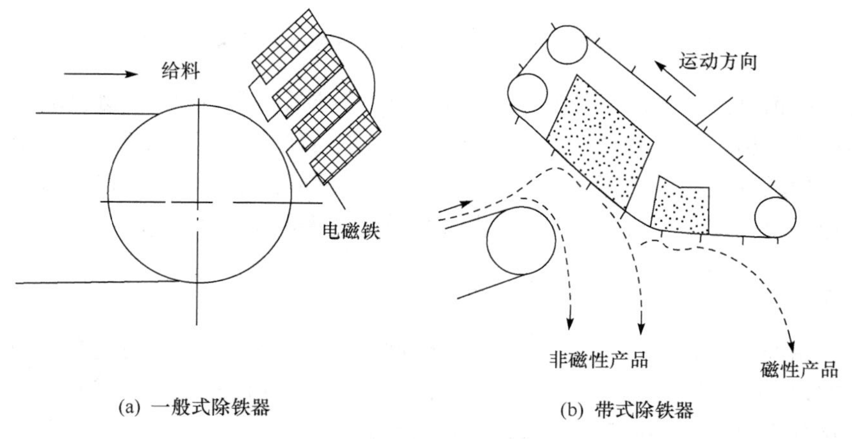

图 14-26　悬吸型磁选机结构示意图

3）磁力滚筒

磁力滚筒又称磁滑轮。这类磁选机主要由磁滚筒和输送皮带组成。磁力滚筒有永磁滚筒和电磁滚筒两种，应用较多的是永磁滚筒，如图 14-27 所示。

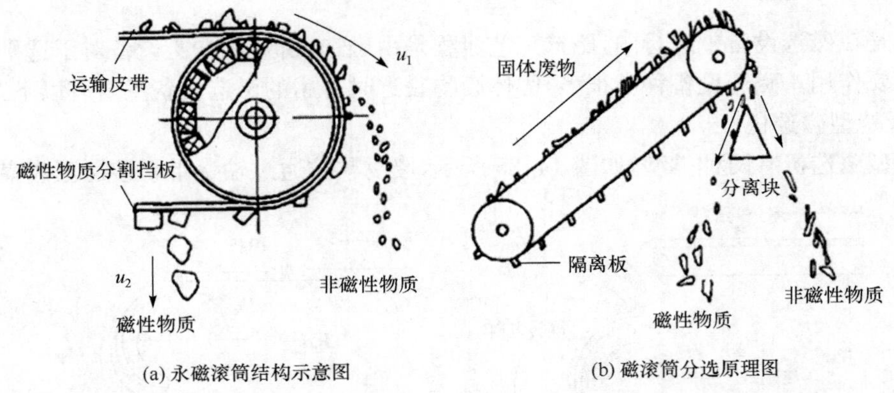

(a) 永磁滚筒结构示意图　　(b) 磁滚筒分选原理图

图 14-27　永磁滚筒磁选机结构与工作原理图

4）湿式永磁圆筒式磁选机

湿式永磁圆筒式磁选机分顺流型和逆流型两种型式，常用的为逆流型。顺流型磁选机的给料方向和圆筒的旋转方向或磁性产品的移动方向一致，逆流型则正好相反。图 14-28 所示为湿式逆流型永磁圆筒式磁选机的结构示意图。

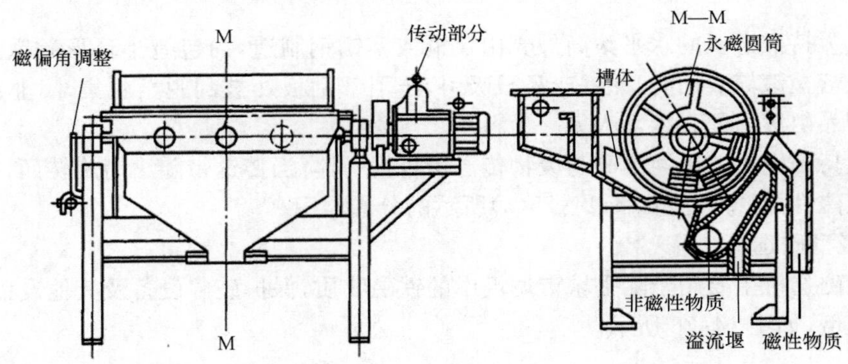

图 14-28　湿式逆流型永磁圆筒式磁选机的结构示意图

料浆由给料箱直接进入圆筒的磁系下方，非磁性物质和磁性很弱的物质由磁系左边下方的底板上排料口排出。磁性物质则随圆筒逆着给料方向移到磁性物质排出端，排入磁性物质收集槽中。这种磁选机主要适用于粒度小于 0.6mm 的强磁性颗粒的回收及从钢铁冶炼排出的含铁尘泥和氧化铁皮中回收铁，以及回收重介质分选产品中的加重质。

14.3.5　电选

电选是利用固体废物中各种组分在高压电场中电性的差异而实现分选的一种方法。物质根据其导电率，分为导体、半导体和非导体三种。大多数固体废物属于半导体和非导体，因此，电选实际上是分离半导体和非导体固体废物的过程。

1. 电选原理

电选是在电选设备的电场中进行的。废物颗粒导电率不同，荷电量不同，则其在电场中所受的作用力不同，运动行为也就不同。废物带电方式很多，如摩擦带电、传导带电、感应带电、接触带电、电晕电场中带电等，但在实际电选过程中废物颗粒的带电方式主要有 4 种：直接传导带电、感应带电、电晕带电和摩擦带电。

1）直接传导带电

直接传导带电指废物与传导电极直接接触，导电性好的废物颗粒将获得和电极极性相同的电荷而被电极排斥，而导电性很差或极差的废物颗粒只能被极化，在其表面上产生束缚电荷，靠近电极一端电荷的极性和电极的极性相反，另一端电荷的极性和电极极性相同，此时颗粒则被电极吸引。

2）感应带电

感应带电指废物颗粒不和带电电极或带电体直接接触，而仅在电场中受到电场的感应，导电性好的颗粒在靠近电极的一端产生和电极极性相反的电荷，另一端产生相同的电荷，且颗粒的这种电荷是可以移走的，如果移走的电荷和电极极性相同，则剩下的电荷便和电极极性相反，此时颗粒被吸向电极一边。

3）电晕带电

电晕带电指废物颗粒在电晕电场中的带电情况。电晕电场是不均匀电场，在电场中有两个电极：电晕电极（带负电）和滚筒电极（带正电），其中电晕电极的直径比滚筒电极小得多。当两电极间的电位差达到某一数值时，负极发出大量电子，并在电场中以很高的速度运动。当它们与空气分子碰撞时，便使空气分子电离。空气的负离子飞向正极，形成体电荷。导电性不同的废物颗粒进入电场后，都获得负电荷，但它们在电场中的表现行为不同。导电性好的物质将负电荷迅速传给正极而不受正极作用；导电性差的物质由于传递电荷速度很慢，而受到正极的吸引作用，利用这一差异能够分离导电性不同的物质。目前生产实践中的大多数电选机都是利用这种原理分选导电性不同的物质。图 14-29 所示为废物颗粒在电晕电场中的分离过程。

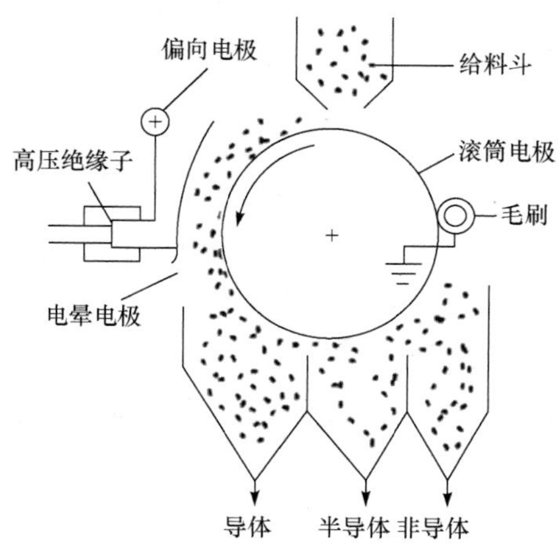

图 14-29　废物颗粒在电晕电场中的分离过程

4）摩擦带电

摩擦带电指由于废物颗粒相互之间以及颗粒与给料运输设备的表面发生摩擦而使废物颗粒带电的带电方式。如果不同的废物颗粒在摩擦时能获得不同符号的足够的摩擦电荷，则进入电场中也可把它们分开。

2. 电选设备

目前使用的电选机，按电场特征主要分为：静电分选机和复合电场分选机两种。

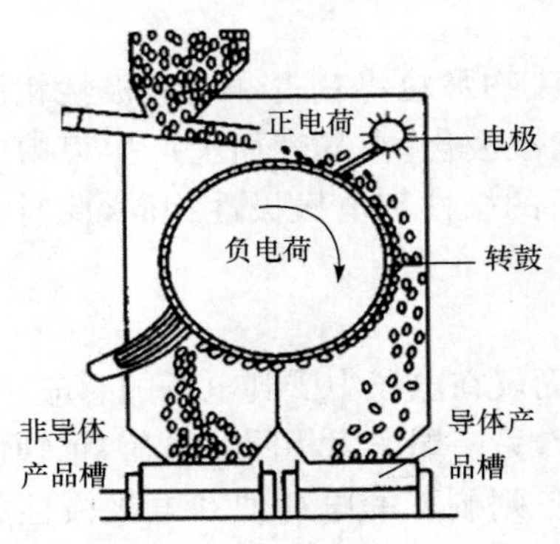

图 14-30 静电分选机结构和工作原理图

1）静电分选机

图 14-30 所示为静电分选机的结构与工作原理示意图。静电分选机中废物的带电方式为直接传导带电。废物通过电振给料机均匀地给到带电滚筒（传导电极）上，导电性好的废物将获得和带电滚筒相同的电荷而被滚筒排斥落入导体产品收集槽内。导电性差的废物或非导体与带电滚筒接触后被极化，在靠近滚筒一端产生相反的束缚电荷而被滚筒吸住，随滚筒带至后面被毛刷强制刷落进入非导体产品收集槽，从而实现不同电性的废物分离。

2）复合电场分选机

图 14-31 所示为复合电场分选机的结构和工作原理示意图。复合电场分选的电场为电晕-静电复合电场。

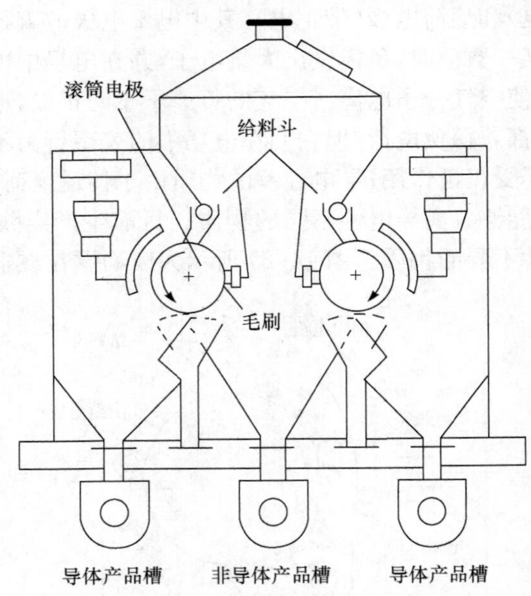

图 14-31 YD-4 型高压电选机结构和工作原理图

14.3.6 摩擦与弹跳分选

摩擦与弹跳分选是根据固体废物中各组分摩擦系数和碰撞系数的差异，在斜面上运动或与斜面碰撞弹跳时产生不同的运动速度和弹跳轨迹而实现彼此分离的一种处理方法。

1. 分选原理

固体废物从斜面顶端给入，并沿着斜面向下运动时，其运动方式随颗粒的形状或密度不同而不同，其中纤维状废物或片状废物几乎全靠滑动，球形颗粒有滑动、滚动和弹跳三种运动方式。

2. 分选设备

摩擦与弹跳分选设备有带式筛、斜板运输分选机和反弹滚筒分选机三种。

14.3.7　光电分选

利用物质表面光反射特性的不同而分离物料的方法称为光电分选，图 14-32 是光电分选过程示意图。

光电分选系统由给料系统、光检系统和分离系统 3 部分组成。给料系统包括料斗、振动溜槽等。固体废物入选前，需要预先进行筛分分级，使之成为窄粒级物料，并清除废物中的粉尘，以保证信号清晰，提高分离精度。分选时，使预处理后的物料颗粒排队呈单行，逐一通过光检区，保证分离效果。

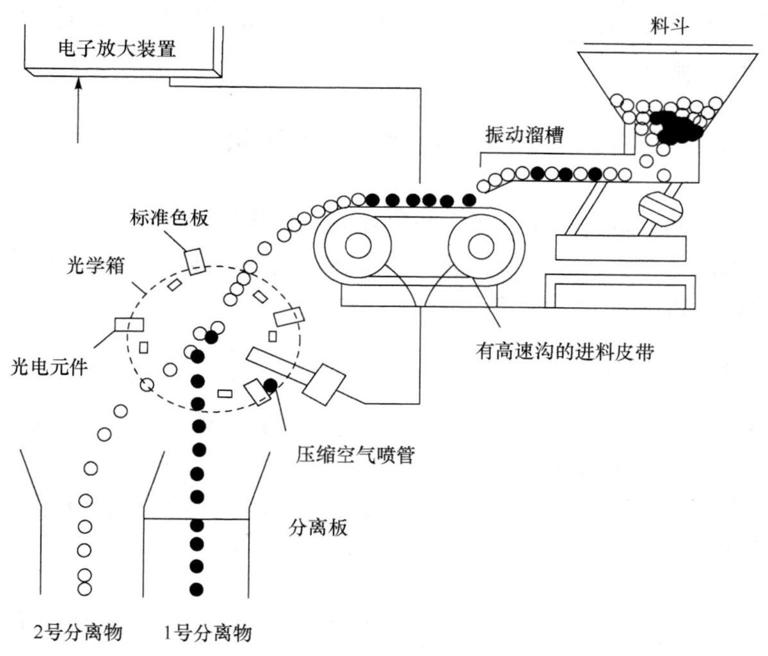

图 14-32　光电分选机分选原理图

14.3.8　涡电流分选

这是一种在固体废物中回收有色金属的有效方法，具有广阔的应用前景。当含有非磁导体金属（如铅、铜、锌等物质）的废物流以一定的速度通过一个交变磁场时，这些非磁导体金属内部会产生感应涡流。由于废物流与磁场有一个相对运动的速度，从而对产生涡流的金属片（块）具有推力。排斥力随废物的固有电阻、磁导率等特性及磁场密度的变化速度及大小而异，利用此原理可使一些有色金属从混合废物流中分离出来。分离推力的方向与磁场方向及废物流的方向均呈 90°，图 14-33 所示为按此原理设计的涡流分离器。

图 14-33 中感应器为直线感应器，在此感应器中由三相交流电在其绕组中产生一交变的直线移动的磁场，此磁场的方向与输送机皮带的运动方向相垂直。当皮带上的废物从感应器下通过时，废物中的有色金属将产生涡电流，从而产生向带侧运动的排斥力。此分离装置由上

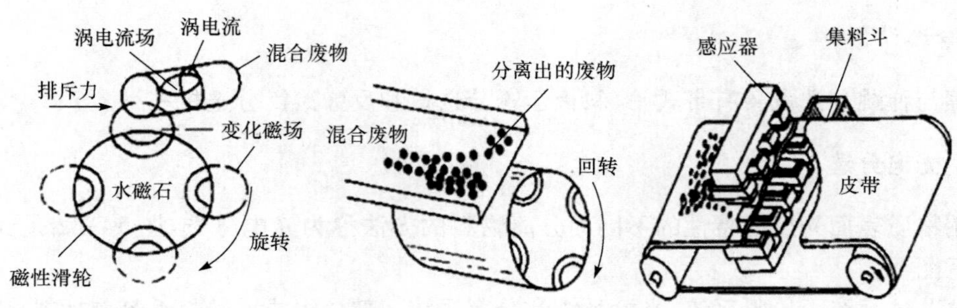

图 14-33　涡流分离器分离原理图

下两个直线感应器组成，能保证产生足够大的电磁力将废物中的有色金属推入带侧的集料斗中。当然，此种分选过程带速不宜过高。另外，也有利用旋转变化磁场与有色金属的相互作用原理而设计的涡电流分离器。各种类型的涡电流分离器都具有操作简便、耗电量低的特点。在工业发达国家的实验生产中取得了良好的分选效果。

14.4　固体废物的脱水

固体废物的脱水问题常见于城市污水与工业废水处理厂的污泥处理以及类似于污泥含水率的其他固体废物的处理过程。按所含成分的不同，需脱水处理的固体废物分为两大类：以无机物为主要成分的无机泥渣或沉泥，以有机物为主要成分的有机泥渣或污泥。

1. 水分存在形式及脱除方法

需脱水处理的固体废物的种类较多，按废水的性质和水处理方法有生活污水污泥、工业废水污泥和给水污泥。按来源有初次沉淀污泥、剩余污泥、熟污泥和化学污泥。按成分和某些性质又有有机污泥和无机污泥，亲水性污泥和疏水性污泥等。按污泥处理的不同阶段有生污泥、浓缩污泥、消化污泥、脱水污泥和干化(燥)污泥等。

1）水分存在形式

污泥中所含的水分，按它的存在形式，可分为间隙水、毛细结合水、表面吸附水和内部水 4 种。

2）常用的脱水方法

固体废物脱水方法很多，但概括起来主要有浓缩脱水、机械脱水和干燥等。不同的脱水方法，其脱水装置、脱水效果都有所不同，表 14-2 所示为固体废物常用的脱水方法及效果。

表 14-2　固体废物常用的脱水方法及效果

脱水方法		脱水装置	脱水后含水率/%	脱水后状态
浓缩脱水		重力浓缩机、气浮浓缩机、离心浓缩机	95～97	近似糊状
自然干化法		自然干化场、晒砂场	70～80	泥饼状
机械脱水	真空过滤	真空转鼓、真空转盘等	60～80	泥饼状
	压力过滤	板框压滤机	45～80	泥饼状
	滚压过滤	滚压带式压滤机	78～86	泥饼状
	离心过滤	离心机	80～85	泥饼状
干燥法		各种干燥设备	10～40	粉状、粒状
焚烧法		各种焚烧设备	0～10	灰状

2. 污泥的消化与调理

为了改善污泥脱水性能，提高机械脱水设备的处理能力，污泥浓缩或脱水前常常采用消化或化学调理等方法进行预处理。

1）污泥的消化

污泥的消化是在人工控制下，通过微生物的代谢作用使污泥中的有机物质稳定化的方法。污泥消化分为厌氧消化（生物还原处理）和好氧消化（生化氧化处理）两种。

(1) 厌氧消化。经厌氧消化处理后的污泥称为消化污泥。这种污泥稳定，卫生学上安全无臭，除特殊情况外比生污泥脱水性好，其原因是生污泥含有较多的易堵塞滤布的黏性物质，而消化污泥减少了黏性物质，又易除去污泥中结合水，所以脱水性能得到改善。

图 14-34 所示为目前正在采用的两种厌氧消化工艺：标准消化法和快速消化法。采用搅拌措施的消化法称为快速消化法（通过机械方式搅拌或利用池内液体或消化产生的气体循环搅拌），通常的方法则称为标准消化法。因此，快速消化法厌氧池内物料、温度分布更均匀，消化时间更短，一般只需 10～20 天，而标准消化法需 30 天才能达到同样效果。

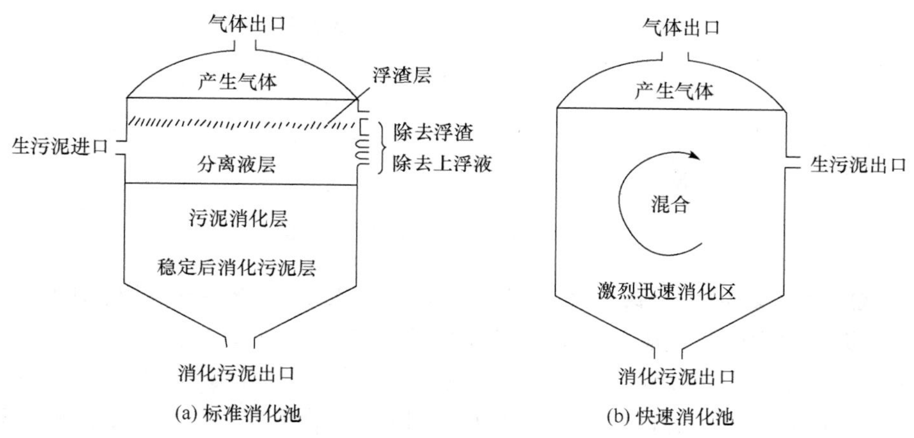

图 14-34　标准消化池及快速消化池工作原理图

图 14-34(a)中是一级标准消化池。在一天内从 2～3 个入口将生污泥分 2～3 次加入池内，随着分解进程逐渐明显地分为三层，自上而下依次为浮渣层、分离液层和污泥层。污泥层的上部仍在活泼地进行消化，下层已比较稳定。稳定化后的污泥最后沉积于池底。

图 14-34(b)是一级快速消化池。需脱水处理时，消化池后还应设置其他的浓缩装置。这种池子混合均匀、操作性能好，可以解决池内沉淀问题，故逐渐被推广使用。

图 14-35 所示为两级污泥消化法示意图。由于它能在各种负荷条件下操作，故不能确定是属于标准消化法还是快速消化法。在第二消化池内污泥沉降浓缩分离的同时，仍可产生一部分气体。该消化对初沉污泥或混有少量二次沉淀污泥的混合污泥的厌氧消化，运转效果都很好。对活性污泥或其他深度处理废水的污泥，用两级厌氧消化时，操作费用高，设备效率也低。主要是由于这类污泥消化后难以沉淀分离。

图 14-36 所示为厌氧接触消化法，这是活性污泥法用于厌氧处理的形式。从第一快速消化池排出的污泥在第二消化池内沉降处理，而从第二消化池底部引出的微生物，再返回第一消化池作为生污泥的菌种。这种工艺比快速消化法分解速度更快。

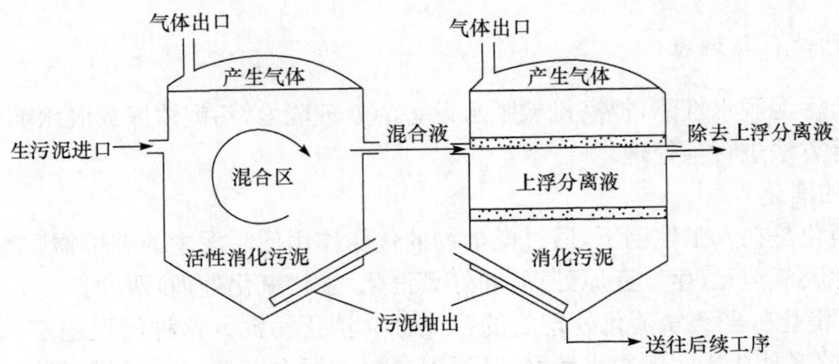

图 14-35　污泥两级厌氧消化示意图

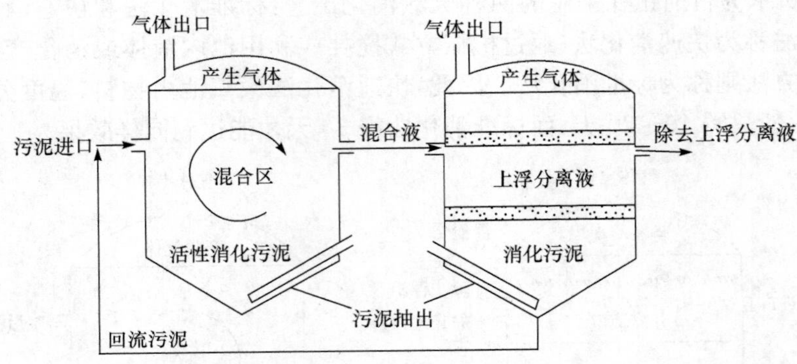

图 14-36　厌氧接触消化工作原理图

需要注意，碱金属、碱土金属、重金属等盐类，氨、硫化氢、甲醇等有机物及阴离子表面活性剂(如硬质洗涤剂 ABS，软质洗涤剂 LAS)等类物质有抑制厌氧消化的作用。

(2) 好氧消化。厌氧消化有不少优点并且操作容易、运转费用低。但厌氧消化建筑占地面积大，投资高(消化池投资占全厂基建费用 1/3 以上)，分离液呈褐色、悬浮物浓度高，BOD 高达数百到数千，消化系统易受生物变异影响，会产生恶臭等。好氧消化可避免厌氧消化的许多缺点，所以其逐渐引起人们的重视。特别在处理容量较小、使用厌氧消化很不经济的情况下，往往采用好氧消化法。好氧消化法可以看作是一种湿式快速堆肥化过程。图 14-37 所示为好氧消化池工艺示意图。

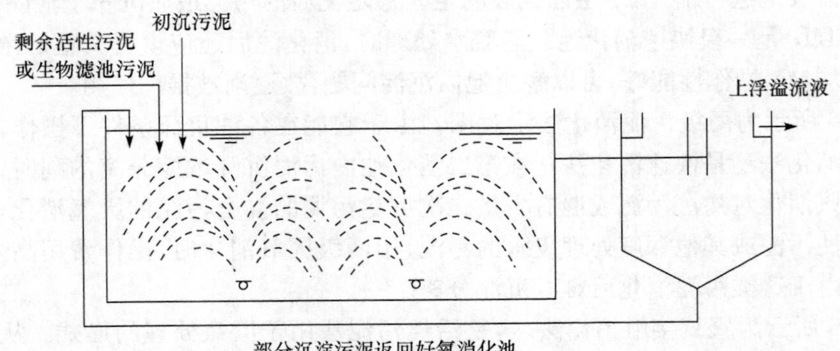

图 14-37　好氧消化池工艺示意图

2）污泥的调理

污泥调理方法主要有污泥淘洗、化学调理、加热加压调理和冷冻熔融调理等。

（1）污泥淘洗。污泥淘洗是将污泥与 3～4 倍污泥量的水混合而进行沉降分离的一种方法。

污泥淘洗工艺可分为单级洗涤、二级或多级串联洗涤及逆流洗涤等多种形式，其中二级串联逆流洗涤效果最好，其工艺如图 14-38 所示。

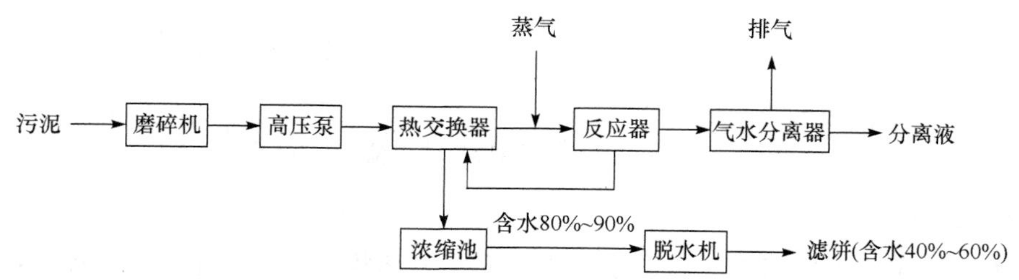

图 14-38　污泥高温加压调理典型流程

（2）化学调理。化学调理是在污泥中加入适量的混凝剂、助凝剂等化学药剂，使污泥颗粒絮凝，改善污泥脱水性能。

（3）加热加压调理。对污泥进行加热加压调理，可使部分有机物分解及使亲水性有机胶体物质水解，颗粒结构改变，从而改善污泥的浓缩与脱水性能。

（4）冷冻融化调理。冷冻融化调理是将污泥交替进行冷冻与融化来改变污泥的物理结构，使污泥胶体脱稳凝聚，细胞膜破裂，细胞内部水分得到游离，从而提高污泥的脱水性能。

3. 污泥浓缩

污泥的浓缩脱水主要是为了去除污泥中的间隙水，缩小污泥的体积，为污泥的输送、消化、脱水、资源化利用等创造条件。

1）重力浓缩

重力浓缩的构筑物称为浓缩池。按其运行方式可分为间歇式浓缩池和连续式浓缩池两类。图 14-39 所示为国内有些工厂采用的间歇式浓缩池示意图。

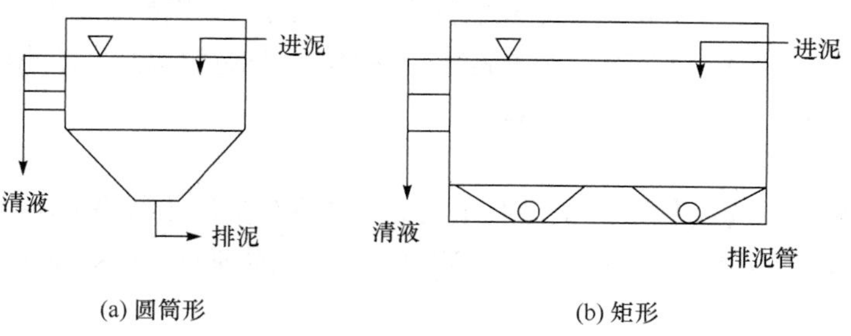

(a) 圆筒形　(b) 矩形

图 14-39　间歇式浓缩池示意图

2）气浮浓缩

气浮浓缩与重力浓缩正好相反，它是依靠大量微小气泡附着在污泥颗粒上，形成污泥颗粒-气泡结合体，进而产生浮力，把污泥颗粒带到水表面，用刮泥机刮除的过程。污泥气浮浓缩的典型工艺流程如图 14-40 所示。

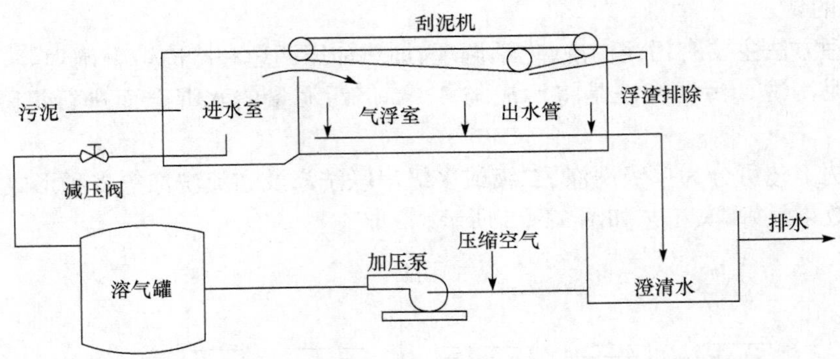

图 14-40 污泥气浮浓缩流程

3）离心浓缩

目前用于污泥浓缩的离心分离设备主要有倒锥分离板型离心机和螺旋卸料离心机两种，如图 14-41 所示。

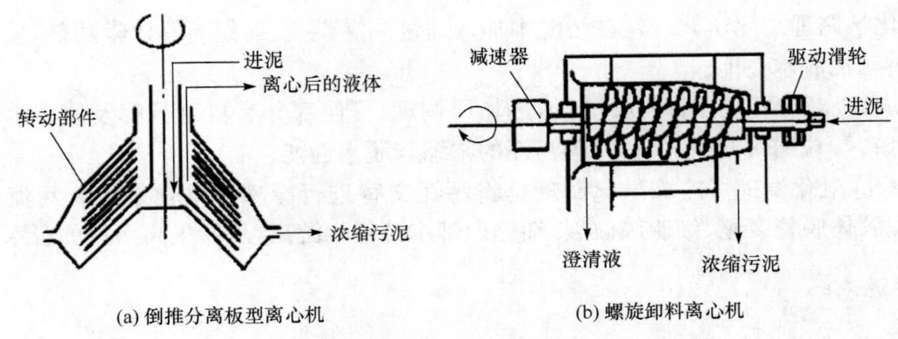

图 14-41 污泥离心浓缩机示意图

4. 机械过滤脱水

机械过滤脱水的主要方法有三种：①采取加压或抽真空将过滤层内液体用空气或蒸气排除的通气脱水法；②靠机械压缩作用的压榨法，它往往以浓度很高的污泥、半固体原料及滤饼为操作对象；③用离心力作为推动力除去料层内液体的离心脱水法。过滤污泥的机械脱水设备按作用原理又可分为真空式、压滤与离心式三种。

1）真空过滤脱水机

真空过滤机是目前应用较多的机械脱水设备，它是在负压下操作的脱水过程。在含水固体废物脱水中，国内常用的是转鼓式真空抽滤机，其工作原理与操作系统如图 14-42 所示。

2）压滤机

压滤是在外加一定压力的条件下使含水固体废物过滤脱水的操作，可分为间歇型与连续型两种。间歇型的典型压滤机为板框压滤机，连续型的为带式压滤机。

3）离心脱水机

利用离心力取代重力或压力作为推动力对污泥进行沉降分离、过滤及脱水的设备称为离心脱水机。常用的离心脱水机为转筒式。图 14-43 所示为卧式螺旋转筒离心机的结构示意图。

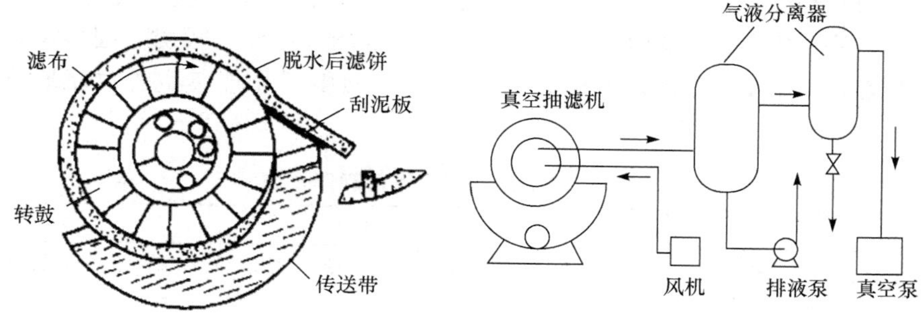

图 14-42　真空抽滤系统

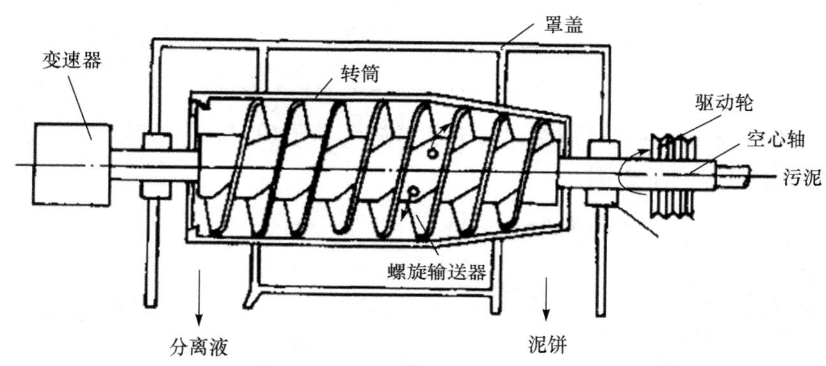

图 14-43　卧式螺旋转筒离心机的结构示意图

图 14-44 所示为圆锥形离心脱水机结构示意图，其转筒为圆锥形，主体部件有转筒（1200～1900r/min）、随转筒同步旋转的内部螺旋输送器和转速比转筒大 10～20r/min 的主螺旋输送器组成。污泥由中心输泥管送入分离液室，然后被分离成澄清液和泥饼。在分离室内，液体越接近分离液出口，其离心力越大。浓缩污泥排出方向与分离液排出方向相同，因此，它的离心力也逐渐增大，结果提高了污泥的脱水效果。污泥被浓缩后，被推送到设置外筒里的主螺旋输送器上，并在推到滤饼排出口过程中继续缓慢地脱水，最后从滤饼出口排出。

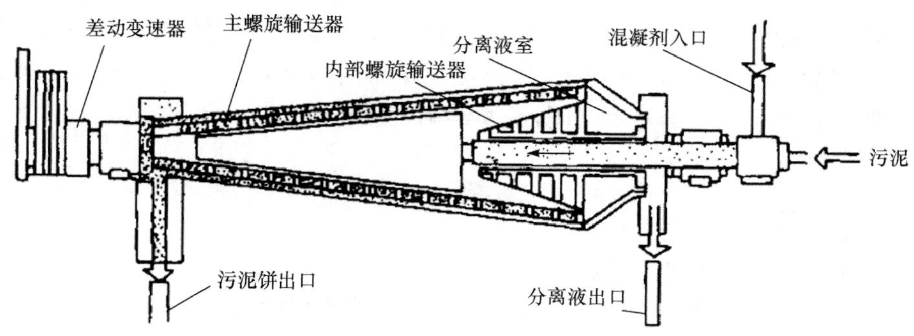

图 14-44　圆锥形离心脱水机结构示意图

5. 干燥

污泥脱水滤饼仍含有 45%～86%的水分，其用作肥料或土壤改良剂回用于农田时水分偏高，不利于分散及装袋运输，因而必须通过干燥等操作将滤饼水分降到 20%～40%及以下。

干燥是通过加热使潮湿滤饼中水分蒸发，也就是随着相变化使水分离出去，同时进行传热和传质扩散过程的操作。干燥器有三种加热方式：对流、传导与辐射。固体废物干燥过程多采用对流加热，对流加热又分为多种炉型。表 14-3 列出了几种典型的对流加热干燥器的操作特性。

表 14-3　对流加热干燥器的操作特性

类型	操作特性
多膛转盘干燥器	待干燥的物料布撒于一组纵向排列的转盘的顶盘上，通过耙齿使物料逐级向下层转盘传送，高温气体由下向上流动
循环履带干燥器	待干燥的物料连续地布撒在网孔水平输送带上，使之通过逆向高温气流的水平干燥器
旋转筒干燥器	待干燥的物料连续地向慢速旋转的倾斜圆筒干燥器上端进料口供料，由下端引入高温气流，形成逆流
流化床干燥器	物料由上向下均匀撒布于垂向圆筒干燥器，高温气体由下向上吹入，使物料颗粒形成流态化
喷撒干燥器	待干燥的物料向干燥室喷撒，为雾状下落，干燥介质可以顺流、逆流或错流引入

在固体废物的干燥操作中，目前用得较多的是旋转筒干燥器和带式流化床干燥器。图 14-45 所示为旋转筒干燥器结构示意图。

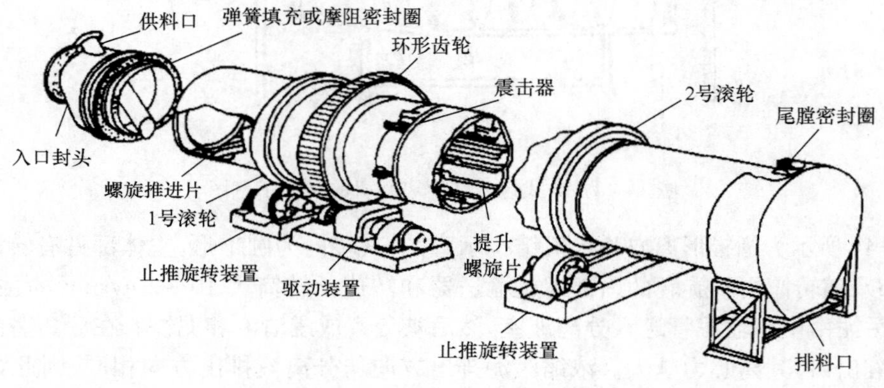

图 14-45　旋转筒干燥器结构示意图

旋转筒干燥器主要部件是与水平线稍有倾角安装的旋转圆筒，物料由上向下，高温气由下向上成逆流操作。随圆筒的旋转，物料在筒内壁的螺旋板推动与分散作用下，连续地从上端向下端传输，并由出口排出。一般情况下，物料在干燥器内停留时间为 30～40min，通过调节物料排出量控制物料或干燥气的停留时间，干燥器尾端装有带排。

思考题及习题

14-1　简述固体废物压实原理，如何选择压实设备？

14-2　影响破碎效果的因素有哪些？如何根据固体废物的性质选择破碎方法？

14-3　破碎机选择时应考虑哪些因素？为什么？

14-4　如何评价筛分设备的使用效果？怎样计算筛分效率？其影响因素有哪些？

14-5　如何选择筛分设备？

14-6　根据固体废物(矿业固体废物、城市垃圾、冶金工业废物、农业固体废物)中各组分的性质，如何组合分选工艺系统？

14-7　固体废物中的水分主要包含几类？采用什么方法脱除水分？

第 15 章　固体废物的物化处理

15.1　浮　　选

15.1.1　浮选原理

浮选是根据不同废弃物在水中亲水性差异的原理对废弃物进行筛选的方法。将废弃物丢入水调制的浆料中，加入浮选药剂，鼓入空气形成大量的气泡，能浮于水表面气泡层的物质被刮除收回，易浸水的物质则沉到矿浆底部被处理，从而达到将废弃物分类的目的。

15.1.2　浮选工艺

浮选工艺包括以下程序：浮选前料浆的调制（主要是废物的破碎、磨碎等）→ 加药调整（搅拌）→ 充气浮选→浓缩、脱水→产品。

（1）调浆：浮选前料浆浓度的调节是一个重要的步骤，它关系到能不能有效地达到预期浮选效果。

（2）调药：浮选过程药剂的调整，包括提高药效、合理添加、混合用药、料浆中药剂浓度调节与控制等。

（3）调泡：浮选气泡的调节。气泡越小，数量越多，气泡在料浆中分布越均匀，料浆的充气程度越好，为欲浮颗粒提供的气液界面越充分，浮选效果越好。

15.1.3　浮选类型

（1）优先浮选：将固体废物中有用物质依次一种一种地选出，成为单一物质产品。

（2）混合浮选：将固体废物中有用物质共同选出为混合物，然后再把混合物中有用物质一种一种地分离。

15.1.4　浮选设备

浮选机的种类很多，其主要差别有充气方式不同（吸入或压入）、搅拌方式不同、槽体形状不同（方形、圆形、上方下锥形等）、料浆和空气在槽内的运动方式不同。

浮选机的主要类型：机械搅拌式浮选机、充气搅拌式浮选机、充气式浮选机、气体析出式浮选机。XJK 型机械搅拌式浮选机在我国使用最广。浮选技术经济指标的好坏，与浮选机的性能密切相关。图 15-1 为浮选机原理图。

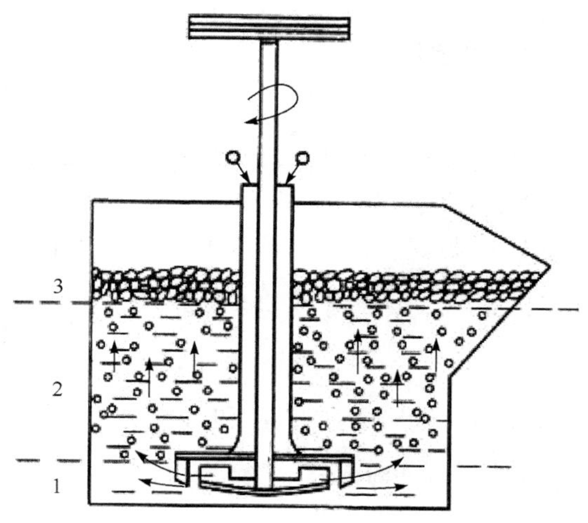

图 15-1　浮选机原理图
1. 搅拌区；2. 分离区；3. 泡沫区

浮选法的主要缺点：有些工业固体废物浮选前需要破碎和磨碎到一定的细度；要消

耗一定数量的浮选药剂，易造成环境污染或增加相配套的净化设施；需要一些辅助工序（如浓缩、过滤、脱水、干燥）等。

15.2 稳定化/固化处理

固化（solidification）：在危险废物中添加固化剂，使其转变为不可流动固体或形成紧密固体的过程。

15.2.1 固化

1）衡量指标

对固化处理的基本要求：①抗浸出性；②抗干湿性、抗冻融性；③耐腐蚀性、不燃性；④抗渗透性（固化产物）；⑤足够的机械强度（固化产物）。

2）固化技术

固化技术按照固化剂分类可分为：水泥固化、沥青固化、塑料固化、玻璃固化、石灰固化。

衡量固化处理效果的指标有浸出率和增容比。

浸出率：固化体浸于水中或其他溶液中时，其中有害物质的浸出速度。

$$R_{in}=\frac{a_r/A_0}{(F/M)t} \tag{15-1}$$

式中：R_{in}——标准比表面积的样品每天浸出的有害物质的浸出率，g/(d·cm^2)；

a_r——浸出时间内浸出的有害物质的量，mg；

A_0——样品中含有的有害物质的量，mg；

F——样品暴露的表面积，cm^2；

M——样品的质量，g；

t——浸出时间，d。

增容比：固化体体积与被固化有害废物体积的比值，即

$$c=\frac{V_2}{V_1} \tag{15-2}$$

15.2.2 稳定化

1）原理

利用化学药剂通过化学反应使有毒有害物质转变为低溶解性、低迁移性及低毒性物质的过程。

2）目前发展的化学药剂稳定化技术

pH 控制技术、氧化/还原电势控制技术、沉淀技术、吸附技术、离子交换技术等。

15.3 典 型 案 例

钨的矿物可分为白钨矿和黑钨矿两大类。一般来说白钨矿要比黑钨矿易浮得多。

15.3.1 白钨矿浮选

1）白钨矿的浮选方法

白钨矿由于常和各种钙镁的磷酸盐、硫酸盐、碳酸盐、氟化物共生，它们的可浮性相似，往

往难以选出合格精矿。在白钨矿床中,往往也有一些共生矿物(如锡、钼等),这些共生矿物在重选过程中都会进入到白钨精矿,影响精矿的质量,因此,在白钨矿浮选时,也有钨锡和钨钼分离的问题。白钨矿与锡石的分离,可以用电选,也可以用浮选。浮选分离时,用脂肪酸捕收白钨矿,用水玻璃抑制锡石。当白钨矿含有钼时,由于钼的可浮性好,可先浮钼矿,然后再浮白钨矿。

2) 白钨矿浮选实例

某钨矿原矿中主要金属矿物有自然金、辉锑矿、白钨矿、含金黄铁矿,其次是黄铁矿、黑钨矿、闪锌矿等。主要脉石矿物有石英,其次有方解石、磷灰石、叶蜡石等。白钨矿一般呈粗粒状和不规则块状产于石英脉中,有时也呈薄层状及片状赋存于辉锑矿中,还有少量呈细线状产于围岩中。

该厂用重-浮联合流程,重选与浮选均产白钨精矿。重选所产白钨精矿质量较高,接近特级品,浮选所得白钨精矿质量稍低,常与重选产品混合出厂。浮选作业的给矿为重选(摇床)尾矿。

15.3.2 黑钨矿的浮选

常见的黑钨矿物有钨锰铁矿(Fe,Mn)WO_4、钨铁矿($FeWO_4$)和钨锰矿($MnWO_4$)。它们是类质同象矿物。这三种矿物的可浮性顺序为:钨锰矿>钨锰铁矿>钨铁矿。

浮选黑钨矿常用的捕收剂有油酸、磺丁二酰胺、苯胂酸和膦酸。水杨氧肟酸也是浮黑钨矿很有前途的捕收剂。油酸的捕收力较强,但选择性较差。

用油酸浮选黑钨矿的 pH 与白钨矿相似,以碳酸钠作调整剂。用苯胂酸、膦酸类浮选黑钨矿,都在酸性介质中进行,所使用的调整剂为硫酸或盐酸,常用硝酸铅作活化剂。

思考题及习题

15-1 简述不同种类的固废物化处理。

15-2 简述固废物化处理需要考虑的因素。

15-3 物化处理应该满足什么样的条件?

第 16 章 固体废物的生物处理

16.1 堆肥和有机废物生物处理过程的基本生物原理

16.1.1 有机废物生物处理过程的基本生物原理

1. 微生物生长所需的营养条件

为了能维持正常的新陈代谢和生长繁殖功能，微生物必须要获得能源、碳源以及无机盐如N、P、S、K、Ca、Mg，有时还需要生长因子（即某些在微生物生长过程中不能自身合成的，同时又是生长所必需的、须由外界所供给的营养物质）。

（1）能源和碳源。两种最常见的碳源是有机碳和 CO_2。利用有机碳来合成细胞物质的微生物称为异养微生物，利用 CO_2 来获得碳的称为自养微生物。从 CO_2 到细胞物质的转化过程是一个还原反应，需要吸收能量。因此，自养微生物在合成时会比异养微生物消耗更多的能量，从而导致了自养微生物的生长率往往较低。能利用太阳光作为能源的生物称为光能自养微生物，利用化学反应来获得能量的称为化能自养微生物。与光能自养微生物一样，化能自养微生物既有异养微生物（原生动物、真菌和大部分的细菌），又有自养微生物（硝化细菌）。可根据能源和碳源的不同，对微生物进行分类，结果见表 16-1。

表 16-1 微生物的分类（根据能源和碳源的不同）

类别	能源	反应	碳源
自养微生物	光能自养微生物 化能自养微生物	光能无机物的氧化反应	CO_2 CO_2
异养微生物	化能异养微生物 光能异养微生物	光能有机物的氧化反应	有机碳 有机碳

（2）无机盐和生长因子。除能源和碳源以外，无机盐往往也是微生物生长的限制因素。微生物所需的主要无机盐元素包括 N、S、P、K、Mg、Ca、Fe、Na 和 Cl，以及一些微量元素，如Zn、Mn、Mo、Se、Co、Cu、Ni 和 W。

除了上述无机盐以外，一些微生物在生长过程中还需要某些不能自身合成的，同时又是生长所必需的须由外界所供给的营养物质，这类物质称为生长因子。生长因子可分为 3 类：氨基酸类、嘌呤和嘧啶类、维生素类。

2. 微生物的代谢类型

根据代谢类型和对分子氧的需求，可将化能异养微生物作进一步的分类。好氧呼吸作用的过程是：首先在脱氢酶的作用下，基质中的氢被脱下，同时氧化酶活化分子氧，从基质中脱下的电子通过电子呼吸链的传递与外部电子受体分子氧结合成水，并放出能量。而在厌氧呼吸作用过程中，则没有分子氧的参与，因为厌氧呼吸作用所产生的能量少于好氧呼吸作用。正因为如此，异养厌氧微生物的生长速率低于异养好氧微生物的生长速率。

在好氧呼吸作用中，电子受体是分子氧。只能在分子氧存在的条件下依靠好氧呼吸来生存的微生物称为绝对好氧微生物。有些好氧微生物在缺氧时可以利用一些氧化物（如硝酸根离子、硫酸根离子等）作为电子受体来维持呼吸作用（表 16-2），其反应过程称为缺氧过程。

表 16-2　在细菌的呼吸过程中典型的电子受体

环境条件	电子受体	反应类型
有分子氧	分子氧	好氧呼吸
无分子氧	硝酸根离子	脱硝反应
	硫酸根离子	脱硫反应
	二氧化碳	产甲烷过程

3. 微生物的种类

根据细胞结构和功能的不同，微生物可分为真核微生物、真细菌和古细菌，如表 16-3 所示。在有机废物的生物反应过程中，起主要作用的是原核微生物（包括真细菌和古细菌）。为简化起见，在下文中都统称为细菌。真核生物还包括植物、动物和真菌等。在有机废物的生物反应过程中，起重要作用的真核生物包括真菌、酵母菌。考虑到上述微生物在有机废物的生物反应过程中的重要性，这些微生物在下面的章节中将有专门的论述。

表 16-3　微生物的分类

类别	细胞结构	特征	成员举例
真核生物	具有真正的细胞核	多细胞结构，并具有不同功能的组织	植物、动物
		单细胞或多细胞结构，没有组织差异	原生生物、藻类、真菌
真细菌	没有真正的细胞核	细胞结构和组成与真核生物相似	大部分的细菌
古细菌	没有真正的细胞核	独特的细胞结构和组成	产甲烷细菌、嗜盐细菌

4. 环境条件

环境条件如温度和 pH 对微生物的生长具有重要作用。尽管微生物往往能够在某个温度和 pH 范围内生存，但是最适宜微生物生长的温度范围和 pH 范围却很窄。温度低于最适宜温度时对细菌生长速率的影响作用要大于温度高于最适宜温度时。现已发现，当温度低于最适宜温度时，温度每升高 10℃，生长速率大约增加到原来的 2 倍。根据最适生长温度的不同，细菌可分为低温细菌、中温细菌和高温细菌三大类。上述每类细菌所能生存的典型温度范围如表 16-4 所示。

表 16-4　低温、中温、高温细菌的生长温度　（单位：℃）

种类	温度范围	最适温度
低温细菌	−10～30	15
中温细菌	20～50	35
高温细菌	45～75	55

16.1.2　堆肥化原理

好氧堆肥化过程实际上是有机废物的微生物发酵过程，其基本的生物化学反应过程与污水生物处理相似，但堆肥处理只进行到腐熟阶段，并不需有机物的彻底氧化，这一点与污水处理是不同的。一般认为堆料中易降解有机物基本上被降解即达到腐熟。有机物的好氧生物分解十分复杂，可以用下列通式来表示：

$$\text{有机物}+O_2+\text{营养物}\xrightarrow{\text{微生物}}\text{细胞质}+CO_2+H_2O+NH_3+SO_4^{2-}+\cdots+\text{抗性有机物}+\text{热量}$$

如果将固体废物中的有机物表示为 $C_aH_bO_cN_d$ 的形式，而难以进一步降解的抗性有机物（最终存在于堆肥产品中）表示为 $C_wH_xO_yN_z$，则好氧分解反应可以表示为

$$C_aH_bO_cN_d+\left(\frac{ny+2s+r-c}{2}\right)O_2\longrightarrow nC_wH_xO_yN_z+sCO_2+rH_2O+(d-nx)NH_3 \tag{16-1}$$

式中：$r=0.5[b-x-3(d-nx)]$；$s=a-nw$。

如果有机物完全分解，则反应式表示为

$$C_aH_bO_cN_d+\left(\frac{4a+b-2c-3d}{4}\right)O_2\longrightarrow aCO_2+\left(\frac{b-3d}{2}\right)H_2O+dNH_3 \tag{16-2}$$

以上两式表示的都是细胞的异化作用，即将有机物转化为其他物质的反应。根据上述化学计量式可以求出堆肥化生物分解过程的理论需氧量。

在生物代谢活动中，除上述异化作用外，还包括细胞物质的合成，即同化作用，其反应式可以表示为

$$nC_xH_xO_z+NH_3+\left(nx+\frac{ny}{4}-\frac{nz}{2}-5x\right)O_2\longrightarrow C_5H_7NO_2+(nx-5)CO_2+\frac{ny-4}{2}H_2O \tag{16-3}$$

细胞物质的分解，即内源呼吸可以表示为

$$C_5H_7NO_2+5O_2\longrightarrow 5CO_2+2H_2O+NH_3 \tag{16-4}$$

16.1.3 堆肥化生物动力学基础

在堆肥过程中，微生物的生长乃至细菌种群的繁殖和生物的活性（即分解有机物的速度）与堆体的温度有重要的相关性。随着物料中微生物活动的加剧，其分解有机物所释放的热量增大，当所释放出的热量大于堆肥的热耗时，堆肥温度将明显升高，反之亦然。因此，微生物的生长速率和有机物的分解速率（营养基质的消耗速率）对于研究和了解堆肥过程非常重要，有许多数学模型用来描述这一速率，其中，最著名的有 1942 年 Monod 提出的抛物线模型：

$$\frac{dS}{dt}=-\frac{k_mSX}{K_s+S} \tag{16-5}$$

式中：$\frac{dS}{dt}$——基质的消耗速率[质量/(体积·时间)]；

X——微生物浓度（质量/体积）；

S——基质浓度（质量/体积）；

k_m——最大比增长率，高浓度营养物中最大基质消耗速率[细胞质量/(基质质量·时间)]；

K_s——半值系数，也称为 Michaelis-Menten 系数（质量/体积），即比增长率达到最大比增长率一半时的基质浓度。

使用该模型时，假设基质进入细胞没有速度的限制。在高浓度基质中，细胞酶系统和基质处于饱和状态，物料的转化非常迅速，增加基质浓度不会再引起基质消耗速率的增加，即 $S\gg K_s$，

式(16-5)可以简化为

$$\frac{\mathrm{d}S/\mathrm{d}t}{x}=-k_{\mathrm{m}} \tag{16-6}$$

这是关于基质浓度的零级反应方程式。反之，在低浓度基质中，基质的供给成为控制步骤，假设 $S \ll K_{\mathrm{s}}$，则 Monod 模型可以简化为

$$\frac{\mathrm{d}S/\mathrm{d}t}{x}=-\frac{k_{\mathrm{m}}}{K_{\mathrm{s}}}S \tag{16-7}$$

这是关于基质浓度的一级反应方程式。当 $S=K_{\mathrm{s}}$ 时，Monod 模型可以简化为

$$\frac{\mathrm{d}S/\mathrm{d}t}{x}=-\frac{k_{\mathrm{m}}}{2} \tag{16-8}$$

因此，半值系数 K_{s} 对应于单位微生物质量的基质消耗速率等于最大基质消耗速率 K_{m} 一半时的基质浓度。

基质的消耗与微生物的增殖有关，其关系可以用式(16-9)表示：

$$\frac{\mathrm{d}x}{\mathrm{d}t}=Y_{\mathrm{m}}\left(-\frac{\mathrm{d}S}{\mathrm{d}t}\right)-k_{\mathrm{e}}X \tag{16-9}$$

式中：$\frac{\mathrm{d}x}{\mathrm{d}t}$——微生物的增殖速率[质量/(体积·时间)]；

Y_{m}——增殖系数(微生物质量/基质质量)；

k_{e}——内源呼吸系数(时间$^{-1}$)。

将 Monod 模型代入式(16-9)，可以得到微生物的增殖方程：

$$\frac{\mathrm{d}x}{\mathrm{d}t}=Y_{\mathrm{m}}\frac{k_{\mathrm{m}}SX}{K_{\mathrm{s}}+S}-k_{\mathrm{e}}X \tag{16-10}$$

或

$$\frac{\mathrm{d}x/\mathrm{d}t}{X}=\frac{Y_{\mathrm{m}}k_{\mathrm{m}}S}{K_{\mathrm{s}}+S}-k_{\mathrm{e}} \tag{16-11}$$

式中：$\frac{\mathrm{d}x/\mathrm{d}t}{X}$——微生物的有效增殖速率，用 μ 表示；

$Y_{\mathrm{m}}k_{\mathrm{m}}$——最大有效增殖速率，用 μ_{m} 表示。将 μ_{m} 代入式(16-11)可得

$$\mu=\frac{\mu_{\mathrm{m}}S}{K_{\mathrm{s}}+S}-k_{\mathrm{e}} \tag{16-12}$$

这就是最常见的表示微生物增殖速率的 Monod 抛物线模型。使用该式描述微生物的动力学特性时，需要根据基质性质、微生物种类和生长条件等，确定四个动力学常数，即 Y_{m}、k_{m}、K_{s} 和 k_{e}。这四个常数均需要用实验方法求得，但在一般情况下可以给出这些参数的数值范围。

Y_{m}：对于好氧微生物 Y_{m}＝0.25～0.5g(cell)/g(COD)；

对于厌氧微生物 Y_{m}＝0.04～0.2g(cell)/g(COD)；

k_{m}：在温度 25℃时，k_{m}＝1～2mol/[g(cell)·d]＝8～16g COD/[g(cell)·d]；

K_{s}：对于好氧微生物 K_{s}＝4～20mg(COD)/L；

对于厌氧微生物 K_{s}＝2000～5000mg(COD)/L；

k_{e}：对于间歇式料仓为 0.02～0.15g(cell)/[g(cell)·d]。

上述的 Monod 动力学方程式是对均相体系开发的模型，其中一个重要假设是基质向细胞的质量传递是没有速度限制的。但对于堆肥化这样的多相体系，则不能忽视基质传递速度的限制。所以，为进一步提高模拟的准确度，将堆肥过程看作是在多相体系中进行，考虑固液界面上的液膜扩散，对其传质速度用分子扩散的 Fick 定律来表示。

16.1.4 堆肥产品腐熟度评价方法

1. 物理方法

物理方法也称表观分析法，堆肥腐熟和稳定的表观特征为：温度下降至接近常温；外观呈茶褐色或暗灰色，无恶臭而有土壤的霉味，不再吸引蚊蝇；其产品呈现疏松的团粒结构；由于真菌的生长，其产品出现白色或灰白色菌丝。由于以上的诸多现象是凭经验观察堆肥的物理性状得到的结论，难以做定量分析，因此，此法只可作为定性的判定标准。

2. 化学方法

化学方法所包括的参数有：碳氮比、氮化合物、阳离子交换量、有机化合物和腐殖质 5 种，下面就各项目的主要特点和在评估中所起的作用以及存在的不足之处作简要分析。

(1) 碳氮比。固相 C/N 值是传统的最常用的堆肥腐熟评估方法之一。堆肥的固相 C/N 值由初始的(25～30)：1 或更高，降低至(15～20)：1 以下时，被认为堆肥达到腐熟。但其初始和最终的 C/N 值相差很大，使这一参数的广泛应用受到影响。

(2) 氮化合物。氨态氮(NH_4-N)、硝态氮(NO_3-N)及亚硝态氮(NO_2-N)的浓度变化，也是堆肥腐熟评估常用的参数。在堆肥初期，NH_3-N 含量较高，当堆肥结束时，此种物质的含量减少或消失，但 NO_3-N 含量增加，且数量最多，而 NO_2-N 的含量次之。

(3) 阳离子交换容量(CEC)。研究表明，阳离子交换容量能反映有机质降低的程度，是堆肥腐殖化程度和新形成的有机质的重要指标，可作为评价腐熟度的参数。Harada 等认为，CEC 和 C/N 之间有很高的负相关性($r=-0.903$)，这两者的关系式为

$$\ln(\mathrm{CEC})=6.02-1.02\ln(\mathrm{C/N}) \tag{16-13}$$

式中：CEC——阳离子交换容量；

C/N——物料碳、氮元素之比。

(4) 有机化合物。由于纤维素、半纤维素、有机碳、还原糖、氨基酸和脂肪酸等在堆肥过程中都发生变化，有些情况下也可以作为堆肥腐熟的指标。纤维素、半纤维素、脂类等通过成功的堆肥过程可降解 50%～80%，蔗糖和淀粉的利用接近 100%。在堆肥过程中，最易降解的有机质可能为微生物所利用而最终消失。

(5) 腐殖质。在堆肥过程中，原料中的有机质经微生物作用，在降解的同时还进行着腐殖化过程。

3. 生物活性法

反映堆肥腐熟和稳定情况的生物活性参数有：呼吸作用、微生物种群和数量以及酶学分析等。

4. *植物毒性分析法*

通过种子发芽和植物生长实验可直观地表明堆肥腐熟情况。

16.2　厌氧消化处理

有机物厌氧发酵依次分为液化、产酸、产甲烷三个阶段，如图 16-1 所示。每一阶段各有其独特的微生物类群起作用。液化阶段起作用的细菌称发酵细菌，包括纤维素分解菌、脂肪分解菌、蛋白质水解菌。产酸阶段起作用的细菌是乙酸分解菌。这两个阶段起作用的细菌统称为不产甲烷菌。产甲烷阶段起作用的细菌是产甲烷菌。

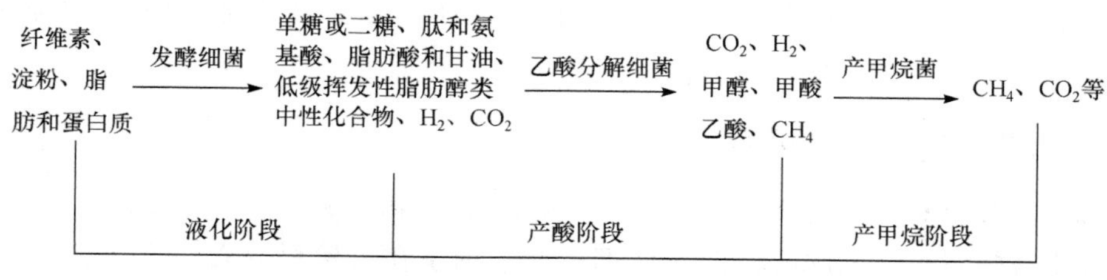

图 16-1　厌氧发酵的三个阶段

16.3　微生物浸出

16.3.1　细菌浸出机理

1. *浸矿细菌*

自 Colmer 等指出能浸出硫化矿中有价金属为硫杆菌属的一个新种以来又进行了大量的研究，现在一般认为主要有：氧化铁硫杆菌（*Thiobacillus concretivorus*）、氧化铁杆菌（*Ferrobacillus ferrooxidans*）、氧化硫铁杆菌（*Thiobacillus ferrooxidans*）。它们都属自养菌，经扫描电镜观察外形为短杆状和球状，能生长在普通细菌难以生存的较强的酸性介质里，通过对 S、Fe、N 等的氧化获得能量，从 CO_2 中获得碳，从铵盐中获得氮来构成自身细胞。常见矿物浸出细菌及其生理特性见表 16-5。

表 16-5　常见矿物浸出细菌及其生理特性

菌种	主要生理特性	最佳 pH
氧化铁硫杆菌	$Fe^{2+} \longrightarrow Fe^{3+}$，$S_2O_3^{2-} \longrightarrow SO_4^{2-}$	2.5～5.3
氧化铁杆菌	$Fe^{2+} \longrightarrow Fe^{3+}$	3.5
氧化硫铁杆菌	$S \longrightarrow SO_4^{2-}$，$Fe^{2+} \longrightarrow Fe^{3+}$	2.8
氧化硫杆菌	$S \longrightarrow SO_4^{2-}$，$S_2O_3^{2-} \longrightarrow SO_4^{2-}$	2.0～3.5
聚生硫杆菌	$S \longrightarrow SO_4^{2-}$，$H_2S \longrightarrow SO_4^{2-}$	2.0～4.0

2. 浸出机理

目前细菌浸出机理有两种学说，即化学反应说和细菌直接作用说。

1）化学反应说

这种学说认为，废料中所含金属硫化物，如 FeS_2 先被水中的氧氧化成 $FeSO_4$，细菌的作用仅在于把 $FeSO_4$ 氧化成化学溶剂 $Fe_2(SO_4)_3$，把浸出金属硫化物生成的 S 氧化为化学溶剂 H_2SO_4。

2）直接作用假说

这种学说认为，附着于矿物表面的细菌能通过酶活性直接催化矿物而使矿物氧化分解，并从中直接得到能源和其他矿物营养元素，满足自身生长需要。据研究，细菌能直接利用铜的硫化物（$CuFeS_2$、CuS）中低价铁和硫的还原能力，导致矿物结晶晶格结构破坏，从而易于氧化溶解。

16.3.2 细菌浸出处理放射性废渣

近年来，许多国家采用细菌浸出处理放射性废渣，取得了较大的进展，主要还是利用氧化硫杆菌、氧化铁杆菌和氧化铁硫杆菌来处理。这些细菌在自然界分布很广，只要有硫或 H_2S 存在，并且有水的地方，如含硫矿泉水、含硫化矿坑道水、下水道和沼泽地里就有可能存在这种细菌。一般经这种方法制取所需的大量浸出液来浸出废渣。

浸出过程中氧化硫杆菌能把硫单质氧化成 H_2SO_4。而氧化铁杆菌和氧化铁硫杆菌则以氧化 Fe^{2+} 来作为能源，在含有矿物盐类的酸性介质中生长。

16.4 固体废物的其他生物处理技术

这里主要介绍利用蚯蚓处理有机固体废物的相关技术。固体废物的蚯蚓分解处理是近年发展起来的一项主要针对农林废弃物、城市生活垃圾和污水处理厂污泥的生物处理技术。由于蚯蚓分布广、适应性强、繁殖快、抗病力强、养殖简单，可以大规模进行饲养与在野外自然增殖。故利用蚯蚓处理有机固体废物是一种投资少、见效快、简单易行且效益高的工艺技术。

1. 蚯蚓在垃圾处理中的作用

在垃圾的生物发酵处理中，蚯蚓的引入可以起到以下几方面的作用：①蚯蚓对垃圾中的有机物质有选择作用；②通过沙囊和消化道，蚯蚓具有研磨和破碎有机物质的功能；③垃圾中的有机物通过消化道的作用后，以颗粒状形式排出体外，利于与垃圾中其他物质的分离；④蚯蚓的活动可以改善垃圾中的水气循环，同时也使得垃圾和其中的微生物运动；⑤蚯蚓自身通过同化和代谢作用使得垃圾中的有机物质逐步降解，并释放出可为植物所利用的 N、P、K 等营养元素；⑥可以非常方便地对整个垃圾处理过程及其产品进行毒理监察。

2. 蚯蚓处理生活垃圾的工艺流程

生活垃圾的蚯蚓处理技术是指将生活垃圾经过分选，除去垃圾中的金属、玻璃、塑料、橡胶等物质后，经初步破碎、喷湿、堆沤、发酵等处理，再经过蚯蚓吞食加工制成有机复合肥料的过程。从收集垃圾到蚯蚓处理获得最终肥料产品的工艺流程如图 16-2 所示。

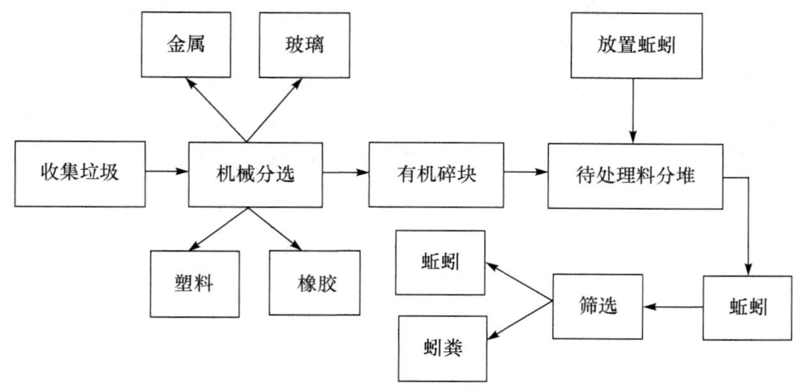

图 16-2　蚯蚓处理生活垃圾的工艺流程

16.5　固体废物生物处理典型案例

美国设置的 Metro 堆肥系统依次进行手选、回收、二级破碎、添加下水污泥、发酵及产品调整等操作过程。

首先由 12 人将从各户收集来的垃圾中的纸、有色金属、大的钢铁块及其他不能堆肥化的物质选出并加以回收(当回收的废纸价值很低时,可用来堆肥)。然后用锤式磨碎机破碎到 10cm 以下,用抽吸罩除去纸、塑料等轻质物质后,用磁选机去除(回收率约 23t/d)白铁皮,接着用二级锤式磨碎机破碎到 2.5cm 以下后,添加浓缩了的下水污泥,靠双螺旋运送机混合,污泥能提供垃圾分解必需的细菌,调整原料到适当的 C/N,也有加磷的效果。混合物水分保持在 60%~70%。加湿后垃圾用布料机给料到发酵仓(长 110m,宽 61m,深 2.44m,共 4 座),调节通风量,使仓内温度在最初 24h 内上升到 57℃。6 日发酵周期结束时,堆肥达到 74 ~77℃。料层靠装在导轨上的 15t 搅拌机翻堆,之后再用这个搅拌机将堆肥出料到皮带输送机,经粉碎机粉碎到 1.27cm 后,由旋转干燥器将水分干燥到 20%以下作为堆肥产品,此时细菌的活动停止。每月耗电量为 20 万 kW · h,干燥用天然气消耗量为 28 000m^3/d。

思考题及习题

16-1　什么是固体废物的生物处理技术?固体废物生物处理技术的主要特点是什么?

16-2　请说明堆肥化的定义和堆肥化的特点,并简要分析影响堆肥化发展的主要因素。

16-3　堆肥化过程可以分为几个阶段?各个阶段的主要特点是什么?

16-4　完整的堆肥化工艺过程主要包括几个处理单元?各个处理单元的特点是什么?

16-5　请简要分析堆肥化工艺的主要影响因素及其控制措施。

16-6　堆肥腐熟的意义是什么?有哪些方法可以测定堆肥是否腐熟?请简要说明。

16-7　某小区日产生活垃圾 2t,垃圾平均含水率 30%,拟采用机械堆肥法对该小区的垃圾进行处理。请根据以下条件计算每天实际需要供给的空气量。已知:垃圾中有机废物的量占 50%,有机废物的化学组成式为$[C_6H_7O_2(OH)_3]_5$;有机废物反应后的残留物为 40%,残留有机物的化学组成式为$[C_6H_7O_2(OH)_3]_2$;堆肥持续时间 5 天,5 天的需氧量分别为 20%、35%、25%、15%和 5%;空气含氧量为 21%,空气质量为 1.2kg/m^3;实际供气量是理论供气量的 2 倍。

16-8 垃圾堆肥化过程中可以通过堆肥回流调节与控制其含水率(如下图),其中:X_c 为垃圾原料的湿重;X_p 为堆肥产物的湿重;X_r 为回流堆肥产物的湿重;X_m 为进入发酵混合物料的总湿重;S_c 为原料中固体含量(质量分数,%);S_p(=S_r)为堆肥产物和回流堆肥的固体含量(质量分数,%);S_m 为进入发酵仓混合物料的固体含量(质量分数,%)。令 R_w 为回流产物湿重与垃圾原料湿重之比,称为回流比率;R_d 为回流产物的干重与垃圾原料干重之比。请分别推导 R_w 和 R_d 的表达式(用进出物料的固体含量表示)。

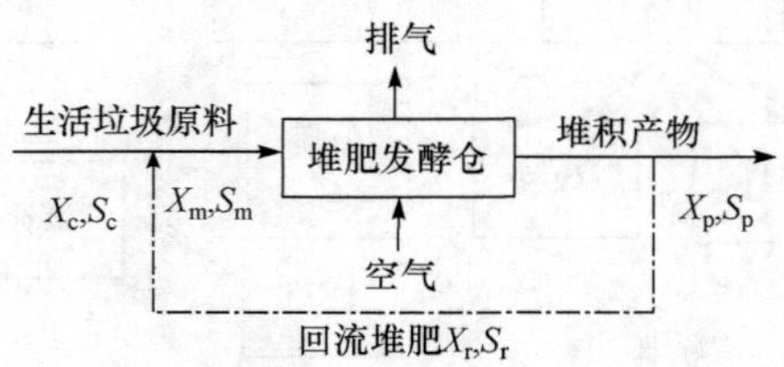

第 17 章　固体废物的热处理

固体废物的热处理对象主要是生产、生活垃圾及危险废物。国内外垃圾处理的现状根据实际情况的不同也不尽相同。在世界的发达国家，随着环保理念的推广，传统的卫生填埋方法渐渐淡出人们的视线，而生活垃圾堆肥和热处理工艺逐渐占有越来越重要的地位。相比而言，我国依然以卫生填埋为主，据统计，截至 2011 年年底，全国城市生活垃圾无害化处理率约为 77.9%，其中 60.7%为填埋、14.7%为焚烧、1.1%为堆肥。然而卫生填埋往往需要很大的场地，并且经过填埋后的场地在很长一段时间都不能再利用，这不能满足我国现有的国情。而堆肥法主要面临的问题是堆肥产物往往含有重金属等有毒有害物质，使得堆肥产物很难直接应用于实际生产。相比于卫生填埋和堆肥技术，包括焚烧在内的热处理技术不仅能有效减少固体废物的体积，还能回收利用固体废料中的有用组分，最终实现固体废物的无害化和资源化。可以断言，固体废物的热处理技术必将成为未来固体垃圾处理最有前途的手段之一。固体废物热处理利用的热处理技术主要包括高温下的焚烧、热解、焙烧、烧成、热分解、煅烧和烧结等。

17.1　焚烧处理

17.1.1　概述

固体废物焚烧是指在高温下将固体废物分解和深度氧化的处理过程。它是同时实现废物无害化、减量化、资源化的高温热处理技术。固体废物是否能采取焚烧处理，主要取决于其可燃性和热值。通常情况下，有害废物燃烧所需热值为 18 600kJ/kg，城市垃圾所需热值要大于 3350kJ/kg。由于焚烧处理具有减量化效果显著、无害化程度彻底等优点，其在固体废物的处理中得到了越来越广泛的应用。

17.1.2　焚烧原理

1. 燃烧与焚烧

通常把具有强烈放热效应、有基态和激发态的自由基出现并伴有光辐射的化学反应现象称为燃烧。人们常说的燃烧一般都是这种有焰燃烧。生活垃圾和危险废物的燃烧称为焚烧，它包括挥发、蒸发、分解、烧结、熔融和氧化还原等一系列复杂物理和化学反应，以及相应的传质和传热的综合过程。

2. 焚烧原理

可燃物质燃烧，特别是生活垃圾的焚烧过程，是一系列十分复杂的物理变化过程和化学反应过程，通常可以将焚烧过程划分为干燥、热分解、燃烧三个阶段。焚烧过程实际上是干燥脱水、热化学分解、氧化还原反应的综合过程。

3. 焚烧技术

焚烧技术主要包括层状燃烧技术、流化床燃烧技术和旋转燃烧技术三大类。其中层状燃烧技术是最基本的焚烧技术。层状燃烧过程稳定,技术较为成熟,应用非常广泛。流化燃烧技术也是一种较为成熟的固体废物焚烧技术,它是使媒介料和固体废物在焚烧过程中处于流化状态,并在流态化状态下进行固体废物的干燥、燃烧和燃尽的过程。流化燃烧技术较适宜焚烧处理低热值、高水分固体废物。旋转燃烧技术主要设备是回转窑焚烧炉,主要依靠固体废物自重落下,从而进行固体废物热烟干燥、燃烧和燃尽的过程。

4. 焚烧的主要影响因素

固体废物焚烧处理过程是包括一系列物理变化和化学反应的过程,是一个复杂的系统工程。固体废物的焚烧效果受许多因素的影响,如焚烧炉类型、固体废物性质、物料停留时间、焚烧温度、供氧量、物料的混合程度等。其中停留时间、温度、湍流度和空气过剩系数就是人们常说的"3T+1E",它们既是影响固体废物焚烧效果的主要因素,也是反映焚烧炉工况的重要技术指标。

17.1.3 热平衡和烟气分析

1. 固体废物热值

固体废物热值是指单位质量的固体废物在完全燃烧时释放出来的热量。热值有两种表示方式,即高位热值和低位热值。若热值包含烟气中水的潜热,则称为高位热值。反之,若不包含烟气中水的潜热,则该热值就是低位热值。

计算热值的方法有很多,如热量衡算法、工程算法、经验公式法、半经验公式法。工程上常用下列公式近似计算燃料的热值。

Dulong 公式

$$\text{HHV}=34000w_{\text{C}}+143000(w_{\text{C}}-1/8w_{\text{O}})+10500w_{\text{S}} \tag{17-1}$$

$$\text{LHV}=2.32[14000x_{\text{C}}+45000(x_{\text{H}}-1/8x_{\text{O}})]-760x_{\text{C}}+4500x_{\text{S}} \tag{17-2}$$

式中:HHV——可燃物质的高位热值,kJ/kg;

LHV——可燃物质的低位热值,kJ/kg;

C、H、O、S——废物中碳、氢、氧、硫元素;

w——质量分数。

高位热值、低位热值的相互关系,可用以下公式表示和近似计算:

$$\text{HHV}=\text{LHV}+Q_{\text{a}} \tag{17-3}$$

$$\text{LHV}=\text{HHV}-2420[w_{水}+9(w_{\text{H}}-w_{\text{Cl}}/35.5-w_{\text{F}}/19)] \tag{17-4}$$

式中:Q_{a}——烟气中的潜热;

$w_{水}$——可燃物质中水的质量分数;

w_{H}——可燃物质中元素氢的质量分数;

w_{Cl}——可燃物质中元素氯的质量分数;

w_{F}——可燃物质中元素氟的质量分数。

2. 燃烧温度

维持足够高的焚烧温度和时间是确保固体废物焚烧减量化和无害化的基本前提。假如焚烧系统处于恒压、绝热状态,则焚烧系统所有能量都用于提高系统温度和物料的含热。该系统的最终温度称为理论燃烧温度或绝热燃烧温度。

实际燃烧温度可以通过系统能量平衡精确计算，也可以利用经验公式近似计算：

$$\mathrm{LHV}=\sum_{i=1}^{n}\int_{T_1}^{T_2} w_i c_{pi}\,\mathrm{d}T \tag{17-5}$$

烟气组成往往十分复杂，给式(17-5)的应用造成困难。若以烃类化合物替代固体废物，并设 25℃烃类化合物燃烧时每产生 4.18kJ 低位热值约需 1.5×10^{-3}kg 理论空气，则

$$M_{理空}=1.5\times10^{-3}\times\mathrm{LHV}/4.18=3.59\times10^{-4}\mathrm{LHV} \tag{17-6}$$

如果烃类化合物和辅助燃料完全燃烧，总量以 1kg 计。烟气各组分在燃烧温度范围内的质量定压热容均为 1.254kJ/(kg · K)，并且假设低位热值等于有用热量。则低位热值与焚烧火焰温度之间的关系可简化为

$$\mathrm{LHV}=m_{烟}\, c_{\mathrm{p}}(T_2-T_1) \tag{17-7}$$

如果空气过剩率 $\mathrm{EA}=m_{过空}/m_{理空}$，即可用式(17-7)近似计算焚烧炉火焰温度 T：

$$T(\mathrm{K})=\mathrm{LHV}/1.254[1+3.59\times10^{-4}\mathrm{LHV}(1+\mathrm{EA})]+298 \tag{17-8}$$

3. 空气和烟气量计算

1）空气量

空气与固体废物中可燃成分反应后形成烟气。完成燃烧反应的最少空气量就是理论空气量，即化学计量空气量。计算理论空气量和实际空气量的公式有许多，即

$$V_{理氧}=(1.866w_{\mathrm{C}}+5.56w_{\mathrm{H}}+0.7w_{\mathrm{S}}-0.7w_{\mathrm{O}}) \tag{17-9}$$

$$V_{理空}=V_{理氧}/0.21=8.89w_{\mathrm{C}}+26.5w_{\mathrm{H}}+3.33w_{\mathrm{S}}-3.33w_{\mathrm{O}} \tag{17-10}$$

若过剩空气系数为

$$\alpha=V_{空}/V_{理空}$$

则实际空气量为

$$V_{空}=\alpha\times V_{理空}$$

2）烟气量

计算焚烧烟气量，常常是首先利用烟气成分和经验公式计算出理论空气量，然后再通过过剩空气系数计算烟气量。计算公式如下：

$$V_{理烟}=V_{\mathrm{CO_2}}+V_{\mathrm{SO_2}}+V_{\mathrm{N_2}}+V_{\mathrm{H_2O}} \tag{17-11}$$

式中：$V_{\mathrm{CO_2}}$——烟气中二氧化碳的理论量；

$V_{\mathrm{SO_2}}$——烟气中二氧化硫的理论量；

$V_{\mathrm{N_2}}$——烟气中氮气的理论量；

$V_{\mathrm{H_2O}}$——烟气中水的理论量。

由理论烟气量和过剩空气系数可求得烟气量：

$$V=(\alpha-0.21)V_{理空}+1.866w_{\mathrm{C}}+11.1w_{\mathrm{H}}+0.7w_{\mathrm{S}}+0.8w_{\mathrm{N}}+1.24w_{\mathrm{H_2O}} \tag{17-12}$$

或

$$V=V_{理论}+(\alpha-1)V_{理空}+0.016(\alpha-1)V_{理空} \tag{17-13}$$

式中：V——湿烟气量；

$V_{理空}$——理论烟气量；

α——过剩空气系数。

17.1.4　焚烧工艺

1. 概述

目前大型现代化生活垃圾焚烧技术的基本过程大体相同，现代生活垃圾焚烧工艺流程主

要由前处理系统、进料系统、焚烧炉系统、空气系统、烟气系统、灰渣系统、余热利用系统及自动化控制系统等组成。

2. 工艺过程

1）前处理系统

固体废物焚烧的前处理系统，主要指固体废物的接受、储存、分选或破碎。由于垃圾成分十分复杂，既有坚硬的金属类废物和砖石，又有韧性很强的条带类物质。这就要求破碎和筛分设备既有足够的抗缠绕、剪切能力，又能够击碎坚硬的金属和砖石固废物。

2）进料系统

进料系统的主要作用是向焚烧炉定量给料，同时要将垃圾池中的垃圾与焚烧炉的高温火焰和高温烟气隔开、密闭，以防止焚烧炉火焰通过进料口向垃圾池垃圾反烧和高温烟气反窜。目前应用较广的进料方法有炉排进料、螺旋给料、推料器给料等几种形式。

3）焚烧炉系统

焚烧炉系统是整个工艺系统的核心系统，是固体废物进行蒸发、干燥、热分解和燃烧的场所。焚烧系统的核心装置是焚烧炉。焚烧炉有多种炉型，如固定炉排焚烧炉、水平链条炉排焚烧炉等。在现代生活垃圾焚烧工艺中，应用最多的是水平链条炉排焚烧炉和倾斜机械炉排焚烧炉。焚烧炉炉排的有效面积和燃烧室有效容积可分别按以下公式计算：

$$A=\max\{Q/Q_{热},W/Q_{质}\} \tag{17-14}$$

$$A=\max\{Q/Q_{体热},q_{v}\theta_{烟}\} \tag{17-15}$$

式中：A——炉排的有效面积；

$Q_{质}$——炉排机械负荷；

$Q_{热}$——炉排热力负荷；

Q——单位固体废物和燃料低位发热量热值；

$Q_{体热}$——燃烧室容积热力负荷；

W——单位时间垃圾和燃料质量；

q_{v}——烟气量；

$\theta_{烟}$——烟气停留时间。

焚烧炉系统的固体废物和烟气停留时间，可用下式计算：

$$\theta_{烟}=\int_{0}^{V}\mathrm{d}(V/q_{v空}) \tag{17-16}$$

$$\theta_{固}=Q'm/Q_{体热}V \tag{17-17}$$

式中：Q'——单位质量固体废物和燃料热值；

$q_{v空}$——空气量；

m——垃圾和燃料质量；

$\theta_{固}$——固体停留时间；

V——燃烧室有效容积。

4）空气系统

空气系统是焚烧炉非常重要的组成部分。空气系统除了为固体废物的正常焚烧提供必要的助燃氧气外，还有冷却炉排、混合炉料和控制烟气流等作用。

5）烟气系统

焚烧炉烟气是固体废物焚烧炉系统的主要污染源。焚烧炉烟气含有大量颗粒状污染物质和气态污染物质。主要污染物排放标准见表 17-1。

表 17-1　焚烧炉大气污染物排放限值

项目	单位	数值含义	限值
烟尘	mg/m^3	测定均值	80
烟气林格黑度	级	测定值	1
一氧化碳	mg/m^3	小时均值	150
氮氧化物	mg/m^3	小时均值	400
二氧化硫	mg/m^3	小时均值	260
氯化汞	mg/m^3	小时均值	75
汞	mg/m^3	测定均值	0.2
镉	mg/m^3	测定均值	0.1
铅	mg/m^3	测定均值	1.6
二噁英	ng TEQ/m^3	测定均值	1

6）其他工艺系统

除以上工艺系统外，固体废物焚烧系统还包括灰渣系统、废水处理系统、余热系统、发电系统、自动化控制系统等。

17.1.5　焚烧炉系统

1. 焚烧炉

焚烧炉系类型主要包括：机械炉排焚烧炉、流化床焚烧炉和回转窑焚烧炉三种。机械炉排焚烧炉可分为水平链条炉排焚烧炉和倾斜机械炉排焚烧炉。大型倾斜机械炉排焚烧炉，如马丁炉等，具有工艺先进、技术可靠、焚烧效率和热回收效率高、对垃圾适应性强等优点，在国外应用较为广泛。流化床焚烧炉采用一种相对较新的清洁燃烧技术，具有固体废物焚烧效率高、负荷调节范围宽、污染物排放少、热强度高、适合燃烧低热值物料等优点，在中小城镇较有发展前景。回转窑焚烧炉是一种可旋转的倾斜钢制圆管，固体废物在窑内由进到出的移动过程中完成干燥、燃烧和燃尽过程。

2. 焚烧效果

焚烧效果是焚烧处理最基本也是最重要的技术指标之一。评价焚烧效果的方法很多，如目测法、热灼减量法、二氧化碳法及有害有机物破坏去除法等。

目测法就是用肉眼观测，通过肉眼直接观测固体废物烟气的颜色，如黑度等，来判断固体废物的焚烧效果。可以利用一氧化碳和二氧化碳浓度或分压的相对比例，反映固体废物中可燃物质在焚烧过程中的氧化、焚毁程度：

$$E=C_{CO_2}/C_{CO_2}+C_{CO}\times 100\% \tag{17-18}$$

17.2　固体废物的热解处理

17.2.1　概述

热解是一种传统生产工艺，已经有了非常悠久的历史。随着现代工业的发展，热解技术的应用也逐步扩展，如重油裂解生成轻质燃料油、煤炭气化生成燃料气等，采用的都是热解工艺。

17.2.2　热解原理

1. 热解的定义和特点

所谓热解，是将有机物在无氧或缺氧状态下加热，使之成为气态、液态或固态可燃物质的化学分解过程。热解是在无氧或缺氧条件下的吸热反应过程，其产物主要是可燃的低分子化合物，诸如可燃气等。

2. 热解的过程及产物

固体废物热解是一个非常复杂的化学反应过程，包含了大分子键的断裂、异构化和小分子的聚合等反应，最后生成较小的分子。固体废物热解是否能够获得高能量产物，取决于废物中氢转化为可燃气体与水的比例。

3. 有机固体废物热解机理

有机可燃物的热解反应可以描述为

$$\mathrm{A(固)} \longrightarrow \mathrm{B(固)} + \mathrm{C(气)}$$

根据质量作用定律：

$$\mathrm{d}\alpha/\mathrm{d}t = kf(\alpha) = k(1-\alpha)^n \tag{17-19}$$

式中：k——反应速率常数；

α——反应过程中的失重率；

n——反应级数；

t——反应时间。

假设其服从 Arrhenius 方程，则

$$k = A\mathrm{e}^{-E/RT}$$

故

$$\mathrm{d}\alpha/\mathrm{d}t = A\mathrm{e}^{-E/RT}(1-\alpha)^n \tag{17-20}$$

式中：A——频率因子；

E——活化能；

R——摩尔气体常量；

T——温度。

实验为恒温升温，升温速率 $a=\mathrm{d}T/\mathrm{d}t$，代入式(17-21)得到

$$\mathrm{d}\alpha/\mathrm{d}T = A/a\mathrm{e}^{-E/RT}(1-\alpha)^n \tag{17-21}$$

17.2.3　热解工艺

固体废物的热分解过程，由于供热方式、产品状态、热解炉结构等方面的不同，其热解方式也各不相同。

热解工艺的主要分类方法如下。

(1) 按供热方式：可分为直接加热法、间接加热法。

(2) 按热解温度：可分为高温热解、中温热解和低温热解。

(3) 按热解炉结构：可分为固定床、移动床、流化床和旋转炉等。

(4) 按热解产物的物理形态：可分为气化方式、液化方式和炭化方式。

(5) 按热分解与燃烧反应是否在同一设备中进行:可分为单塔式和双塔式。

(6) 按热解过程是否生成炉渣:可分为造渣型和非造渣型。

17.2.4　典型固体废物的热解

典型固体废物的热解主要包括城市垃圾的热解、废塑料的热解、污泥的热解、废橡胶的高温热解以及农林废弃物的热解五个方面。移动床熔融炉方式是城市垃圾热解技术中最成熟的方法,其代表系统有新日铁系统、Purox 系统、Landgard 系统和 Occidental 系统。塑料热解是近些年国内外非常注重研究的一种能源回收方式,目前被认为是一种最有效、最科学的回收塑料途径。与目前常用的污泥焚烧工艺相比,污泥热解的主要优点是操作系统封闭,污泥减容率高,无污染气体排放,在热解的同时还可以实现能量的自给和资源的回收,因而被认为是一种非常有前途的污泥处理方法和资源化技术。废橡胶的热解是使有机物分解、气化和液化的过程。由于农作物的品种和产值不同,所以农业废料的物质组成、理化性质和工艺技术特性存在很大差异,主要用于生产草煤气以及相应的化工原料。

17.3　固体废物的其他热处理方法

17.3.1　焙烧

1. 焙烧的方法

焙烧是在低于熔点的温度下热处理废物的过程,目的是改变废物的化学性质和物理性质,以便于后续的资源化利用。根据焙烧过程主要化学反应性质,固体废物的焙烧有烧结焙烧、分解焙烧、氧化焙烧、还原焙烧、硫化焙烧、氯化焙烧、离析焙烧和钠化焙烧等。

2. 焙烧工艺与设备

常用的焙烧设备有沸腾焙烧炉、竖炉、回转窑等。不同焙烧方法有不同焙烧工艺,但大致分为以下步骤:配料—混合—焙烧—冷却—浸出—净化。如果是挥发性焙烧,则是挥发气体收集—洗涤—净化。

17.3.2　固体废物的干燥脱水

干燥脱水是排除固体废物中的自由水和吸附水的过程,主要用于城市垃圾经破碎、分选后的轻物料或经脱水处理后的污泥。当这些废物的后续资源化对废物干燥程度要求较高时,通常需要进行干燥脱水。

17.3.3　固体废物的热分解和烧成

固体废物的热分解是指晶体状固体废物在较高温度下脱除其中吸附水及结合水或同时脱除其他易挥发物质的过程。它是无机固体废物资源化的重要技术。从现象上看有再结晶作用,使之变为稳定性变体以及使高密度矿物高压稳定化等作用。

17.4　典型案例

成都市中心区城市垃圾年产量超过 100 万 t,平均日产城市生活垃圾超过 3000t 以上,卫生填埋处置占用大量耕地，填埋场选址困难，无法满足成都垃圾处理的长远需求。成都市燃气普及率已超过94%，在所有省会级城市中最高，生活城市垃圾热值已远超过5000kJ/kg，完全具备焚烧处理的条件。2006年12月2日，成都市生活垃圾焚烧发电厂——成都洛带城市生活垃圾焚烧厂正式开工建设。

1. 工程概况

成都洛带城市生活垃圾焚烧厂厂址位于成都市东部龙泉驿区洛带镇长铁村四组。该项目厂区规划用地105.83亩，其中建设净用地80亩，绿化带征地25.83亩。

该工程为“三炉两机”配制，单台炉处理规模为400t/d，总规模为1200t/d，年处理垃圾总量超过40万吨；单位额定发电容量为12MW，全厂总装机容量为24MW。焚烧厂产生的电力除厂内自用外，剩余电力采用110kV电压等级并网。

焚烧炉采用Von Roll L型炉排往复式机械炉炉排，共3台。焚烧烟气处理系统按照欧盟1992年排放标准和中国《生活垃圾焚烧污染控制标准》执行。

2. 垃圾状况

成都市生活垃圾含水率较高：40%～62.9%（质量分数）；生活垃圾低位热值：4186～8372kJ/kg。焚烧炉入炉垃圾成分、设计热值和元素分析分别见表17-2和表17-3。

表17-2　成都市生活垃圾组分表（质量分数）

项目	含水率/%	灰分/%	可燃分/%	热值/(kJ/kg)
数值	51.1	15	33.9	7000

表17-3　成都市生活垃圾元素分析表

项目	C	H	O	N	S	Cl	W
质量分数/%	20.61	4.32	8.47	31	0.03	0.15	51.1

3. 工艺方案

1）基本设计参数

焚烧处理量为1200t/d，规划用地105.83亩，设计垃圾热值为7000kJ/kg。

2）处理线配置

焚烧厂采用“三炉两机”配置，烟气净化采用烟气冷凝塔＋消石灰喷射＋活性炭喷射＋布袋除尘器工艺，工艺系统无废水排放，净化后的烟气三管集束式钢制烟囱排大气，烟囱直径1.9m，高度80m。

3）主要工艺参数

单台炉处理规模为400t/d，焚烧炉超负荷10%工况下可连续运行12小时；炉排为往复式机械炉排，炉排宽5.08m，炉排长14.43m，其中干燥炉排长3.61m，燃烧炉排长5.61m，燃尽炉排长5.21m。燃烧炉排设置一组剪切力。炉排倾斜角度15°，炉排总面积73.31m^2。余热锅炉中压单锅筒式自然循环余热锅炉，单台蒸发量36.1t/h，蒸气出口参数为4.1MPa、400℃，锅炉给水温度130℃，烟气出口温度为190～240℃。汽轮发电机单机额定发电容量为12MW，全厂总装机容量为 24MW。单台焚烧炉产出 3016kg/h，全厂日产出 217.2t/d，年产出炉渣约为 7.23 万吨。

4. 工艺特点

（1）采用 Von Roll L 型炉排。为适应低热值、高水分垃圾的焚烧，焚烧炉采取了一次提高风温，加强对入炉垃圾的干燥；炉排上设置剪切力，加强对块状垃圾的破碎和搅动，利于炉床上垃圾的均匀；设置落差段，利于垃圾的松动和搅拌；炉膛前部鼻状结构设计，在利用辐射热对垃圾烘干、干燥的同时，将强化烟气与燃烧空气的混合，实现完全燃烧等措施。焚烧炉出口烟气温度为 850℃，烟气停留时间不小于 2s，以彻底分解去除二噁英等有毒有机物。

（2）炉内设有点火和辅助加热装置，在炉内温度低于 850℃时会自动开启辅助加热以确保炉内温度不会下降。采用 DCS 集散系统，使整个生产过程显示自动化控制。

（3）为获得较高的热效应，锅炉给水温度为 130℃，一次风进温度为 220℃，尽可能多上网发电，总装机容量为 24MW。

（4）设有烟气在线监测与净化系统、渗滤液收集与处理系统及灰渣稳定化处理系统，避免对环境的污染。

思考题及习题

17-1　热解和焚烧的主要区别是什么？

17-2　与普通生活垃圾相比，废塑料热解的产物有什么不同？常用的热解工艺有哪些？

17-3　与污泥焚烧相比，污泥热解的特点是什么？

第 18 章　固体废物的资源化与综合利用

随着世界工业化进程的加快，地球上的资源正在以惊人的速度被发掘和消耗，有些资源已濒临枯竭。相对于自然资源而言，固体废物属于二次资源。尽管其一般不再具有原来的实用价值，但经过回收、处理等途径，往往又可作为其他产品的原料，成为新的可用资源。目前，固体废物资源化利用已成为包括我国在内的世界上很多国家控制固体废物污染、缓解自然资源紧张的重要国策之一。

18.1　工业固体废物的综合利用及案例

工业固体废物，是指在工业、交通等生产活动中产生的固体废物。它是固体废物的一大类别。这些废物的产生量一般是大量的，每时每刻都在产生着、堆积着，日久天长必将污染环境，因而必须对其进行综合利用。从固体废物的产生来源分类，并结合我国工业固体废物的实际情况，本节将重点介绍冶金工业中的高炉渣和钢渣、电力工业中的粉煤灰、化学工业中的硫铁矿烧渣、铬渣和碱渣的综合利用。

18.1.1　高炉渣的综合利用

1. 概述

1）高炉渣来源

高炉渣是冶炼生铁时从高炉中排出的废物。炼铁的原料主要是铁矿石、焦炭和助熔剂。当炉温达到 1400～1600℃时，炉料熔融，矿石中的脉石、焦炭中的灰分和助熔剂及其他不能进入生铁中的杂质形成以硅酸盐和铝酸盐为主浮在铁水上面的熔渣，称为高炉渣。

2）高炉渣的分类

由于炼铁原料品种和成分的变化以及操作等工艺因素的影响，高炉渣的组成和性质也不同。高炉渣的分类主要有两种方法。

（1）按照冶炼生铁的品种分类。

a. 铸造生铁矿渣：冶炼铸造生铁时排出的矿渣。

b. 炼钢生铁矿渣：冶炼钢用生铁时排出的矿渣。

c. 特种生铁矿渣：用含有其他金属的铁矿石熔炼生铁时排出的矿渣。

（2）按照矿渣的碱度区分。

高炉渣的化学成分中的碱性氧化物之和与酸性氧化物之和的比值称为高炉渣的碱度或碱性率，以 M_0 表示，即

$$M_0=(CaO+MgO)/(SiO_2+Al_2O_3)$$

按照高炉渣的碱性率可把矿渣分为如下三类：

a. 碱性矿渣：碱性率 $M_0>1$ 的矿渣。

b. 中性矿渣：碱性率 $M_0=1$ 的矿渣。

c. 酸性矿渣：碱性率 $M_0<1$ 的矿渣。

这是高炉渣最常用的一种分类方法。碱性率比较直观地反映了重矿渣中碱性氧化物和酸性氧化物含量的关系。

3）高炉渣的组成

高炉矿渣中的主要化学成分是二氧化硅（SiO_2）、三氧化二铝（Al_2O_3）、氧化钙（CaO）、氧化镁（MgO）、氧化锰（MnO）、氧化铁（Fe_2O_3）和硫（S）等。此外有些矿渣还含有微量的氧化钛（TiO_2）、氧化钒（V_2O_5）、三氧化二铬（Cr_2O_3）等。在高炉渣中氧化钙（CaO）、二氧化硅（SiO_2）、三氧化二铝（Al_2O_3）占 90%（质量分数）以上。我国大部分钢铁厂高炉渣的化学成分见表 18-1。

表 18-1　我国高炉渣的化学成分（质量分数/%）

名称	CaO	SiO_2	Al_2O_3	MgO	MnO	Fe_2O_3	TiO_2	V_2O_5	S	F
普通渣	38～49	26～42	6～17	1～13	0.1～1	0.15～2	—	—	0.2～1.5	
高钛渣	23～46	20～35	9～15	2～10	<1	—	20～29	0.1～0.6	<1	—
锰钛渣	28～47	21～37	11～24	2～8	5～23	0.1～1.7	—	—	0.3～3	—
含氟渣	35～45	22～29	6～8	3～7.8	0.1～0.8	0.15～0.19	—	—	—	7～8

4）高炉渣的综合利用概况

高炉渣是冶金工业中数量最多的一种渣。据统计，随着我国钢铁工业的发展，历年来已经堆积高炉渣 15 亿多吨，占地约 $700hm^2$。为了处理这些废渣，国家每年要耗用数千万元的资金用于修筑排渣场和铁路线，浪费了大量人力物力。目前我国高炉渣每年排出量已达 3000 万吨左右，主要应用是把热熔渣制成水渣，用于生产水泥和混凝土，其次是开采老渣山，生产矿渣骨料，少量高炉渣用于生产膨珠和矿渣棉。

2. 高炉渣的加工和处理

在利用高炉渣之前，需要进行加工处理。其用途不同，加工处理的方法也不相同。我国通常是把高炉渣加工成水渣、矿渣碎石、膨胀矿渣和矿渣珠等形式加以利用。

1）高炉渣水淬处理工艺

高炉渣水淬处理工艺是将热熔状态的高炉渣置于水中急速冷却的处理方法，是我国处理高炉渣的主要方法。目前普遍采用的水淬方法是渣池水淬和炉前水淬两种。

2）矿渣碎石工艺

矿渣碎石是使高炉渣在指定的渣坑或渣场自然冷却或淋水冷却形成较为致密的矿渣后，再经过挖掘、破碎、磁选和筛分而得到的一种碎石材料。矿渣碎石的生产工艺有热泼法和堤式法两种。

3）膨胀矿渣和膨胀矿渣珠生产工艺

膨胀矿渣是用适量冷却水急冷高炉熔渣而形成的一种多孔轻质矿渣。其生产方法目前主要有喷射法、喷雾法、堑沟法、滚筒法等。

3. 高炉渣的综合利用

1）水渣作建材

我国高炉渣主要用于生产水泥和混凝土。我国有 75%左右的水泥中掺有水渣，由于水渣具有潜在的水硬胶凝性能，在水泥熟料、石灰、石膏等激发剂作用下，可显示出水硬胶凝性能，是优质的水泥原料。

2）矿渣碎石的利用

可以应用于矿渣碎石混凝土的配制及地基工程、道路工程、铁路道砟上的应用。

3）膨珠作轻骨料

近年来发展起来的膨珠生产工艺制取的膨珠质轻、面光、自然级配好、吸音、隔热性能好，可以制作内墙板楼板等，也可用于承重结构。用作混凝土骨料可节约20%左右的水泥。我国采用膨珠配制的轻质混凝土密度为1400～2000kg/m^3，较普通混凝土轻1/4左右，抗压强度为98～29.4MPa，热导率为0.407～0.528W/(m·K)，具有良好的力学性质。膨珠作轻质混凝土在国外也广泛使用，美国钢铁公司在匹兹堡建造了一座64层办公大楼，用的就是这种轻质混凝土。

4）高炉渣的其他应用

高炉渣还可以用来生产一些用量不大，而产品价值高，又有特殊性能的高炉渣产品，如矿渣棉及其制品、热铸矿渣、矿渣铸石及微晶玻璃、硅钙渣肥等。

18.1.2 钢渣的综合利用

1. 概述

1）钢渣的来源

钢渣是炼钢过程中排出的废渣。炼钢的基本原理与炼铁相反，它是利用空气或氧气去氧化生铁中的碳、硅、锰、磷等元素，并在高温下与石灰石起反应，形成熔渣。钢渣主要来源于铁水与废钢中所含元素氧化后形成的氧化物、金属炉料带入的杂质、加入的造渣剂，如石灰石、萤石、硅石等，以及氧化剂、脱硫产物和被侵蚀的炉衬材料等。根据炼钢所用炉型的不同，钢渣分为转炉钢渣、平炉钢渣和电炉钢渣；按不同生产阶段，平炉钢渣又分为初期渣和后期渣，电炉钢渣分为氧化渣和还原渣；按钢渣性质，又可分为碱性渣和酸性渣等。钢渣的产量与生铁的杂质含量和冶炼方法有关，占粗钢产量的15%～20%。

2）钢渣的综合利用概况

20世纪初期国外开始研究钢渣的利用，但钢渣成分复杂多变使得钢渣的利用率一直不高。各国都有大量钢渣弃置堆积，占用土地，影响环境。但随着矿源、能源的紧张以及炼钢和综合利用技术的发展，20世纪70年代以来各国钢渣的利用率迅速提高。美国每年产生1700多万吨钢渣，利用率最高，在70年代已达到排、用平衡。

2. 钢渣的综合利用

(1) 用作冶金原料。

(2) 用作建筑材料。

(3) 用于农业。

18.1.3 粉煤灰的综合利用

1. 概述

粉煤灰是煤粉经高温燃烧后形成的一种似火山灰质的混合材料。它是燃烧煤的发电厂将煤磨细成 100μm 以下的煤粉，用预热空气喷入炉膛成悬浮状态燃烧，产生混杂有大量不燃物的高温烟气，经集尘装置捕集得到的。粉煤灰被收集后由密封管道疏松排出，排出方法一般有干排和湿排两种。干排是将收集到的粉煤灰用螺旋泵或仓式泵等密闭的运输设备直接输入灰仓。湿排是通过管道和灰浆泵，利用高压水力把收集到的粉煤灰输送到储灰场或江、河、湖、海。目前我国大多数电厂采用湿排。

2. 粉煤灰的综合利用

（1）粉煤灰应用在水泥工业和混凝土工程中。
（2）粉煤灰作农业肥料和土壤改良剂。
（3）回收工业原料。
（4）作环保材料。

18.1.4　硫铁矿烧渣的综合利用

1. 概述

硫铁矿是我国生产硫酸的主要原料，当前采用硫铁矿或含硫尾砂生产的硫酸，约占我国硫酸总产量的 80％以上。目前，我国硫酸工业中采用的硫铁矿原料，含硫量多数在 35％以下。由于硫铁矿含硫量低，渣质含量高，对充分利用硫铁矿中的铁资源带来了较大的困难。

2. 硫铁矿烧渣的综合利用

制矿渣砖：将消石灰粉（或水泥）和烧渣混合成混合料，再成型，经自然养护后即制得矿渣砖。硫铁矿烧渣制砖的主要原料是硫铁矿烧渣，实现了废渣资源化，消除了污染，节省了废渣堆存占地，是解决硫铁矿烧渣污染环境的主要途径之一。硫铁矿烧渣制砖方法，分蒸养制砖和非蒸养制砖，主要取决于原料烧渣和辅料特性。上海硫酸厂使用含氧化铝活性组分较低的矿渣，配以煤渣、煤灰和石灰石等辅料，采用蒸气养护技术；长葛化工总厂烧渣中的活性组分较高，只有石灰一种辅料，采用自然养护技术。

18.2　矿业固体废物的综合利用及案例

18.2.1　矿业固体废物的来源及污染危害

矿业固体废物是指矿山开采和矿石选冶加工过程中产生的废石和尾矿。两者均以量大、处理工艺复杂而成为环境保护的一大难题。一般情况下，露天矿每开采 1t 矿石要剥离废石 6～8t，井下矿每开采 1t 矿石要产生 2～3t 废石。目前我国矿山废石已达 3 亿吨以上。通常，每处理 1t 矿石可产生尾矿 0.5～0.95t。

18.2.2　有色金属矿山尾砂的处理利用

我国有色金属矿种繁多，其中锡、汞、铅、锌等有色金属的产量处于世界前列。长期以来，我国的有色金属矿山已经积累了大量的尾砂，但尾砂的处理与利用率却很低。1985 年我国利用尾砂量为 9.3×10^6t，利用率仅为 5.62％；处置 4.227t，处置率为 25.58％。统计资料表明，我国年产尾砂百万吨以上的有色金属矿山就有十多家(表 18-2)，而中小型有色金属矿山更是数以千计，可见尾砂的利用和处置将是一项十分浩大的工程。因为尾砂中常含有少量有用的金属组分,有色金属矿山尾砂是一个巨大的资源宝库。据估算,河南省的金矿尾砂中,每年残留黄金 2.3t 以上,相当于一个小型金矿。可以看出,有色金属矿山尾砂潜在价值惊人,亟待合理地开发处理与利用。

表 18-2 我国年产尾砂百万吨以上的有色金属矿山

地区	企业名称	产生量 /×10⁴t	排放量 /×10⁴t	处置量 /×10⁴t	堆存量 /×10⁴t	占地面积 /×10⁴m²
陕西省	金堆城钼业股份有限公司	571.49		571.49	572.52	29.00
江西省	江西铜业股份有限公司德兴铜矿	508.91	508.91		3840.68	59.00
山西省	中条山有色金属公司	220.00	220.00		3560.00	450.89
云南省	东川矿务局铜矿	208.94	204.79			
云南省	锡业集团有限责任公司老厂锡矿	204.79	187.72		3714.80	181.90
甘肃省	金川有色金属股份有限公司	187.72	208.94		2785.14	300.00
云南省	云南省易门铜矿	154.33	154.33		290.76	15.33
辽宁省	杨家杖子矿务局(铜铅)	128.49		120.49	6131.02	155.50
江西省	铅山县水平铜矿	114.60	114.60			84.00
云南省	锡业公司新冠采选厂	103.09	103.09		2168.00	119.00

18.2.3 有色金属矿山尾砂组成和利用

有色金属矿山尾砂主要含有目的金属、伴生有价金属、伴生非金属矿物等,黄铁矿也是其常见组分之一。

1. 目的金属组分的分布特征和利用

普通的有色金属矿山只有一种目的金属,如铜矿的目的金属就是铜,但由于某些金属的地球化学性质极为相似,矿山的目的金属也可以有两种、三种或更多种,如铅和锌可被一个矿山作为目的金属。

尾砂中含有的目的金属组分,是由于当初选矿技术水平不够而滞留于尾砂中的宝贵资源。一般矿山开发越早,选矿技术越落后,所产生的尾砂中含有的目的金属就越多。云锡公司已积存的选锡老尾砂,含锡量平均达 0.15%。

2. 伴生有价金属的组成和利用

伴生有价金属是与目的金属伴生或共生在一起的金属组分,它们与目的金属可能有相似的地球化学性质而共存,或许由于成矿环境原因而共生在一起。伴生有价金属在量上往往远少于目的金属,有些伴生组分在目的金属的选矿工艺中可以直接回收,但大多数都因为量少而被弃于尾砂之中。据统计表明,一些矿山的伴生金属的潜在价值甚至更大于目的金属的价值。因此,尾砂中的伴生有价金属极具回收利用的价值。

3. 伴生非金属矿物的组成特征和利用

有色金属矿山矿石中的伴生非金属矿物种类很多,石英、方解石、云母、萤石、泥石、重晶石、绿帘石、高岭石等在选矿中多残留在尾砂中。这些非金属矿物中工业价值较大的主要是萤石和重晶石等；根据尾砂的具体特征，也可回收其他非金属矿物。荡平钨矿从白钨矿尾砂中获得了回收率为 64.93%、CaF_2 含量达 95%以上的萤石精矿。

4. 黄铁矿的综合回收利用

黄铁矿是有色金属矿石中最常见的硫化物，其常被弃于尾砂之中。黄铁矿是生产硫酸的主要原料，黄铁矿精矿也习惯称为硫精矿。其实，黄铁矿还常常是金的载体矿物，其回收价值不容忽视。

18.2.4　尾砂的分类及其特征

为方便尾砂的开发利用，可将尾砂分为以下四类。

(1) 以石英为主的高硅型尾砂。

(2) 以长石、石英为主的富硅型尾砂。

(3) 以方解石为主的富钙型尾砂。

(4) 成分复杂型尾砂。

18.2.5　尾砂处理与综合利用

1. 尾砂利用的主要途径

(1) 对尾砂中的有价金属进行回收。

(2) 用尾砂回填矿山采空区。

(3) 利用尾砂生产高附加值的产品。

(4) 在尾砂堆积场上覆土造地。

(5) 用尾砂做微肥。

2. 尾砂利用的若干实例

1) 生产微玻岩

(1) 成型玻璃晶化法。这种方法是利用含晶核剂的成型玻璃进行微晶化处理而获得微玻岩的，其工艺流程如图 18-1 所示。

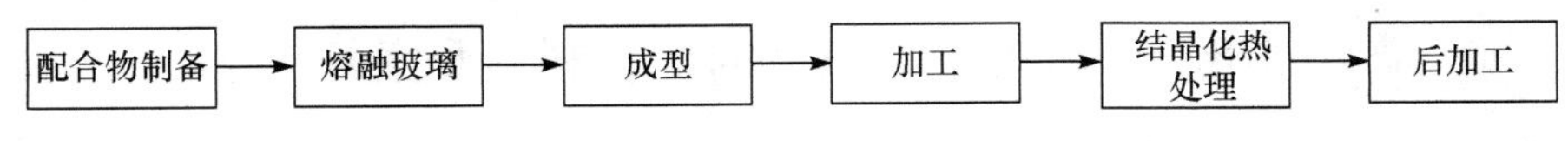

图 18-1　成型玻璃晶化法生产微玻岩工艺流程

(2) 碎粒烧结法。这种生产工艺与成型玻璃晶化法略有差异，即熔融玻璃后不成型而先进行水淬处理，然后将玻璃碴烧结得到微玻岩，这种工艺称为水淬法或碎渣烧结法。工艺流程如图 18-2 所示。

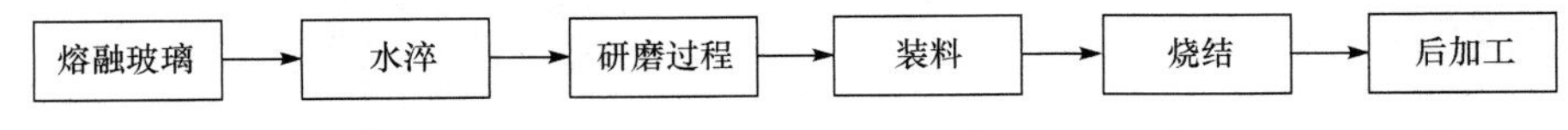

图 18-2　碎粒烧结法生产微玻岩工艺流程

2) 用尾砂烧制陶瓷制品

尾砂生产陶瓷制品是用隧道窑连续烧制的，工艺流程如图 18-3 所示。用这种尾砂所制的产品用于做下水道的厚陶管。

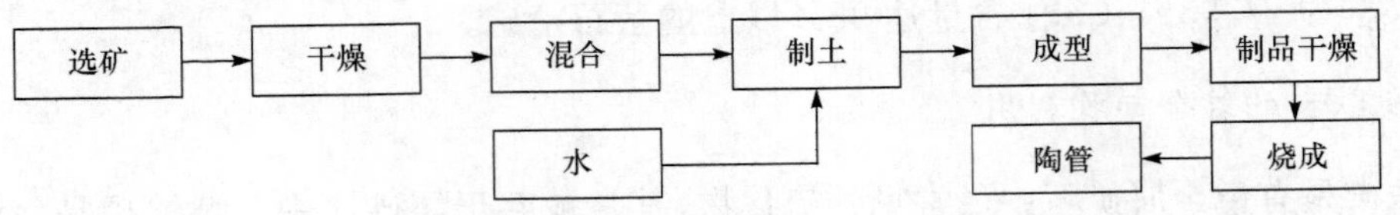

图 18-3　尾砂生产陶管工艺流程

3）用尾砂生产水泥

某矿用尾砂做配料烧制普通硅酸盐水泥，水泥标号可达 500，部分用于井下采空区回填时作胶结水泥。

18.2.6　煤矸石的处理利用

1. 煤矸石的处理

根据煤矸石的组成特点和各种环境条件的限制，对它的处理方法一般首先考虑综合利用，对难以综合利用的某些煤矸石可充填矿井、荒山沟谷和塌陷区或覆土造田；暂时无条件利用的煤矸石山可进行覆土植树造林。

2. 煤矸石的利用途径

因为煤矸石含有可燃物质和一些稳定的无机组分，所以可以因地制宜充分利用煤矸石。含碳量较高的煤矸石可做燃料；含碳量较低的和自燃后的煤矸石可生产水泥、砖瓦和轻骨料；含碳量很少的煤矸石可用于填坑造地、回填露天矿和用作路基材料。煤矸石瓦生产工艺流程如图 18-4 所示。

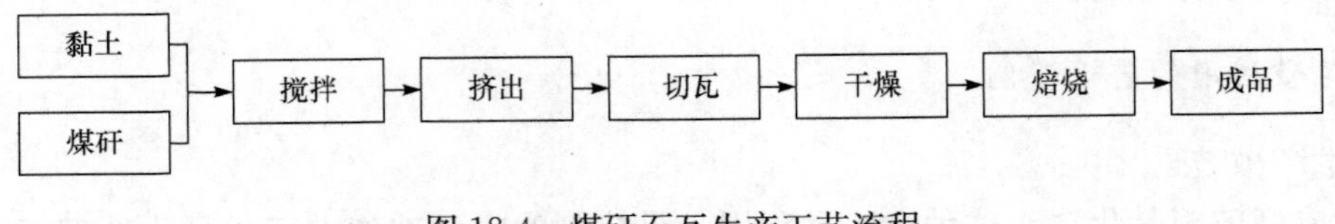

图 18-4　煤矸石瓦生产工艺流程

18.3　城市生活垃圾的综合利用及案例

18.3.1　城市垃圾的组成与分类

城市垃圾主要来自居民生活与消费、市政建设与维护、商业活动、市区的园林及耕种生产、医疗和娱乐场所等方面产生的一般性垃圾以及人畜粪便、厨房垃圾、污水处理厂污泥、垃圾处理收集的残渣和粉尘等固体废物。

1. 垃圾分类

城市垃圾种类繁多，可根据垃圾性质、组成、产生及收集来源等进行不同的分类。

（1）根据垃圾的性质分类。即根据城市垃圾的化学成分、可燃性、燃烧热值、堆腐性等指标来进行分类。按垃圾的化学成分分为有机垃圾和无机垃圾；按可燃性分为可燃性垃圾和不可燃性垃圾；按热值分为高热值垃圾和低热值垃圾；按堆腐性分为可堆腐垃圾和不可堆腐垃圾。

(2) 根据垃圾的组成分类。可分为可回收废品、易堆腐物、可燃物及其他无机废物等四大类。也可简易分为有机物、无机物、可回收废品三大类。

(3) 按垃圾产生及收集来源分类。食品垃圾和普通垃圾统称为家庭垃圾，是城市垃圾中可回收利用的主要对象。

2. 垃圾组成

城市垃圾的组成很复杂，自然环境、气候条件、城市发展规模、居民生活习性（食品结构）、家用燃料（能源结构）以及经济发展水平等都对其组成有不同程度的影响，因此，各国、各城市甚至各地区产生的城市垃圾组成都有所不同。将垃圾按产生分类如表 18-3 所示。

表 18-3　按垃圾产生分类

垃圾分类	具体来源
食品垃圾	也称厨房垃圾，指居民住户排出的主要成分
普通垃圾	也称零散垃圾，指纸类、废旧塑料、罐头盒、玻璃、陶瓷、木片等日用废物
庭院垃圾	包括植物残余、树叶、树杈及庭院其他清扫杂物
清扫垃圾	指城市道路、桥梁、广场、公园及其他露天公共场所由环卫系统清扫收集的垃圾
商业垃圾	指城市商业、各类商业性服务网点或专业性营业场所如菜市场、饮食店等产生的垃圾
建筑垃圾	指城市建筑物、构筑物进行维修或兴建的施工现场产生的垃圾
危险垃圾	包括医院传染病房、放射治疗系统、核试验室等场所排放的各种废物
其他垃圾	除以上各类产生源以外所排放的垃圾

一般地，工业发达国家垃圾成分有机物多，无机物少。而不发达国家则是无机物多，有机物少。南方城市较北方城市有机物多，无机物少。而可回收组分的数量视垃圾是否分类收集而有所不同。表 18-4 所示为发达国家城市垃圾的组成情况。

表 18-4　发达国家城市垃圾的平均组成(质量分数/%)

组成	美国	英国	日本	前苏联	法国	荷兰	联邦德国	瑞士	瑞典	意大利	比利时
食品垃圾	12	27	22.7	23	22	21	15	20	20～30	25	21
纸类	50	38	38.2	26.9	34	25	28	45	45	20	30.1
细碎物	7	11	21.1	29	20	20	28	20	5	25	26
金属	9	9	4.1	6.9	8	3	7	5	7	3	2
玻璃	9	9	7.1	7.3	84	10	9	5	7	7	4
塑料	5	2.5	7.3	5.5	4	4	3	3	9	5	9
其他	8	3.5	0.5	2	4	17	10	2	5	15	10
平均含水率	25	25.0	23	24.7	3.5	25	35	35	25	30	28
热值/(kJ/kg)	1260.0	1058.4	1058.4	1099	1008	907.2	908.2	1083.6	1001.0	796.0	765.0

注：1kcal/L≈9.2kJ/kg。

表 18-5 所示为我国部分城市垃圾的组成。可见我国垃圾中可回收组分较发达国家少得多。

表 18-5 我国部分城市生活垃圾的组成(质量分数/%)

城市	纸张	塑料	织物	生物	灰土砖石	玻璃	金属	其他
北京	4.2	0.6	1.2	50.6	42.2	0.9	0.8	4,2
上海	0.4	0.5	0.5	42.7	44.6	0.4	—	—
哈尔滨	3.6	1.5	0.5	16.6	74.8	2.2	0.9	—
湛江	0.9	1.5	0.4	37.1	59.4	0.02	0.7	—
福州	0.6	0.4	—	21.8	62.2	1.1	0.5	3.4

数据来源:张衍国,吕俊复.1998.国内外城市垃圾能源化焚烧技术发展现状及前景.综合利用,(7):38~41。

18.3.2 城市垃圾的性质

城市垃圾的性质主要包括物理、化学、生物化学及感官性能。其中,感官性能是指废物的颜色、臭味、新鲜或腐败的程度等,往往可通过感官直接判断。垃圾的其他性质则需通过某种测定才能认知。

1. 物理性质

垃圾的物理性质与垃圾的组成密切相关。组成不同,物理性质也不同。一般用垃圾组成、含水率和容重三个物理量来表示城市垃圾的物理性质。

1) 垃圾含水率

单位质量垃圾的含水率的值随垃圾成分、季节、气候等条件变化,变化幅度一般为11%~53%。表18-6所示为城市垃圾中各组分及其混合物含水率的典型值。

表 18-6 城市垃圾含水率

成分	含水率/%		成分	含水率/%	
	范围	典型值		范围	典型值
食品废物	50~80	70	废木料	10~40	20
废纸类	4~10	6	玻璃陶瓷	1~4	2
硬纸板	4~8	5	马口铁罐头盒	2~4	3
塑料	1~4	2	非铁金属	2~4	2
纺织品	6~15	10	钢铁类	2~6	3
橡胶	1~4	2	渣土类	2~12	8
皮革类	8~12	10	混合垃圾	15~40	30
庭院废物	30~80	60			

2) 垃圾容重

垃圾容重指在自然堆放状态下单位体积垃圾的质量。垃圾容重随成分和压实程度不同而有所不同,表18-7所示为城市垃圾单一成分与混合物的容重数据。根据这些数据,可估算城市垃圾成分的质量分布。

表 18-7　城市垃圾的容重

成分	容重/(kg/m³)		成分	容重/(kg/m³)	
	范围	典型值		范围	典型值
食品废物	120～480	290	玻璃陶瓷	160～480	195
废纸类	30～130	85	马口铁罐头盒	45～160	90
硬纸板	30～80	50	非铁金属	60～240	160
塑料	30～130	65	钢铁类	120～1200	320
纺织品	30～100	65	渣土类	360～960	480
橡胶	90～200	130	未压实混合垃圾	90～180	130
皮革类	90～260	160	在卡车容器内压实的混合垃圾	180～450	300
庭院废物	60～225	105	填埋场一般压实垃圾	350～550	475
废木料	120～320	240	填埋场紧密压实垃圾	600～700	600
杂类有机物	90～360	240			

垃圾的容重是垃圾的重要特性之一，它是选择和设计储存容器、收运机具大小及计算储物和填埋处置场规模等必不可少的参数。测定原始垃圾容重的方法有全试样测定法和小样测定法，而测定填埋场垃圾容重则较多采用反挖法和钻孔法等。

3）垃圾的粒度组成

垃圾的粒度组成是以颗粒的最大尺寸与通过筛子的比率来表示的。图 18-5 所示为垃圾粒度组成状况。图中的阴影部分表示通过不同筛孔的物料颗粒数和质量分数分布，借此可以估计城市垃圾粒度分布范围，为城市垃圾选择资源化预处理技术和处理技术提供依据。

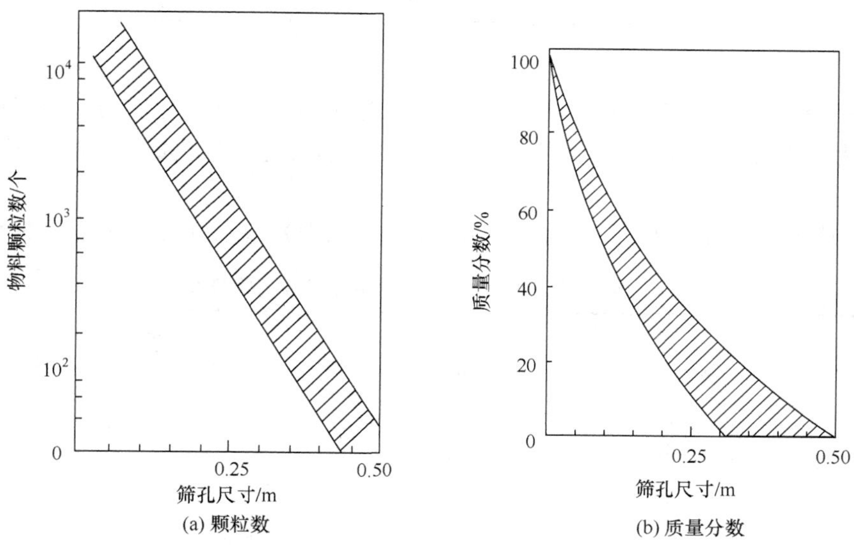

图 18-5　垃圾粒度组成状况

2. 化学性质

城市垃圾的化学性质对选择垃圾资源化利用工艺十分重要。表示垃圾化学性质特征的参数主要有挥发分、灰分、灰分熔点、元素组成、固定碳及发热值等。

1）挥发分

挥发分又称挥发性固体含量，用 V_s（%）表示，它是近似反映垃圾中有机物含量多少的参数，一般以垃圾在 600℃温度下的灼烧减量来衡量。

2）灰分及灰分熔点

灰分是指垃圾中不能燃烧也不挥发的物质，它是反映垃圾中无机物含量多少的参数，常用符号 A 表示。

3）元素组成

主要指 C、H、O、N、S 及灰分的百分含量。化学元素测定常采用化学分析和仪器分析方法，有时还采用先进的精密仪器测定。表 18-8 所示为垃圾的化学元素组成。

表 18-8　城市垃圾单一组分的化学元素分析（干基/%）

废物组分	C	H	O	N	S	灰分
食品废物	48.0	6.4	37.6	2.6	0.4	5.0
废纸类	43.5	6.0	44.0	0.3	0.2	6.0
硬纸板	44.0	5.9	44.6	0.3	0.2	5.0
塑料	60.0	7.2	22.8	—	—	10.0
纺织品	55.0	6.6	31.2	4.6	0.15	2.5
橡胶类	78.0	10.0	—	2.0	—	10.0
皮革类	60.0	8.0	11.6	10.0	0.4	10.0
庭院废物	47.8	6.0	38.0	3.4	0.3	4.5
废木料	49.5	6.0	42.7	0.2	0.1	1.5
渣土	26.3	3.0	2.0	0.5	0.2	68.0

4）发热值

单位质量有机垃圾完全燃烧，并使反应产物温度回到参加反应物质的起始温度时所放出的热量，称为有机垃圾的发热值。垃圾热值常用氧弹量热计测定，它是一种最常用的固液体燃烧测定仪器。

表 18-9 所示为城市垃圾单一组分热值数据，它是根据垃圾样品成分分析进行的统计计算。

表 18-9　城市垃圾单一物理组分热值与惰性物

物理组分	热值（湿基）/（kJ/kg）		惰性物质/%	
	范围	典型值	范围	典型值
食品废物	3500～7000	4650	2～8	5
纸类	11600～18600	16750	4～8	6
纸板类	3950～17450	16300	3～6	5
塑料	27900～37200	32600	6～20	10
纺织品	15100～18600	17450	2～4	2.5
橡胶	20900～27900	23250	8～20	10
皮革	15100～19800	17450	8～20	10
庭院废物	2300～18600	6500	2～6	4.5
木料	17450～19800	18600	0.6～2	1.5

续表

物理组分	热值(湿基)/(kJ/kg)		惰性物质/%	
	范围	典型值	范围	典型值
杂类有机物	11000～26000	18000	2～8	6
玻璃	100～250	150	96～99	98
马口铁罐头盒	250～1250	700	96～99	98
非铁金属	—	—	90～99	96
钢铁类	250～1200	700	94～99	98
渣土类	2300～11650	7000	60～80	70

3. 生物特性

城市垃圾的生物特性可从两方面分析：一是城市垃圾本身所具有的生物性质及对环境的影响；二是城市垃圾中不同组成进行生物处理的能力，即所谓可生化性。

18.3.3　城市垃圾的资源化系统

城市垃圾资源化方法有物理法、化学法和生物法等几种，选择时必须根据城市垃圾数量、组分和其物理化学性质确定。只有正确选择资源化方法，才能组成经济而有效的资源化系统。

1. 国内两套不同的垃圾分选处理系统

我国南北地区气候、人们生活习惯、生活水平有一定的差异，导致生活垃圾的组分也有所不同，尤其是垃圾的含水率，因此针对南北不同地区的垃圾，在同济大学与山东莱芜煤矿机械有限公司的共同合作下，设计了两套不同的垃圾分选处理系统。

在北方地区，用破包机将袋装化垃圾破包，破包机是两个装有尖刀的滚筒，通过滚筒的相对转动，利用尖刀将垃圾包钩住并且撕破。为防止滚筒卡死，在垃圾进入破包机之前可用人工将较大的建筑垃圾分离出来。垃圾破包后进入振动筛筛分以使结团垃圾松散。垃圾松散后，通过皮带输送机输送进入人工分选工序，为提高垃圾分选效果应尽量控制皮带的输送速度。人工分选可安排 5～7 人，负责将纸张、塑料、玻璃、橡胶等成分挑选出来，以减轻后续工序的压力。在输送皮带的末端上方安装磁选设备以分离回收垃圾中的金属。

南方垃圾含水率高，因此，垃圾在进入滚筒筛筛分前先要进行烘干处理，烘干设备的热源可使用热烟气，经过热交换以后的烟气必须进行处理才能排放。滚筒筛的孔径大小、数量以及筛分段数可根据具体需要确定。烘干垃圾经过滚筒筛一般分成三级，粒径最小的一级一般直接作水泥固化处理，中间粒级进行风选处理，粒径最大的一级则先进行人工手选，将厨余物、建筑垃圾与废纸、塑料等可回收废品分离，再进入风选。从风选出来的废纸、塑料、橡胶等成分可进行强力破碎，作为后续工艺的原料。

2. 国外城市垃圾分选回收的典型系统

垃圾分选回收系统设计与布局的合理性是保证系统整体操作成功的基础，设计与系统布局主要考虑的因素包括系统的工作效率、可靠性与适应性、操作的简易性与经济性以及设备布局的合理性，并应符合美学与环境控制方面的要求。

18.3.4 城市垃圾资源化新技术

城市垃圾资源化新技术主要包括垃圾焚烧和生物处理两方面的内容。

1. 垃圾焚烧的发展趋势

为了更高效地回收垃圾中的能源和满足更严格的排放标准，世界各国特别是发达国家目前正致力于开发面向21世纪的第二代垃圾焚烧工艺——气化熔融集成技术，力图使二噁英、重金属等二次污染物排放值降至最低，同时提高锅炉效率和发电效率。日本是研究开发第二代垃圾焚烧技术最突出的国家，川崎重工株式会社、NKK等十八家企业均制定了各自的第二代垃圾焚烧技术方案，并开展了相关的研究工作，其中绝大多数的技术路线均是气化加高温熔融焚烧。

2. 垃圾生物处理新技术

垃圾生物处理新技术包括垃圾中纤维素的糖化处理、生产单细胞蛋白和生产酒精等。

1）糖化处理

利用生物酶的催化作用，催化水解含纤维素的固体废物，回收精制转化产品的工艺已受到国内外的重视。

2）生产单细胞蛋白

细菌、放线菌中的非病原菌、酵母菌、真菌和微型藻类等，可利用各种废物中无害无毒基质如碳水化合物、碳氢化合物、石油副产品等，在适宜的培养条件下生产微生物蛋白。

3）废纤维素水解生产酒精

因连续发酵具有生产率高、微生物生长环境恒定、转化率高等特点，从葡萄糖转化为乙醇的生化过程很简单，反应条件也很温和，所采用的发酵工艺主要为连续发酵工艺。

18.4 农林固体废物的综合利用及案例

农林固体废物是指农林作物收获和加工过程中所产生的秸秆、糠皮、山茅草、灌木枝、枯树叶、木屑、刨花以及食品加工行业排出的残渣等。我国是一个农业大国，随着农业的发展，副产品的数量也不断增加。目前，秸秆、豆类、花生和薯类藤蔓、废糖蜜、酒糟、禽粪多作为农家燃料、畜禽饲料、田间堆肥等发挥初级用途，仅少量用于造纸、草编等深加工。

18.4.1 农林废弃物的成分、性质与利用途径

1）农林废弃物的成分、性质

农业废弃物是农业生产和再生产链环中资源投入与产出在物质和能量上的差额，是资源利用过程中产生的物质能量流失份额。从资源经济学的角度上看，农业废弃物本身就是某种物质和能量的载体，是一种特殊形态的农业资源。

2）农林废弃物的利用途径

农林废弃物的利用是指其根据物质组成、结构构造或物理技术特性的某种特点，通过一定的加工而得到充分利用。根据利用目的的不同，农林废弃物具有不同的利用价值，如制备能源、催化剂、化工材料等。

18.4.2　农林废弃物的综合利用

1. 农作物秸秆的资源化利用

1）概述

秸秆是农作物生产过程中产生的固体废弃物，它主要指农作物的根、茎、叶中不易或不可利用的部分。秸秆作为极其特殊的一种“废弃”资源，具有产量巨大、分布广泛而不均匀、利用规模小而分散、利用技术传统而低效等特点。

2）秸秆的综合利用

（1）秸秆还田利用。

（2）氨化技术。

（3）秸秆的燃料化技术。

（4）秸秆饲料化利用。

2. 农林废弃物的工业利用

（1）利用农林废弃物生产化工原料。

（2）利用农林废弃物灰烬生产化工原料。

（3）用农林废弃物作建筑材料。

（4）用农业废弃物生物质压块燃料。

18.5　城市污泥的综合利用及案例

污泥是污水中的固体部分，随着工业生产的发展和城市人口的增加，工业废水与生活污水的排放量日益增多，污泥的产出量迅速增加。大量积累的污泥，不仅将占用大量的土地，而且其中的有害部分，如重金属、病原菌、寄生虫卵、有机污染物及臭气等将成为影响城市环境卫生的一大公害。

18.5.1　有机污泥的处理利用

有机污泥可用作农田林地肥料，也可用于回收能源、生产建筑材料等。

1. 农田林地利用

污泥中所含有的氮、磷、钾及微量元素是农作物生长所需的营养成分；有机腐殖质（初沉池污泥约含 33%，消化污泥约含 35%，生活污泥约含 41%，腐殖污泥约含 47%）是良好的土壤改良剂；蛋白质、脂肪、维生素是动物的饲料成分。我国城市污水的污泥中，所含肥分如表 18-10 所示。

表 18-10　我国城市污水处理厂污泥的肥分

污泥类别	总氮/%	磷（以 P_2O_5 计）/%	钾（以 K_2O 计）/%	有机物/%	脂肪酸/(mmol/L)
初沉污泥	2～3	1～3	0.1～0.5	50～60	16～20
活性污泥	3.3～7.7	0.78～4.3	0.22～0.44	60～70	—
消化污泥	1.6～3.4	1.6～0.8	0.24	25～30	4～5

污泥农田林地利用是最佳的利用方式，但在综合利用前须进行堆肥处理，以杀死病菌及寄生虫卵，免除对植物和土壤的污染。另外，污泥中重金属含量一般都较高(表 18-11)，故其当作肥料使用时，必须符合我国《农用污泥中污染物控制标准》(GB 4284—1984)的要求。

表 18-11　污泥中重金属含量

重金属离子		Hg(汞)	Cd(镉)	Cr(铬)	Pb(铅)	As(砷)	Zn(锌)	Cu(铜)	Ni(镍)
含量范围/(mg/kg)		4.63～138	3.6～24.1	9.2～540	85～2400	12.4～560	300～1119	55～460	30～47.5
农用控制标准	酸性土 pH<6.5	5	5	600	300	75	500	250	100
	中性和碱性 pH≥6.5	15	20	1000	1000	75	1000	500	200

2. 回收能源

污泥中的有机物，有一部分能被微生物分解，生产水、甲烷和二氧化碳，另外，干污泥具有热值，可以燃烧。因此，通过制沼气、燃烧及制成燃料等方法，可以回收污泥中的能量。

3. 生产建筑材料

污泥中的无机物和有机物成分可分别用于生产水泥、砖、陶瓷等建筑材料。

18.5.2　无机污泥的处理利用

电镀污泥、含汞泥渣、含砷泥渣等工业污泥中往往含有 Hg、Cd、Pb、Cr、As 等生物毒性显著的重金属和非金属元素。另外，还含有具一定毒性的 Zn、Cu、Co、N、Sn 等一般重金属。这类污泥可以通过稳定化-固化处理后进行填埋处置或作路基材料和建筑材料使用。氯碱工业所产生的固废主要是含汞和非汞盐泥、汞膏、废石板隔膜、电石渣泥和废汞催化剂，可以通过化学方法进行处理利用。

思考题及习题

18-1　何谓固体废物资源化？

18-2　简述固体废物资源化的原则和基本途径。

18-3　简述高炉渣的来源、分类、组成和加工利用的形式。

18-4　高炉渣水淬方法有哪几种？试比较各自优缺点？

18-5　试述高炉渣综合利用的途径。

18-6　试比较矿渣硅酸盐水泥与普通水泥的性能。

18-7　简述钢渣的来源和组成。

18-8　钢渣处理工艺有哪几种？试比较各自优缺点？

18-9　钢渣作烧结、高炉、化铁炉熔剂的理论依据是什么？

18-10　目前生产的钢渣水泥有哪几种？其性能如何？

18-11　试述钢渣综合利用的途径。

18-12　简述粉煤灰的来源、分类和组成。

18-13　利用粉煤灰可生产哪些建材产品？

18-14　简述粉煤灰低温合成水泥的生产原理。

18-15　粉煤灰作土壤改良剂的主要作用机理是什么？

18-16　利用粉煤灰可回收利用哪几种工业原料？简述各自回收方法。

18-17　简述硫铁矿烧渣的来源和组成。

18-18　简述硫铁矿烧渣采用高温氯化法回收有色金属的生产原理。

18-19　国外硫铁矿烧渣综合利用有哪几种方法？试比较各自特点。

18-20　简述煤矸石的来源和组成。

18-21　目前采用煤矸石作燃料的工业生产主要有哪几个方面？

18-22　用煤矸石代替黏土配料可烧制哪几种水泥？各种水泥的主要原料和特点是什么？

18-23　采用煤矸石制砖，对煤矸石的化学成分和性能有何要求？其各种原料的参考配比为多少？

18-24　试述从煤矸石中可生产的化工产品及其各自生产原理。

18-25　何谓城市垃圾？我国城市垃圾的组成及特点是什么？

18-26　城市垃圾的预处理方法主要有哪几种？城市垃圾的最终处理方法有哪几种？

第 19 章　危险废物及放射性固体废物处理与处置

19.1　危险废物的处置

危险废物(hazardous waste)是指被列入《国家危险废物名录》或者根据国家规定的危险废物鉴别标准和鉴别方法认定的具有危险特性的废物。危险废物具有急性毒性、易燃性、反应性、腐蚀性、浸出毒性和疾病传染性等一种或几种危害特性，对生态环境和人类健康构成严重危害，已成为世界各国共同面临的重大环境问题。

19.1.1　危险废物的处理

1. 危险废物的稳定化-固化处理

危险废物稳定化-固化处理是利用物理、化学方法将危险废物固定或包封在密实的惰性固体基材中，使危险废物中的所有污染组分呈现化学惰性或被包容起来，以便于运输、利用或处置。根据固化剂及固化过程的不同，目前常用的固化技术主要包括水泥固化、沥青固化、塑料固化、玻璃固化、石灰固化等。

2. 危险废物的焚烧处理

危险废物焚烧处理的主要工艺过程与城市生活垃圾及一般工业废物的焚烧相近，但危险废物焚烧的要求更高。危险废物焚烧处理需要在相关法规许可的范围内进行。尽管每个危险废物焚烧炉都有自己的设计规格和处理对象，但一般而言，高压气瓶或液体容器盛装的物质、放射性废物或含有放射性废物物质的废物、爆炸性或振动敏感物质、含汞废物、含多氯联苯或二噁英类等特定剧毒物质的废物、含病毒或病原体的医疗废物、除尘设备收集的飞灰、重金属浸出浓度超过表 19-1 所列数值的废物等，不宜采用焚烧方法进行处理。

表 19-1　废物中重金属浸出浓度限值

重金属	浸出浓度限值/(mg/L)		重金属	浸出浓度限值/(mg/L)	
	液态废物	固态废物		液态废物	固态废物
砷(As)	250	50	铅(Pb)	250	50
钡(Ba)	100	200	汞(Hg)	2	0.4
镉(Cd)	50	10	硒(Se)	250	50
铬(Cr)	250	50	银(Ag)	50	10

危险废物运抵焚烧厂之后，应对废物的有害特性及直接影响焚烧操作的特性，如反应性、水分、总热值、相容性等进行复核测试，并根据废物的形态、物性、相容性及热值将其进行分类，以避免无法相容或混合后会产生化学反应的废物储存在一起或同时处理。

危险废物焚烧系统与城镇生活垃圾和一般工业废物的焚烧系统没有本质上的差别，都是由进料系统、焚烧炉、废热回收系统、发电系统、测试系统、废水处理系统、废气处理系统和灰渣收集及处理系统等组成,不同之处在于某些系统的选择和设计上。

19.1.2　危险废物的处置

危险废物主要采用填埋处置。有关填埋场的前期准备、设计、运行和封场等方面的原则均与城镇生活垃圾的填埋类同。但危险废物处置需要有更严格的控制和管理措施,在危险废物填埋处置的各个阶段均应进行认真落实。

安全填埋场是处置危险废物的一种陆地处置方法,由若干个处置单元和构筑物组成。处置场有界限规定,主要包括废物预处理设施、废物填埋设施和渗滤液收集处理设施。它可将危险废物和渗滤液与环境隔离,将废物安全保存相当一段时间(数十甚至上百年)。填埋场必须有足够大的可使用容积,以保证填埋场建成后具有 10 年或更长的使用期。

19.2　放射性固体废物处置

环境中的放射性污染源主要来自核武器试验、核设施事故、放射性“三废”泄出、城市放射性废物等。放射性固体废物可通过不同途径进入人体造成放射性污染,这种污染效应是隐蔽和潜存的,只能靠其自然衰变而减弱。

19.2.1　放射性固体废物来源及分类

1. 放射性废物的来源

放射性废物的主要来源有以下四个方面。

(1) 矿石开采加工、核燃料制备等过程中产生的放射性废物。

(2) 核燃料辐射后产生的裂变产物。

(3) 反应堆内废核燃料物质经辐射后产生的活化产物。

(4) 城市放射性废物。

2. 放射性固体废物的分类

由于放射性废物来源多种多样,其组成、性质以及放射性水平差别较大,因而对它们的处理及处置措施也有较大的差异,为便于管理,需要将其科学地加以分类,核废物分类的依据除形态之外,主要是放射性比活度或放射性浓度、核素的半衰期及毒性,目前,尚无世界各国普遍接受的放射性废物分类体系。我国则参照国际上的一般原则,制定了放射性废物分类国家标准(GB 9133—1995)。其中固体废物分为超铀(即铀后,指原子序数大于 92 的任一元素,均由人工制成,且半衰期均很长)废物和非超铀废物两类。

19.2.2　放射性固体废物处置的目标和基本要求

放射性固体废物处置的目标,是以妥善的方式将废物与人类及其环境长期、安全地隔离,使其对人类环境的影响减少到可合理达到的尽量低的水平。其基本要求是:①被处置的废物应是适宜处置的稳定的废物;②废物的处置不应给后代增加负担;③长期安全性不应依赖于人为的、能动的管理;④对后代个人的防护水平不应低于目前的规定;⑤处置设施的设计应贯彻多重屏障原则,并把多重屏障作为一个整体的系统来看待,既不应因有其他屏障的存在而降低任意屏障的功能要求,又不应将整体安全性寄希望于某一屏障的功能;⑥中、低放射性废物可采用浅埋方式或在岩洞中进行处置，也可采用其他具有等效功能的处置方式，应采取区域处置方针，使其得到相对集中的处置；⑦高放射性废物（包括不经后处理而直接处置的乏燃料）和超铀废物，应在地下深度合适的地质体中建库处置，全国的高放射性废物应集中处理。

19.2.3 放射性废物的处理利用

根据放射性只能依赖自身衰变而减弱直至消失的固有特点，对高放及中、低放长寿命的放射性废物采用浓缩、储存和同化的方法进行处理；对中、低放短寿命废物则采用序化处理或滞留一段时间，待减弱到一定水平再稀释排放。

1. 放射性废液处理

放射性废液的处理方法除置放和稀释之外，主要有化学沉淀、离子交换和蒸发三种。方法的选择与一系列因素（包括源、比活度、净化后的水、渣去向等）有关，只有事先通过充分调研，并具备一定的实验资料，方可作出合理的选择。

2. 放射性固体废物处理

所有含放射性核素的固体废物，根据其活度水平和性质可用相应的处理系统进行处理，以尽量减少污染物的体积，降低废物的操作、运输和隔离储存等处理处置成本。放射性固体废物常用的处理方法有去污、包装及固化、切割、压缩和焚烧减容处理等。

3. 高能级放射性固体废物的回收利用

高能级废物主要是核动力装置和人工燃料的裂变产物，包括 30 多种元素，300 多种同位素，其中大部分裂变产物的半衰期很短或裂变产额很低，只有 10 多种裂变同位素的寿命较长，裂变产额较高，这些同位素大多是自然界不存在的，如能开展综合利用，不仅可以充分利用资源，发展经济，而且可以减少废物排放量，改善和保护环境。

19.2.4 放射性废物的处置

放射性废物的处置，其基本方法是采用天然或人工屏障构成的多重屏蔽层来实现有害物质与生物圈的有效隔离，确保废物中的有害物质对人类环境不产生危害，根据废物的种类、性质、放射性核素成分和比活度以及外形大小等可以将放射性废物分为四种处置类型：扩散型处置、再生利用、浅地层处置、深地层处置。

19.3 典 型 案 例

1. 工程概况

该项目 2008 年 6 月投入试运行，在总结运营经验的基础上，坚持不断地吸收先进的废物处理处置工艺技术的理念，对焚烧、物化废水及安全填埋等工艺设计、单元操作进行了全方位的调试、运行与监测，处理、处置效果达到甚至超过了设计预期水平。该中心与 2010 年 10 月通过了国家环保部组织的竣工验收及危险废物许可证审查，所申请的 45 种可处置危险废物已获审查通过。项目占地 23 万 m^2，项目建成后处理能力为 10000t/a 的回转窑焚烧及尾气处理系统，33000t/a 的物化处理系统，28000t/a 的固化系统，40000t/a 的安全填埋系统。

2. 项目参数(表 19-2)：

项目所在地：广东省惠州市惠东县梁化镇石屋寮南坑；
建成时间：2007 年 12 月；
投运时间：2008 年 6 月；
固废分类：危险废物；
处理处置规模：焚烧 10000t/a、物化 33000t/a、稳固化 28000t/a、填埋 40000t/a；
危险废物处理处置技术：安全填埋、焚烧、物化；
设计使用年限：30 年；
主管单位：广东省环保厅。

广东省危险废物处理处置项目工艺及参数见表 19-2。

表 19-2　广东省危险废物处理处置项目工艺及参数

生活垃圾处理处置技术	具体技术案例参数及描述
安全填埋	具体参数 基础层饱和渗透系数 2.73×10^{-6}cm/s 基础层厚度≥2m 浸出液排放量及浓度 15t/d 浸出液 pH 为 7.5 排水层透水能力＞0.1cm/s 其他主要技术工艺参数：场底排水层为 600mm 的卵石层，两层 HDEP 防渗膜，上膜 2.0mm，下膜 2.0mm，中间设置膨润土层和渗透检测层
焚烧	具体参数 热灼减率＜5% 烟气停留时间＞2% 焚烧炉温度＞1100℃ 烟气排放浓度 300～2500kg/h 二次燃烧室内滞留时间 99.99% 二噁英浓度＜0.5 TEQng/Nm^3 其他主要技术工艺参数请填写： HCl＜70 SO_2＜300mg/m^3
主要经济指标	具体参数 投资 15724 万元 运行费 6000 万～7000 万元 水耗 50000t/a 电耗 480 万 kW·h 药耗 200t/a
创新点	水循环使用系统：严格组织整个厂区工艺给排水系统设计，实现工艺废水“零排放”(所有处理达标后的废水重新使用)； 先进设计安全填埋场渗滤液收集与雨污分流系统：既对雨季渗滤液产生量进行严格的限值控制，又能接受厂区可能出现的事故性排放废水，最大限度地降低渗滤液的产生量，不造成二次污染； 尾气处理采用急冷除酸＋小苏打吸附＋活性炭吸附＋24h 在线监测系统，确保排放的气体达到国家级欧盟标准

续表

生活垃圾处理处置技术	具体技术案例参数及描述
治理效果	污染物消减率100%，无论是外部接受的危险废物还是处置过程汇总产生的二次污染物均在内部实现了达标处置，排放浓度符合国家标准，解决了以下技术难题： 1. 实现了高浓度有机废水的达标处理； 2. 填埋场雨污分流及完备的渗滤液收集系统，确保渗滤液的产生量及污染物浓度均处于最低水平； 3. 尾气处理采用急冷除酸＋小苏打吸附＋活性炭吸附＋24h在线监测系统，确保排放的气体达到国家级欧盟标准

思考题及习题

19-1 什么是危险废物？简述危险废物的处理方法。

19-2 判断下列废物中那些属于危险废物：医院临床废物、垃圾焚烧处理残渣、厨余垃圾、含锌废物、含醚类废物、日光灯管、废染料涂料、无极氟化物废物、建筑垃圾、废Ni/Cd电池、含钡废物、焚烧炉飞灰、庭院垃圾、废压力计。

19-3 危险废物填埋场管理包括哪些内容？

19-4 简述对危险废物污染地下水的控制策略。

19-5 什么是放射性固体废物？简述其分类。

19-6 简述中低水平放射性固体废物的处置方法。

19-7 简要分析高放射性废物地质处置的设计原理。

主要参考文献

柴晓利，楼紫阳，等.2009.固体废物处理处置工程技术与实践. 北京：化学工业出版社
柴晓利，赵爱华，赵由才，等.2006.固体废物焚烧技术. 北京：化学工业出版社
车凤翔.1999.中国城市气溶胶危害评价.中国粉体技术，5(13)：7-13
陈世训.1981.气象学.北京：农业出版社
成官文.2009.水污染控制工程.北京：化学工业出版社
程雅芳，张远航，胡敏.2008.珠江三角洲大气气溶胶辐射特性：基于观测的模型方法及应用.北京：科学出版社
戴树桂.2006.环境化学.北京：高等教育出版社
方精云.2000.全球生态学气候变化与生态响应.北京：高等教育出版社
冈田秀雄.1982.小分子光化学.长春：吉林人民出版社
高廷耀，顾国维，周琪.2007.水污染控制工程(上、下册).3版.北京：高等教育出版社
高廷耀，顾国维.1989.水污染控制工程(下册).2版.北京：高等教育出版社
郭东明.2007.脱硫工程技术与设备.北京：化学工业出版社
郭茂新.2005.水污染控制工程学.北京：中国环境科学出版社
韩宝平.2010.固体废物处理与利用.武汉：华中科技大学出版社
韩剑宏.2007.水工艺处理技术与设计.2版.北京：化学工业出版社
郝吉明，马广大.2012.大气污染控制工程.3版.北京：高等教育出版社
郝吉明，王书肖，陆永琪.2001.燃煤二氧化硫污染控制技术手册.北京：化学工业出版社
何品晶.2011.固体废物处理与资源化技术. 北京：高等教育出版社
何争光.2004.大气污染控制工程及应用实例.北京：化学工业出版社
贺近恪，李启基.2001.林产化学工业全书 .北京： 中国林业出版社
胡亨魁.2003.水污染控制工程.武汉：武汉理工大学出版社
黄铭荣，胡纪萃，等.1995.水污染治理工程.北京：高等教育出版社
蒋建国.2008.固体废物处置与资源化. 北京：化学工业出版社
蒋建国.2013.固体废物处置与资源化. 2版.北京：化学工业出版社
蒋展鹏，杨宏伟.2005.环境工程学.北京：高等教育出版社
雷仲存.2001.工业脱硫技术.北京：化学工业出版社
黎松强，涂常青.2009.水污染控制与资源化工程.武汉：武汉理工大学出版社
李鸿江，刘清，赵由才，等.2007.冶金过程固体废物处理与资源化. 北京：冶金工业出版社
李倦生，陈湘筑.2009.环境工程基础.武汉：武汉理工大学出版社
李丽.2009.固体废物管理 2008. 北京：中国环境科学出版社
李培生.2006.固体废物的焚烧和热解. 北京：中国环境科学出版社
李颖.2012.农村固体废物可持续利用. 北京：中国环境科学出版社
李颖.2013.固体废物资源化利用技术. 北京：机械工业出版社
李永峰，陈红，韩伟，等.2009.固体废物污染控制工程教程. 上海：上海交通大学出版社
李永峰，回永铭，黄中子，等.2009.固体废物污染控制工程实验教程. 上海：上海交通大学出版社
廖雷.2012.大气污染控制工程.北京：中国环境科学出版社
廖自基.1989.环境中微量重金属元素的污染危害与迁移转化.北京：科学出版社
林长春，孙二虎.2012.水资源概论.北京：兵器工业出版社

刘汉湖，高良敏. 2009. 固体废物处理与处置. 徐州：中国矿业大学出版社
刘强. 2003. 生物滴滤法净化挥发性有机废气(VOCs)的研究. 西安：西安建筑科技大学博士学位论文
刘雨. 2000. 生物膜法污水处理技术. 北京：中国建筑工业出版社
陆思华. 2004. 大气中挥发性有机化合物组成特征及人为来源研究. 北京：北京大学硕士学位论文
马广大. 2003. 大气污染控制工程. 2 版. 北京：中国环境科学出版社
马建锋，李英柳. 2013. 大气污染控制工程. 北京：中国石化出版社
马占青. 2003. 水处理控制与废水生物处理. 北京：中国水利水电出版社
孟祥和，胡国飞. 2000. 重金属废水处理. 北京：化学工业出版社
缪应祺. 2002. 水污染控制工程. 南京：东南大学出版社
莫天麟. 1988. 大气化学基础. 北京：气象出版社
穆光照. 1985. 自由基反应. 北京：高等教育出版社
聂永丰. 2000. 三废处理工程技术手册(固体废物卷). 北京：化学工业出版社
聂永丰. 2013. 固体废物处理工程技术手册. 北京：化学工业出版社
牛冬杰，孙晓杰，赵由才，等. 2007. 工业固体废物处理与资源化. 北京：冶金工业出版社
牛冬杰，魏云梅，赵由才，等. 2012. 城市固体废物管理. 北京：中国城市出版社
彭党聪. 2010. 水污染控制工程. 3 版. 北京：冶金工业出版社
彭党聪. 2011. 水污染控制工程实践教学. 2 版. 北京：化学工业出版社
钱汉卿，徐怡珊. 2007. 化学工业固体废物资源化技术与应用. 北京：中国石化出版社
乔治·乔巴诺格劳斯，弗朗克·克赖特. 2006. 固体废物管理手册. 解强，杨国华译. 北京：化学工业出版社
沈伯雄. 2010. 固体废物处理与处置. 北京：化学工业出版社
苏亚欣，毛玉如，徐璋. 2005. 燃煤氮氧化物排放控制技术. 北京：化学工业出版社
孙克勤，钟秦. 2005. 火电厂烟气脱硫系统设计、建造及运行. 北京：化学工业出版社
孙培德. 2009. 废水生物处理理论及新技术. 北京：中国农业科学技术出版社
唐孝炎. 1990. 大气环境化学. 北京：高等教育出版社
唐孝炎，张远航，邵敏. 2006. 大气环境化学. 2 版. 北京：高等教育出版社
唐玉斌. 2006. 水污染控制工程. 哈尔滨：哈尔滨工业大学出版社
童志权. 2001. 工业废气污染控制与利用. 2 版. 北京：化学工业出版社
童志权. 2006. 大气污染控制工程. 北京：机械工业出版社
童志权，陈焕钦. 1989. 工业废气污染控制与利用. 北京：化学工业出版社
王宝庆. 2004. 生物过滤法净化含苯系物废气的研究. 西安：西安建筑科技大学博士学位论文
王纯，张殿印. 2013. 废气处理工程技术手册. 北京：化学工业出版社
王黎. 2014. 固体废物处置与处理. 北京：冶金工业出版社
王立新. 2007. 城市固体废物管理手册. 北京：中国环境科学出版社
王良均，吴孟周，等. 2007. 污水处理技术与工程实例. 北京：中国石化出版社
王琳. 2014. 固体废物处理与处置. 北京：科学出版社
王琪. 2006. 工业固体废物处理及回收利用. 北京：中国环境科学出版社
王体迎. 2010. 我国城市汽车排放污染控制技术探讨. 成都：西南交通大学硕士学位论文
王小文. 2002. 水污染控制工程. 北京：煤炭工业出版社
王晓蓉. 1993. 环境化学. 南京：南京大学出版社
王燕飞，沈永祥，等. 2001. 水污染控制技术. 北京：化学工业出版社
魏复盛，Chapman R S. 1993. 空气污染对呼吸健康影响研究. 北京：气象出版社
吴忠标. 2001. 实用环境工程手册：大气污染控制工程. 北京：化学工业出版社
吴忠标. 2002. 大气污染控制技术. 北京：科学出版社
新井纪男. 2001. 燃烧生成物的发生与抑制技术. 赵黛青等译. 北京：科学出版社

徐建平,盛广宏. 2013. 固体废物处理与处置. 合肥:合肥工业大学出版社

徐晓军,管锡君,羊依金. 2007. 固体废物污染控制原理与资源化技术. 北京:冶金工业出版社

杨飚. 2004. 二氧化硫减排技术与烟气脱硫工程. 北京:冶金工业出版社

杨慧芬,张强. 2004. 固体废物资源化. 北京:化学工业出版社

岳贵春. 1991. 环境化学. 长春:吉林大学出版社

曾庭华,杨华,马斌,等. 2006. 湿法烟气脱硫系统的安全性及优化. 北京:中国电力出版社

曾现来,张永涛,苏少林,等. 2011. 固体废物处理处置与案例. 北京:中国环境科学出版社

翟秀静. 2011. 重金属冶金学. 北京:冶金工业出版社

张晖. 2011. 环境工程原理. 武汉:华中科技大学出版社

张希衡. 1993. 水污染控制工程 (修订版). 北京:冶金工业出版社

张小平. 2010. 固体废物污染控制工程. 北京:化学工业出版社

张自杰. 2008. 排水工程(下册). 4 版. 北京:中国建筑工业出版社

赵勇胜,董军,洪梅. 2009. 固体废物处理及污染的控制与治理. 北京:化学工业出版社

赵由才. 2002. 生活垃圾资源化原理与技术. 北京:化学工业出版社

赵由才,牛冬杰,柴晓利,等. 2006. 固体废物处理与资源化. 北京:化学工业出版社

赵振国. 2005. 吸附作用应用原理. 北京: 化学工业出版社

钟秦. 2007. 燃煤烟气脱硫脱硝技术及工程实例. 2 版. 北京:化学工业出版社

周炳炎,王琪. 2012. 固体废物特性分析和属性鉴别案例精选. 北京:中国环境科学出版社

周国成,凌建军,等. 2011. 水处理实用新技术与案例. 北京:化学工业出版社

周少奇. 2009. 固体废物污染控制原理与技术. 北京:清华大学出版社

周之祥,段建中,薛建明. 2006. 火电厂湿法烟气脱硫技术手册. 北京:中国电力出版社

朱珧瑶,赵振国. 1996. 界面化学基础. 北京: 化学工业出版社

庄伟强. 2008. 固体废物处理与利用. 北京:化学工业出版社

Bailey R A. 1978. Chemistry of the Environment. Pittsburgh: Academic Press

Bandosz T J. 2006. Activated Carbon Surfaces in Environmental Remediation. New York: Academic Press

Environmental protection agency, USA. 2005. Documetation for the final 2002 national emissions inventory. Washington, DC.

Jacobson M Z. 2002. Atmospheric Pollution: History, Science and Regulation. Cambridge: Cambridge University Press

Pandis S. 2004. Atmospheric aerosol process//McMurry P H, Shepherd M F, Vickery J S. Particulate Matter Science for Policy Makers: A NARSTO Assessment. Cambridge: Cambridge University Press

Seinfeld J H, Pandis S N. 1998. Atmospheric Chemistry and Physics: from Air Pollution to Climate Change. New York: John Wiley & Sons

USEPA 1999. PM(particulate matter) data analysis workbook. http://capita. wustl. edu/ Databases/UserDomains/PMFineAnalysisWB/

USEPA. 2001. Draft guidance for tracking progress under the regional haze rule. EPA-454/13-03-004, Research Triangle Park, NC

Wark K. 1981. Air Pollution: It's Origin and Control. New York: Harper and Row Publishers

Watson R T, et al. 1992. Climate Change 1992. Cambridge: Cambridge University Press

Williamson S T. 1972. Fundamentals of Air Pollution. New Jersey: Addison Wesley Publishing Company